普通高等学校应用型教材·数学

大学文科数学

苗巧云　丁洁玉　编著

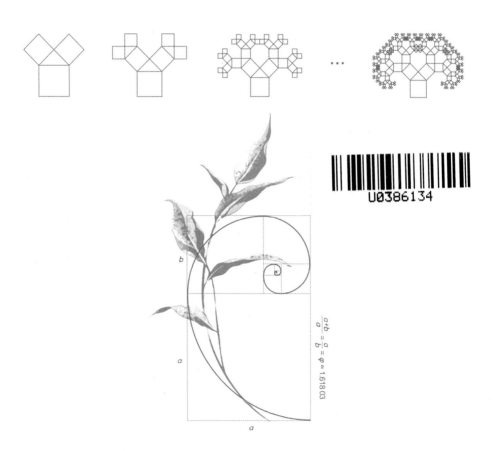

$$\frac{a+b}{a} = \frac{a}{b} = \varphi \approx 1.61803$$

中国人民大学出版社
·北京·

序　言

    数学作为一门基础学科，不仅在科学技术领域扮演着重要角色，而且在人文社会科学领域越来越显现出其不可或缺的价值。本书正是顺应这一趋势而精心编写的，旨在为文科学生提供一个全新的学习视角，使其能够领略数学之美，并掌握一定的数学方法。

    本书融入了数学史、数学家简介及数学家大胆创新进行科学探索的故事等人文内容，不仅传授数学知识，更注重培养学生的人文素养和社会责任感。

    本书结构严谨，自成体系，图文并茂，易于学习，适合新形势下文科类专业大学数学基础课程的要求；彩色版面和丰富的图表设计使抽象的数学概念变得直观易懂；提供了一系列在线学习资源，支持个性化学习路径。本书能引领学生探索数学世界，发现数学之美，提升数学素养。

王光辉

2024 年 7 月

前　言

随着时代的发展和社会的进步，数学作为一门基础学科，在人文社会科学领域的作用日益凸显。传统的数学教育往往侧重于技术训练而忽视了数学文化及其在现代社会中的应用价值。2020 年 11 月，教育部召开了新文科建设工作会议，发布了《新文科建设宣言》，明确指出：新文科建设既要固本正源，又要精于求变，要不断从中华优秀传统文化中汲取力量；要不忘本来、吸收外来、面向未来。为了更好地适应 21 世纪高等教育的需求，我们编写了这本《大学文科数学》教材。

本书旨在打破传统数学教学的局限，将中华传统数学与现代数学知识相结合，同时融入丰富的人文教育元素，以培养学生的综合素养为目标。我们希望通过本书的学习，读者不仅能掌握必要的数学知识和技能，还能领略到数学之美，理解数学在人类文明发展中的重要地位，由此愿意去接近数学、了解数学、走进数学、享受数学。

本书由一元函数微积分学、常微分方程、线性代数三部分内容组成，可作为普通高等学校文科各专业的数学教材，也适合数学爱好者自学使用。我们相信，通过对本书的学习，文科专业的学生能够建立起坚实的数学基础，培养出良好的逻辑思维能力和解决问题的能力，为未来的学习和工作奠定坚实的基础。

本书由青岛大学数学与统计学院具有"大学文科数学"丰富教学经验并且真切理解文科大学生学习需求的一线教师苗巧云策划、编写，由丁洁玉绘制图像。数学与统计学院高红伟院长给予了大力支持，陈元媛及其他同事给予了热情帮助，青岛大学吴力、岳媛也提供了帮助，在编写过程中还获得了很多专家的指导，得到了好友和家人的帮助和鼓励，在此一并表示衷心感谢！

本教材的编写获得了青岛大学 2022 年规划教材建设项目中的"重点项目"资助。

本书特色

1. 富含人文教育元素

书中融入了对现代数学有源头性、根本性贡献的中华优秀传统数学，如在第一章和第五章中融入的《九章算术》内容，都是现代数学中的重要基础；书中还融入了数学史和数学家简介等人文元素，回答了重要数学问题的来源和解决过程。本书不仅可以增强学生的文化自信和爱国情怀，还可以启发学生如何创新性地提出问题和解决问题，激发学生积极思考和勇于探索的精神，培养学生的创造力，实现教材对学生思想的引领作用，突出教育的育人目的。

2. 注重数学的实用性

本书在内容上弱化了对文科专业学生不必要的证明和推导过程，注重数学的实际应用。书中部分例题和习题有很具体的应用背景，其中有的例题与现代信息技术相融合，与日常生活密切关联，很好地回答了学生为什么学、如何学、怎么用等具体问题，例如，在第五章矩阵的简单应用部分，用矩阵进行股票成本和盈亏计算，用矩阵进行图像的压缩变换、镜像变换等图像处理，都与生活密切相关，注重培养学生利用数学知识解决实际问题的能力。

3. 图文并茂简明易学

本书吸收了国外优秀教材设计精美、图文并茂等成功经验，书中配置了大量图示和表格，让数学思想跃然纸上，一看就懂，不仅可以提升学生对数学问题的直观感觉和兴趣，同时也可以提升学生的几何想象力和艺术感。数学问题的证明或者求解过程具有很强的示范性，易于学生学习。另外，本书还有配套的电子版习题解答、单元测试题及二维码形式的人文内容等学习资源，方便学生学习。

致 谢

感谢青岛大学数学与统计学院院长高红伟教授对教材建设项目的大力支持！

感谢山东大学数学学院国家高层次人才王光辉教授为本书撰写序言！

感谢临沂大学数学与统计学院江兆林教授仔细审阅了全稿并提出了重要的建设性指导意见！感谢华北电力大学闫庆友教授提出的修改建议！感谢毕业于宾夕法尼亚大学的张文心提出了很有价值的想法和修改建议，提供了电子技术方面的支持和难得的外文参考资料！

特别感谢中国人民大学出版社对本书的认可与支持！感谢周晴编辑对本书的精心精美设计！

对于本书存在的疏漏和不妥之处，恳请各位同行和读者给予批评指正！

编 者
2024 年 3 月

目　录

第一章　函数、极限与连续

右图：《圆之极限Ⅲ》(1959年).

这是荷兰图形艺术家摩里茨·科奈里斯·埃舍尔（Maurits Cornelis Escher，1898—1972）的源自数学灵感的木刻版画. 他是在二维双曲平面上，通过鱼的形象越来越小，最终收敛到圆的边缘上，来描述极限的. 该作品隐含着数学意念和哲学思考.

自法国数学家勒内·笛卡儿（René Descartes，1596—1650）创立坐标几何后，变量进入了数学，使得数学从常量数学（即初等数学）转到变量数学（即高等数学）. 函数是各种运动与变化中变量依从关系在数学中的反映，是微积分学的主要研究对象. 极限是研究函数的重要方法，也是微积分学中研究问题的基本工具. 连续性是函数变化的重要性态之一. 本章所介绍的函数、极限和连续是整个微积分学的基础.

第一节　初等函数

　　函数（function）一词最初是德国数学家莱布尼茨（G. W. Leibnitz，1646—1716）在 1673 年的一篇手稿里使用的. 他针对某种类型的数学公式使用了这一术语，并没有给出一个明确的函数定义. 其后，经瑞士数学家欧拉（L. Euler，1707—1783）、德国数学家狄利克雷（P. G. L. Dirichlet，1805—1859）等不断推敲、修正才逐步形成了一个较为严谨的函数概念. 汉语中的函数一词，是我国清代数学家李善兰（1811—1882）创造的. 他在 1859 年翻译《代微积拾级》时，首次将 function 译作了函数. 其中记载有"凡此变数中含彼变数者，则此为彼之函数"，这里的"函"即包含的意思.

　　在中学我们已经学过函数的概念，本节先对函数的有关概念进行回顾与复习，并给出初等函数的概念.

【人物小传】欧拉　　　　　【人物小传】李善兰

一、函数的概念

1. 常量与变量

　　在观察自然现象、生产实践和科学研究时，我们常常会遇到各种不同的量，其中有的量在某一现象或变化过程中始终保持同一数值，这种量称为常量，如长度、面积、距离等；另一些量在某一现象或变化过程中是变化的，可以取不同的数值，这种量称为变量，如变速直线运动中的速度、每天变化的气温等.

　　常量也可看作一种特殊的变量，即在某变化过程中，该变量都取相同的数值.

　　变量的变化范围，也就是变量的取值范围，在取实数值的时候，通常用区间表示.

　　设 a，b 是两个实数，且 $a<b$，我们规定数集 $\{x\,|\,a<x<b\}$ 为开区间，记为 (a,b)；数集 $\{x\,|\,a\leqslant x\leqslant b\}$ 为闭区间，记为 $[a,b]$；数集 $\{x\,|\,a<x\leqslant b\}$，$\{x\,|\,a\leqslant x<b\}$ 为半开半闭区间，分别记为 $(a,b]$，$[a,b)$.

上述区间均为有限区间. 此外还有无限区间：$(-\infty, +\infty) = \{x \mid -\infty < x < +\infty\}$，$(a, +\infty) = \{x \mid a < x < +\infty\}$，$[a, +\infty) = \{x \mid a \leqslant x < +\infty\}$，$(-\infty, b) = \{x \mid -\infty < x < b\}$，$(-\infty, b] = \{x \mid -\infty < x \leqslant b\}$. 实数集 $\mathbf{R}$ 可以用区间表示为 $(-\infty, +\infty)$.

在后面的章节中，会出现一种称为邻域的数集. 点 x_0 的邻域是指 x_0 的邻近区域，即对给定的任意小的正数 δ，称集合

$$(x_0 - \delta, x_0 + \delta) \quad \text{或} \quad \{x \mid |x - x_0| < \delta\}$$

为点 x_0 的 δ 邻域（见图 1.1），记为 $U(x_0, \delta)$. x_0 称为邻域中心，δ 称为邻域半径. 该集合在数轴上是一个以点 x_0 为中心、区间长度为 2δ 的开区间. 有时用到的邻域需要把中心点 x_0 去掉，即

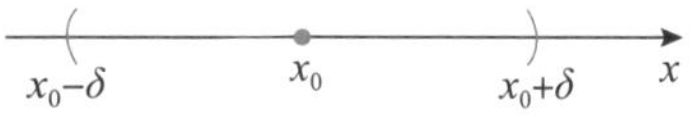

图 1.1

$$(x_0 - \delta, x_0) \bigcup (x_0, x_0 + \delta) \quad \text{或} \quad \{x \mid 0 < |x - x_0| < \delta\},$$

称这个集合为点 x_0 的去心 δ 邻域，记为 $U(\overline{x}_0, \delta)$. 当无须指明邻域半径时，一般用 $U(x_0)$ 表示点 x_0 的邻域，用 $U(\overline{x}_0)$ 表示点 x_0 的去心邻域.

2. 函数的概念

定义 1 设在某变化过程中有两个变量 x 和 y，变量 x 在一个给定的非空实数集 D 中取值，如果对于 D 中任意一个数 x，按照一定的对应法则 f，变量 y 都有唯一确定的数值与之对应，则称 y 是 x 的函数，记作

$$y = f(x).$$

数集 D 称为这个函数的定义域，x 称为自变量，y 称为因变量.

当 x 取定数值 $x_0 \in D$ 时，与 x_0 对应的 y 的值称为函数在 x_0 处的函数值，记作

$$y = f(x_0) \quad \text{或} \quad y\big|_{x=x_0} = f(x_0).$$

函数值的全体 $W = \{y \mid y = f(x), x \in D\}$ 称为函数 $f(x)$ 的值域.

微积分中讨论的函数主要是定义域和值域均为实数集的函数，这类函数称为实变量的实值函数，简称实函数.

变量也称为变元，只有一个自变量的函数称为一元函数，自变量多于一个的函数称为多元函数.

由函数的定义可知，构成函数的基本要素有两个：一个是定义域，另一个是对应法则. 值域是派生的. 如果两个函数的定义域和对应法则都相同，就认为这两个函数是相同的，而不论它们的自变量、因变量用什么字母表示.

例如，$f(x) = x$ 与 $g(x) = \sqrt{x^2}$ 不是同一个函数，因为二者的对应法则不同；$f(x) = \dfrac{x^2 - 1}{x - 1}$ 与 $g(x) = x + 1$ 也不是同一个函数，因为二者的定义域不同.

$f(x) = \sin x$，$x \in (-\infty, +\infty)$ 与 $g(t) = \sin t$，$t \in (-\infty, +\infty)$ 是同一个函数，因为它们的定义域和对应法则都相同.

在实际问题中，函数的定义域是由这个问题的实际意义确定的. 例如，在自由落体运动中，假设重力加速度为 g，开始下落的时刻 $t = 0$，落地的时刻 $t = T$，下落的距离 s 关于下落时间 t 的函数为 $s = \dfrac{1}{2}gt^2$，其定义域是 $[0, T]$.

一般地，当函数的解析式是 $y = f(x)$ 时，如果没有特别说明，函数的定义域就是使得该解析式有意义的一切实数所组成的集合，这种定义域也称为函数的自然定义域. 例如，函数 $y = \sqrt{1 - x^2}$ 的自然定义域是 $[-1, 1]$，函数 $s = \dfrac{1}{2}gt^2$ 的自然定义域是 $(-\infty, +\infty)$.

下面举两个常用函数的例子.

例 1.1　函数

$$y = |x| = \begin{cases} x, & x \geqslant 0, \\ -x, & x < 0 \end{cases}$$

称为绝对值函数. 它的定义域 $D = (-\infty, +\infty)$，值域 $W = [0, +\infty)$，图像如图 1.2 所示.

例 1.2　函数

$$y = \operatorname{sgn} x = \begin{cases} -1, & x < 0, \\ 0, & x = 0, \\ 1, & x > 0 \end{cases}$$

称为符号函数. 它的定义域 $D = (-\infty, +\infty)$，值域 $W = \{-1, 0, 1\}$，图像如图 1.3 所示.

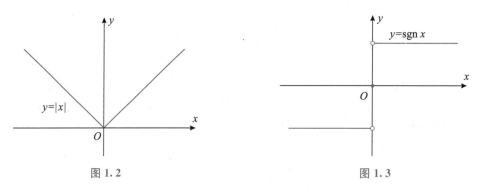

图 1.2　　　　　　　　　　　　　　　　图 1.3

以上两个例题中，在自变量的不同变化范围内，函数的对应法则由不同数学式子表示，这种函数称为分段函数.

函数的表示法通常有三种：解析法（又称公式法）、图像法和表格法.

3. 函数的几种特性

研究函数的目的是了解它所具有的性质，以便掌握它的变化规律. 下面列出函数的几个简单特性.

（1）**有界性**. 设函数 $y=f(x)$ 的定义域为 D，对数集 $X \subset D$，若存在常数 $M>0$，使得任意的 $x \in X$，恒有 $|f(x)| \leqslant M$，则称函数 $f(x)$ 在 X 上是有界的；否则称 $f(x)$ 在 X 上是无界的.

例如，三角函数 $y=\sin x$（见图 1.4）在 $(-\infty, +\infty)$ 上是有界的. 符号函数 $y=\operatorname{sgn} x$ 在 $(-\infty, +\infty)$ 上也是有界的.

绝对值函数 $y=|x|$ 在 $(-\infty, +\infty)$ 及 $[1, +\infty)$ 上都是无界的，但在 $(-1, 1)$ 上是有界的.

有界函数的界 M 不是唯一的.

（2）**单调性**. 设函数 $y=f(x)$ 在区间 I 上有定义，如果对于区间 I 上任意两点 x_1 及 x_2，当 $x_1 < x_2$ 时，恒有

$$f(x_1) < f(x_2) \quad 或 \quad f(x_1) > f(x_2),$$

则称 $f(x)$ 在区间 I 上单调递增或单调递减.

在区间 I 上单调递增或单调递减的函数称为区间 I 上的单调函数，区间 I 称为函数的单调区间.

例如，函数 $y=x^2$ 在 $(-\infty, 0)$ 上是单调递减的，在 $(0, +\infty)$ 上是单调递增的，在区间 $(-\infty, +\infty)$ 上 $y=x^2$ 不是单调函数（见图 1.5）.

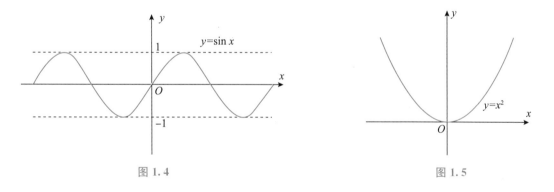

图 1.4　　　　　　　　　　　　　　图 1.5

（3）**奇偶性**. 设函数 $y=f(x)$ 的定义域 D 是一个关于原点对称的数集，即当 $x \in D$ 时，有 $-x \in D$. 如果对于任意 $x \in D$，恒有

$$f(-x)=f(x),$$

则称 $f(x)$ 为偶函数；如果对于任意 $x \in D$，恒有

$$f(-x)=-f(x),$$

则称 $f(x)$ 为奇函数.

例如，在 $(-\infty, +\infty)$ 上，$y=\sin x$ 是奇函数，$y=x^2$ 是偶函数. 不难看出，奇函数的图像关于坐标原点对称，偶函数的图像关于 y 轴对称.

（4）**周期性**. 设函数 $y=f(x)$ 的定义域为 D，如果存在一个非零的常数 T，使得对于任一 $x\in D$，有 $x+T\in D$，且恒有

$$f(x+T)=f(x),$$

则称 $f(x)$ 是周期函数，T 为其周期. 我们通常所说的周期函数的周期是指最小正周期.

例如，$y=\sin x$，$y=\cos x$ 都是最小正周期为 2π 的周期函数.

二、反函数

定义 2 设函数 $y=f(x)$，其定义域为 D，值域为 W. 若对于任意 $y\in W$，D 中都有唯一确定的 x，使得 $f(x)=y$，则得到一个定义在 W 上的函数，我们称它为函数 $y=f(x)$ 在 D 上的**反函数**，记为

$$x=f^{-1}(y),\ y\in W.$$

此时也称 $y=f(x)\ (x\in D,\ y\in W)$ 在 D 上是一一对应的.

事实上，函数 $y=f(x)$ 与其反函数 $x=f^{-1}(y)$ 是同一条曲线. 例如，函数 $y=a^x$ 与它的反函数 $x=\log_a y\ (a>0\ 且\ a\neq 1)$ 就是同一条曲线.

习惯上，我们用 x 表示自变量，用 y 表示因变量，因而常把函数 $y=f(x)$ 的反函数 $x=f^{-1}(y)$ 中的因变量 x 与自变量 y 互换，写成 $y=f^{-1}(x)$，这时 $y=f(x)$ 与其反函数 $y=f^{-1}(x)$ 的图像是关于直线 $y=x$ 对称的. 例如，将 $y=a^x$ 的反函数 $x=\log_a y\ (a>0\ 且\ a\neq 1)$ 中的 x 与 y 互换后为 $y=\log_a x$，这时 $y=a^x$ 与它的反函数 $y=\log_a x$ 的图像是关于直线 $y=x$ 对称的（见图 1.6）. 同时，$y=a^x$ 也是 $y=\log_a x$ 的反函数，即指数函数 $y=a^x$ 与对数函数 $y=\log_a x$ 互为反函数.

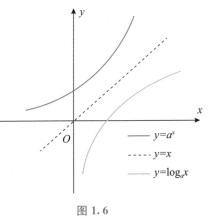

图 1.6

对于一个给定的函数 $y=f(x)(x\in D,y\in W)$，它在 D 上存在反函数的充要条件是函数 $f(x)$ 在 D 上是一一对应的. 因为单调函数是一一对应的，所以单调函数一定存在反函数.

例如，函数 $y=x^2$ 在定义域 $(-\infty,\ +\infty)$ 上不是一一对应的，因此在 $(-\infty,\ +\infty)$ 上 $y=x^2$ 没有反函数，但在 $(0,\ +\infty)$ 上是一一对应的，存在反函数 $x=\sqrt{y}$，$y\in(0,\ +\infty)$；x 与 y 互换后，反函数为 $y=\sqrt{x}$，$x\in(0,\ +\infty)$.

三角函数是周期函数，对于值域内的每一个 y 值，与之对应的 x 值有无穷多个，因此三角函数在整个定义域上不存在反函数，但在定义域的某一单调区间内存在反函数，称为

反三角函数. 下面讨论几个常用的反三角函数.

（1）反正弦函数. 正弦函数 $y=\sin x$ 在区间 $\left[-\dfrac{\pi}{2}, \dfrac{\pi}{2}\right]$ 上是单调递增函数，在此区间上存在反函数，该反函数称为反正弦函数，记作 $y=\arcsin x$，其定义域为 $[-1, 1]$，值域为 $\left[-\dfrac{\pi}{2}, \dfrac{\pi}{2}\right]$，见图 1.7.

（2）反余弦函数. 余弦函数 $y=\cos x$ 在区间 $[0, \pi]$ 上单调递减，在此区间上存在反函数，该反函数称为反余弦函数，记作 $y=\arccos x$，其定义域为 $[-1, 1]$，值域为 $[0, \pi]$，见图 1.8.

（3）反正切函数. 正切函数 $y=\tan x$ 在区间 $\left(-\dfrac{\pi}{2}, \dfrac{\pi}{2}\right)$ 上单调递增，在此区间上存在反函数，该反函数称为反正切函数，记作 $y=\arctan x$，其定义域为 $(-\infty, +\infty)$，值域为 $\left(-\dfrac{\pi}{2}, \dfrac{\pi}{2}\right)$，见图 1.9.

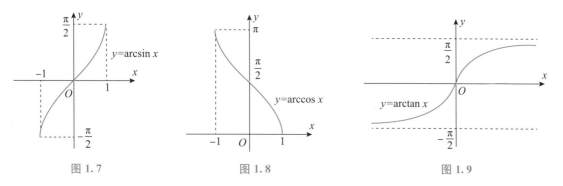

图 1.7　　　　　　　图 1.8　　　　　　　图 1.9

三、复合函数

定义 3　设函数 $y=f(u)$ 的定义域为 D_1，函数 $u=g(x)$ 的定义域为 D_2. 若函数 $u=g(x)$ 的值域 $W_2 \subset D_1$，则由下式

$$y=f[\varphi(x)] \quad (x \in D_2)$$

定义的函数称为函数 $y=f(u)$ 和 $u=g(x)$ 构成的复合函数，其中 u 称为中间变量.

例如，函数 $y=\lg u$ 的定义域为 $(0, +\infty)$，函数 $u=1+x^2$ 的定义域为 $(-\infty, +\infty)$，值域为 $[1, +\infty) \subset (0, +\infty)$，因此，这两个函数可以构成复合函数 $y=\lg(1+x^2)$.

若 $u=1-x$，当 $x \in (-\infty, 1)$ 时，$y=\lg u$ 和 $u=1-x$ 可以复合成 $y=\lg(1-x)$. 当 $x \in [1, +\infty)$ 时，函数 $y=\lg u$ 和 $u=1-x$ 不能复合.

复合函数的概念可以推广到有限多个函数复合的情形. 例如，可以看出函数 $y=\mathrm{e}^{\sqrt{1-x^2}}$

是由 $y=\mathrm{e}^u$，$u=\sqrt{v}$，$v=1-x^2$ 三个函数复合而成的，其中 u、v 为中间变量，x 是自变量，y 是因变量. 函数 $y=\mathrm{e}^{\sqrt{1-x^2}}$ 的定义域为 $[-1，1]$.

四、初等函数

1. 基本初等函数

通常把下面六类函数称为**基本初等函数**：

(1) 常数函数：$y=C$（C 是常数）；

(2) 幂函数：$y=x^\mu$（μ 是常数）；

(3) 指数函数：$y=a^x$（$a>0$，且 $a\neq1$）；

(4) 对数函数：$y=\log_a x$（$a>0$，且 $a\neq1$）；

(5) 三角函数：$y=\sin x$，$y=\cos x$，$y=\tan x$，$y=\cot x$，$y=\sec x$，$y=\csc x$；

(6) 反三角函数：$y=\arcsin x$，$y=\arccos x$，$y=\arctan x$，$y=\text{arccot}\,x$.

其中，

正割函数：$y=\sec x=\dfrac{1}{\cos x}$；

余割函数：$y=\csc x=\dfrac{1}{\sin x}$；

余切函数：$y=\cot x=\dfrac{\cos x}{\sin x}$；

反余切函数：$y=\text{arccot}\,x$，是余切函数 $y=\cot x$ 的反函数，其定义域为 $(-\infty，+\infty)$，值域为 $(0，\pi)$.

> **常用三角函数公式**
>
> $\sin^2 x+\cos^2 x=1$
>
> $\sec^2 x=1+\tan^2 x$
>
> $\csc^2 x=1+\cot^2 x$
>
> $\sin 2x=2\sin x\cos x$
>
> $\cos 2x=\cos^2 x-\sin^2 x$
>
> $\qquad=2\cos^2 x-1$
>
> $\qquad=1-2\sin^2 x$
>
> $\cos^2 x=\dfrac{1+\cos 2x}{2}$
>
> $\sin^2 x=\dfrac{1-\cos 2x}{2}$

2. 初等函数

定义 4　由基本初等函数经过有限次的四则运算和复合运算所得到的可用一个解析式表示的函数，称为初等函数.

例如，$y=\lg(x^2+1)$，$y=\sqrt{\cos x+x\sin x}$，$y=\dfrac{\mathrm{e}^{ax}}{2x^2-\tan x}$ 等均为初等函数.

又如，由常数函数和幂函数构成的**多项式函数** $P(x)$、**有理函数** $R(x)$ 也是初等函数. 多项式函数定义为

$$P(x)\xlongequal{\text{def}}a_n x^n+a_{n-1}x^{n-1}+\cdots+a_1 x+a_0=\sum_{k=0}^{n}a_k x^k，$$

式中，a_k 称为多项式的系数，n 称为次数（$a_n\neq0$）.

有理函数定义为

$$R(x)\xlongequal{\text{def}}\frac{P(x)}{Q(x)},$$

式中，$P(x)$，$Q(x)$ 为多项式函数，并且 $Q(x)$ 不恒为 0.

本书所涉及的函数绝大多数是初等函数.

习题 1.1

1. 求下列函数的定义域：

(1) $y=\dfrac{x-1}{x^2+x-2}$；

(2) $y=\arccos(2x+3)$；

(3) $y=\dfrac{x}{\sin x}$；

(4) $y=\dfrac{1}{\sqrt{2-x^2}}+\arcsin\dfrac{x-2}{2}$.

2. 判断下列各题中两个函数是否相同，并说明理由.

(1) $y=\lg x^2$ 与 $y=2\lg x$；

(2) $y=\dfrac{x-2}{x^2-5x+6}$ 与 $y=x-3$；

(3) $y=\sqrt{x^2}$ 与 $y=|x|$；

(4) $y=\csc^2 x$ 与 $y=1+\cot^2 x$.

3. 已知 $f\left(\dfrac{1}{t}\right)=\dfrac{5}{t}+2t^2$，求 $f(t)$ 及 $f(t^2+1)$.

4. 下列函数中哪些是奇函数，哪些是偶函数，哪些是非奇非偶函数？

(1) $y=|x+2|$；

(2) $y=\sec x$；

(3) $y=\lg\left(x+\sqrt{1+x^2}\right)$；

(4) $y=x\sin^2 x$；

(5) $y=1+\cos\dfrac{1}{x}$；

(6) $y=\dfrac{x^2+1}{x^2-1}$.

5. 求下列反三角函数的值：

(1) $\arcsin\dfrac{1}{2}$；

(2) $\arctan\left(-\sqrt{3}\right)$；

(3) $\arccos\dfrac{\sqrt{3}}{2}$；

(4) $\arcsin\left(-\dfrac{\sqrt{2}}{2}\right)$；

(5) $\arcsin 1+\arccos 1$；

(6) $\arcsin(-1)+\arccos(-1)$.

6. 指出下列函数是由哪些基本初等函数的四则及复合运算得到的：

(1) $y=e^{\arcsin 3x}$；

(2) $y=a\sin(bx+c)$，a、b、c 为常数；

(3) $y=\arccos(\tan x^2)$；

(4) $y=\lg\dfrac{e^x}{2x^2}$；

(5) $y=\cos\sqrt{\dfrac{1+x}{1-x}}$；

(6) $y=\dfrac{a}{2\ln x+2^x}$，a 为常数.

第二节　极限的概念与运算法则

极限的概念是在探究某些实际问题的精确解的过程中产生的. 极限的思想早在我国古代就有了. 下面介绍两个经典的例子.

例 1.3　截杖问题.

我国春秋战国时期的《庄子·天下》中载有这样一段话："一尺之棰，日取其半，万世不竭。"意思是，一尺长的木棍，每天取下它的一半，永远也取不完. 每天取下的长度分别为

$$\frac{1}{2}, \frac{1}{4}, \frac{1}{8}, \cdots, \frac{1}{2^n}, \cdots \quad (n \in \mathbf{N}_+, \mathbf{N}_+ \text{ 为正整数集})$$

当 n 无限增大时，$\frac{1}{2^n}$ 就会无限地变小，并且无限地接近于常数 0，但永远不等于 0. 这就是"万世不竭"的意思. 这说明在我国古代就已经有了无限细分的思想，并对极限过程进行了初步描述.

例 1.4　割圆术.

我国魏晋时期数学家刘徽（约 225—295）为《九章算术》作注时，创立了割圆术，即利用圆内接正多边形来推算圆的面积的方法（见图 1.10，n 是正多边形的边数）.

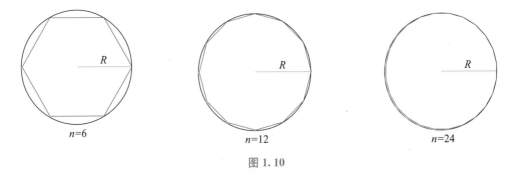

$$n=6 \qquad\qquad n=12 \qquad\qquad n=24$$

图 1.10

具体做法是：首先作圆内接正六边形，其面积记为 A_1；再作圆内接正十二边形，其面积记为 A_2；再作圆内接正二十四边形，其面积记为 A_3；如此下去，每次边数加倍，记第 n 次圆内接正 $6 \times 2^{n-1}$ 边形的面积为 A_n $(n \in \mathbf{N}_+)$. 这样，就得到一系列圆内接正多边形的面积：

$$A_1, A_2, A_3, \cdots, A_n, \cdots,$$

它们构成了一列有次序的数，即所谓的数列. 当 n 越大时，圆内接正多边形的面积与圆的面积就越接近，但无论 n 取多大，只要 n 取定了，A_n 依然是圆内接多边形的面积，不会等于圆的面积. 因此，设想 n 无限增大（记为 $n \to \infty$），即圆内接正多边形的边数无限增加，在这个过程中，圆内接正多边形与圆就无限接近，同时 A_n 就无限接近某个确定的

数值,这个确定的数值可以理解为圆的面积. 这个确定的数值在数学上就称为数列

$$A_1, A_2, A_3, \cdots, A_n, \cdots (n \in \mathbf{N}_+)$$

当 $n \to \infty$ 时的极限. 在圆面积问题中我们看到,正是这个数列的极限才精确表达了圆的面积. 割圆术就是极限思想在求几何面积时的应用.

在解决实际问题中逐渐形成的这种极限方法已成为高等数学中的一种基本方法. 下面进一步阐明.

【人物小传】刘徽　　　　《九章算术》简介

一、数列的极限

1. 数列

按照确定的顺序排列的一列数

$$x_1, x_2, x_3, \cdots, x_n, \cdots (n \in \mathbf{N}_+),$$

称为数列,记为 $\{x_n\}$,其中,x_n 称为数列的第 n 项或通项,n 称为项 x_n 的序号. 例如:

(1) $\{2^n\}$: $2, 4, \cdots, 2^n, \cdots$;

(2) $\left\{\dfrac{1}{2^n}\right\}$: $\dfrac{1}{2}, \dfrac{1}{4}, \dfrac{1}{8}, \cdots, \dfrac{1}{2^n}, \cdots$;

(3) $\left\{\dfrac{n+(-1)^{n-1}}{n}\right\}$: $2, \dfrac{1}{2}, \dfrac{4}{3}, \cdots, \dfrac{n+(-1)^{n-1}}{n}, \cdots$;

(4) $\{(-1)^{n-1}\}$: $1, -1, 1, \cdots, (-1)^{n+1}, \cdots$

都是数列.

数列 $\{x_n\}$ 可看作自变量为正整数 n 的函数,即

$$x_n = f(n) \quad (n \in \mathbf{N}_+).$$

它的定义域是全体正整数. 当自变量 n 依次取 $1, 2, 3, \cdots, n, \cdots$ 时,对应的函数值就排列成数列 $\{x_n\}$.

2. 数列的极限

定义 1 对于数列 $\{x_n\}$,当 n 无限增大 $(n \to \infty)$ 时,若 x_n 无限地趋近于某个常数 A,则称 A 为当 $n \to \infty$ 时数列 $\{x_n\}$ 的极限(limit),或称数列 $\{x_n\}$ 收敛于 A,记作

$$\lim_{n \to \infty} x_n = A \quad 或 \quad x_n \to A \quad (n \to \infty).$$

此时，也称数列 $\{x_n\}$ 的极限存在；否则，称数列 $\{x_n\}$ 的极限不存在，或者称数列 $\{x_n\}$ 是发散的，习惯上也说 $\lim\limits_{n\to\infty}x_n$ 不存在.

例如，上面数列（1）至（4）中，当 $n\to\infty$ 时，数列（2）和（3）的极限存在，且

$$\lim_{n\to\infty}\frac{1}{2^n}=0;\quad \lim_{n\to\infty}\frac{n+(-1)^{n-1}}{n}=1.$$

数列（1）和（4）的极限不存在. 因为当 $n\to\infty$ 时，2^n 的变化趋势是无限增大的，不趋于某个常数，所以 $\lim\limits_{n\to\infty}2^n$ 不存在，但可记为 $\lim\limits_{n\to\infty}2^n=+\infty$；当 $n\to\infty$ 时，$(-1)^{n-1}$ 总是在 -1 和 1 之间跳动，也不趋于某个常数，因此 $\lim\limits_{n\to\infty}(-1)^{n-1}$ 不存在.

二、函数的极限

数列 $\{x_n\}$ 可以看作自变量为正整数 n 的函数 $x_n=f(n)$，它的极限是一种特殊函数的极限. 下面讨论定义在实数集上且自变量连续取值的函数 $y=f(x)$ 的极限. 这里主要研究自变量的两种不同变化趋势下的函数的极限：一是自变量 x 的绝对值无限增大（记为 $x\to\infty$）时函数的极限；二是自变量 x 的值无限趋于某一定值 x_0（记为 $x\to x_0$）时函数的极限.

1. $x\to\infty$ 时函数的极限

考察函数 $f(x)=\dfrac{1}{x}$ 当 $x\to\infty$ 时的变化趋势.

由图 1.11 可以看出，无论自变量 x 是取正值且无限增大（记为 $x\to+\infty$），还是取负值且其绝对值无限增大（记为 $x\to-\infty$），函数 $f(x)$ 的图像都无限接近于 x 轴，即函数值无限趋近于常数 0.

由表 1.1 也可以看出，当 $|x|$ 无限增大时（即 $x\to\infty$，同时包含 $x\to+\infty$ 和 $x\to-\infty$），函数 $f(x)$ 的值无限地趋于常数 0. 这时就把 0 称为函数 $f(x)=\dfrac{1}{x}$ 当 $x\to\infty$ 时的极限.

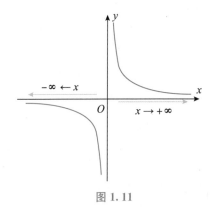

图 1.11

表 1.1

x	$\dfrac{1}{x}$
± 1	± 1
± 10	± 0.1
± 100	± 0.01
$\pm 1\,000$	± 0.001
$\pm 10\,000$	$\pm 0.000\,1$
$\pm 100\,000$	$\pm 0.000\,01$
$\pm 1\,000\,000$	$\pm 0.000\,001$

类似数列的极限，我们有下面的定义.

定义 2　当自变量 x 的绝对值无限增大（$x \to \infty$）时，若函数 $f(x)$ 的值无限趋近于一个常数 A，则称 A 为函数 $f(x)$ 当 $x \to \infty$ 时的**极限**，记为

$$\lim_{x \to \infty} f(x) = A \quad \text{或} \quad f(x) \to A \quad (x \to \infty),$$

这时也称极限 $\lim\limits_{x \to \infty} f(x)$ 存在，否则称极限 $\lim\limits_{x \to \infty} f(x)$ 不存在.

因为当 $x \to \infty$ 时，函数 $f(x) = \dfrac{1}{x} \to 0$，所以 $\lim\limits_{x \to \infty} f(x) = \lim\limits_{x \to \infty} \dfrac{1}{x} = 0$.

当 $x \to \infty$ 时，函数 $y = \sin x$ 的值始终在 -1 和 1 之间跳动，见图 1.12，函数值不趋近于某一个常数，所以极限 $\lim\limits_{x \to \infty} \sin x$ 不存在；当 $x \to \infty$ 时，函数 $y = x^2$ 的值无限增大，见图 1.13，函数值也不趋近于某一个常数，所以极限 $\lim\limits_{x \to \infty} x^2$ 不存在. 但对于 $y = x^2$，当 $x \to \infty$ 时，函数值是无限增大的，可以记为 $\lim\limits_{x \to \infty} x^2 = \infty$.

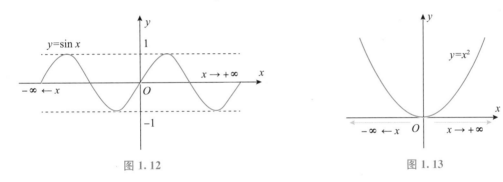

图 1.12　　　　　　　　　　图 1.13

在研究实际问题的过程中，有时只需考察 $x \to +\infty$ 或 $x \to -\infty$ 时，函数 $f(x)$ 的极限. 与 $x \to \infty$ 时函数的极限定义类似，可以定义函数 $f(x)$ 当 $x \to +\infty$ 或 $x \to -\infty$ 时的极限，即单侧极限，分别记为

$$\lim_{x \to +\infty} f(x) = A \quad \text{或} \quad f(x) \to A \quad (x \to +\infty),$$
$$\lim_{x \to -\infty} f(x) = A \quad \text{或} \quad f(x) \to A \quad (x \to -\infty).$$

对于函数 $f(x) = \dfrac{1}{x}$，当 $x \to +\infty$ 时，$\dfrac{1}{x} \to 0$；当 $x \to -\infty$ 时，$\dfrac{1}{x} \to 0$，即两个单侧极限分别为 $\lim\limits_{x \to +\infty} \dfrac{1}{x} = 0$ 和 $\lim\limits_{x \to -\infty} \dfrac{1}{x} = 0$.

例 1.5　判断函数 $y = \arctan x$ 与 $y = \mathrm{e}^{-x}$ 当 $x \to +\infty$，$x \to -\infty$ 及 $x \to \infty$ 时的极限是否存在.

解　由图 1.14 可以看出，

当 $x \to +\infty$ 时，$\arctan x \to \dfrac{\pi}{2}$；当 $x \to -\infty$ 时，$\arctan x \to -\dfrac{\pi}{2}$. 因此

$$\lim_{x \to +\infty} \arctan x = \frac{\pi}{2}, \qquad \lim_{x \to -\infty} \arctan x = -\frac{\pi}{2}.$$

当 $x \to \infty$ 时，$\arctan x$ 不趋近于某一个常数，因此 $\lim\limits_{x \to \infty} \arctan x$ 不存在.

类似地，由图 1.15 可以看出，$\lim\limits_{x \to +\infty} e^{-x} = 0$；$\lim\limits_{x \to -\infty} e^{-x}$ 与 $\lim\limits_{x \to \infty} e^{-x}$ 都不存在.

当 $x \to -\infty$ 时，$e^{-x} \to +\infty$，可记为 $\lim\limits_{x \to -\infty} e^{-x} = +\infty$.

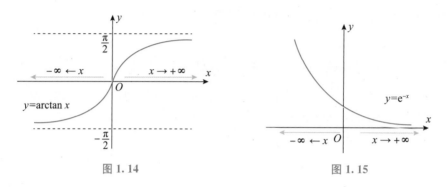

图 1.14　　　　　　　　　　　图 1.15

可以证明：当 $x \to \infty$ 时，函数 $f(x)$ 的极限存在的充分必要条件是两个单侧极限都存在且相等，即

$$\lim_{x \to \infty} f(x) = A \Longleftrightarrow \lim_{x \to -\infty} f(x) = \lim_{x \to +\infty} f(x) = A.$$

2. $x \to x_0$ 时函数的极限

考察函数 $f(x) = 1 + \dfrac{1}{x}$，当自变量从 x 轴上点 $x = 1$ 处的左右两侧趋近于 1（记作 $x \to 1$）时的变化趋势. 由图 1.16 和表 1.2 可以看出，当 $x \to 1$ 时，无论从 1 的左侧还是右侧趋于 1，函数 $f(x)$ 的值都趋于常数 2，我们就把 2 称为函数 $f(x)$ 当 $x \to 1$ 时的极限.

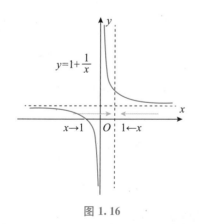

图 1.16

表 1.2

$x\ (<1)$	$1+\dfrac{1}{x}$	$x\ (>1)$	$1+\dfrac{1}{x}$
0.5	3	1.5	1.667
0.7	2.429	1.2	1.833
0.9	2.11	1.1	1.909
0.99	2.010	1.01	1.990
0.999	2.001	1.001	1.999
0.999 9	2.000 1	1.000 1	1.999 9

下面给出自变量 x 趋于有限值时函数的极限定义.

定义 3 设函数 $f(x)$ 在 x_0 的某一去心邻域内有定义，当自变量 x 以任意方式无限趋近于 x_0 时，若函数 $f(x)$ 的值无限地趋近于一个常数 A，则称 A 为函数 $f(x)$ 当 $x \to x_0$ 时的**极限**，记为

$$\lim_{x \to x_0} f(x) = A \quad \text{或} \quad f(x) \to A \quad (x \to x_0),$$

这时也称极限 $\lim\limits_{x \to x_0} f(x)$ 存在，否则称极限 $\lim\limits_{x \to x_0} f(x)$ 不存在.

例 1.6 考察下列三个函数当 $x \to 2$ 时的极限.

$$f(x) = \frac{x^2 - 4}{x - 2}, \quad g(x) = \begin{cases} \dfrac{x^2 - 4}{x - 2}, & x \neq 2, \\ 4, & x = 2, \end{cases} \quad h(x) = \begin{cases} \dfrac{x^2 - 4}{x - 2}, & x \neq 2, \\ 2, & x = 2. \end{cases}$$

三个函数的图像分别如图 1.17 至图 1.19 所示.

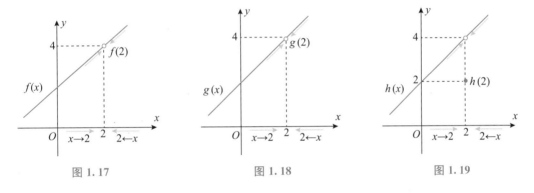

图 1.17   图 1.18   图 1.19

解 从几何图形上可以看出，

$$\lim_{x \to 2} f(x) = 4; \quad \lim_{x \to 2} g(x) = 4; \quad \lim_{x \to 2} h(x) = 4.$$

需要注意的是：

（1）这里 $x \to x_0$ 的方式是任意的；

（2）当 $x \to x_0$ 时，函数 $f(x)$ 的极限是否存在与函数在 x_0 点是否有定义无关，若有定义，函数的极限与函数值的大小无关. 因此，讨论函数 $f(x)$ 在某一点 x_0 处的极限时，往往是指 $x \to x_0$，但 $x \neq x_0$.

在定义 3 中，当自变量 x 仅限于从 x_0 的左侧趋向于 x_0 时，如果函数 $f(x)$ 的值无限趋近于常数 A，则称 A 为函数 $f(x)$ 当 $x \to x_0$ 时的**左极限**，记为

$$\lim_{x \to x_0^-} f(x) = A \quad \text{或} \quad f(x_0 - 0) = A.$$

当自变量 x 仅限于从 x_0 的右侧趋向于 x_0 时，如果函数 $f(x)$ 的值无限趋近于常数 A，则称 A 为函数 $f(x)$ 当 $x \to x_0$ 时的**右极限**，记为

$$\lim_{x \to x_0^+} f(x) = A \quad \text{或} \quad f(x_0+0) = A.$$

左极限和右极限统称为单侧极限.

可以证明,函数 $f(x)$ 在点 x_0 处的极限存在的充分必要条件为函数 $f(x)$ 在点 x_0 处的左、右极限都存在且相等,即

$$\lim_{x \to x_0} f(x) = A \Leftrightarrow \lim_{x \to x_0^-} f(x) = \lim_{x \to x_0^+} f(x) = A.$$

这个结论常用于讨论分段函数在分段点处的极限.

例 1.7　设 $f(x) = \begin{cases} 1-x, & x < 0, \\ x^2+1, & x \geq 0, \end{cases}$ 图像见图 1.20,求 $\lim\limits_{x \to 0} f(x)$.

解　因为

$$f(0-0) = \lim_{x \to 0^-} f(x) = \lim_{x \to 0^-}(1-x) = 1,$$
$$f(0+0) = \lim_{x \to 0^+} f(x) = \lim_{x \to 0^+}(x^2+1) = 1,$$

可见,$f(0-0) = f(0+0) = 1$,所以 $\lim\limits_{x \to 0} f(x) = 1$.

例 1.8　讨论函数 $f(x) = \dfrac{|x|}{x}$,图像见图 1.21,当 $x \to 0$ 时的极限是否存在.

解　因为

$$\lim_{x \to 0^-} \frac{|x|}{x} = \lim_{x \to 0^-} \frac{-x}{x} = \lim_{x \to 0^-}(-1) = -1,$$
$$\lim_{x \to 0^+} \frac{|x|}{x} = \lim_{x \to 0^+} \frac{x}{x} = \lim_{x \to 0^+} 1 = 1,$$

左极限不等于右极限,所以 $\lim\limits_{x \to 0} f(x)$ 不存在.

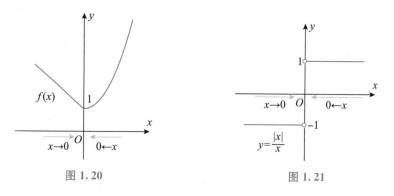

图 1.20　　　　　　　　　　　　图 1.21

例 1.9　由极限的定义,易知

$$\lim_{x \to x_0} C = C \quad (C \text{ 为常数}),$$
$$\lim_{x \to \infty} C = C.$$

常数函数 $y=C$ 在任何极限过程中的极限都是 C.

三、无穷小量与无穷大量

1. 无穷小量

定义 4　如果

$$\lim_{x \to x_0} f(x) = 0 \quad \text{或} \quad \lim_{x \to \infty} f(x) = 0,$$

则称函数 $f(x)$ 当 $x \to x_0$ 或 $x \to \infty$ 时为**无穷小**.

特别地,以零为极限的数列 $\{x_n\}$ 称为 $n \to \infty$ 时的无穷小.

例如,由图 1.22 可知, $\lim\limits_{x \to 0} x^3 = 0$,因此当 $x \to 0$ 时,函数 x^3 为无穷小.

由图 1.23 可知,当 $x \to -\infty$ 时,函数 e^x 为无穷小.

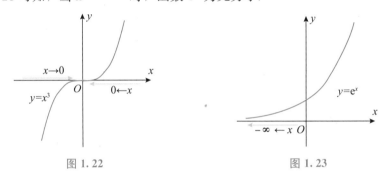

图 1.22　　　　　　　　　　图 1.23

需要注意的是:一个函数或变量是否为无穷小与自变量的变化过程有关. 例如,当 $x \to 0$ 时,函数 x^3 为无穷小;当 $x \to 1$ 时, $x^3 \to 1$, x^3 不是无穷小.

另外,除了常数零外,无穷小是一个以零为极限的变量. 其他任何绝对值很小的非零常数都不是无穷小. 常数零是可以看作无穷小的唯一常数.

定理 1　在自变量的同一变化过程 $x \to x_0$ 或 $x \to \infty$ 中,函数 $f(x)$ 具有极限 A 的充分必要条件是 $f(x) = A + \alpha(x)$,其中 $\alpha(x)$ 是无穷小,即

$$\lim f(x) = A \Leftrightarrow f(x) = A + \alpha(x), \lim \alpha(x) = 0.$$

注意,记号 "lim" 下面没有标明自变量的变化过程,是指对于 $x \to x_0$ 及 $x \to \infty$ 时都是成立的.

这个定理揭示了极限存在与无穷小的密切关系:若函数 $f(x)$ 以常数 A 为极限,则函数 $f(x)$ 可以表示为 A 加一个无穷小;反之,若函数 $f(x)$ 可以表示为常数 A 加一个无穷小,则函数 $f(x)$ 以 A 为极限.

例如,假设 $f(x) = 2 + x^3$,当 $x \to 0$ 时, $x^3 \to 0$,即当 $x \to 0$ 时, x^3 为无穷小. 由定理 1

可得 $\lim\limits_{x\to 0}f(x)=2$. 若已知 $\lim\limits_{x\to 0}f(x)=2$，则函数 $f(x)$ 可表示为 $f(x)=2+\alpha(x)$，其中 $\lim\limits_{x\to 0}\alpha(x)=0$.

性质 1　有限个无穷小的代数和或乘积仍是无穷小.

性质 2　有界变量或常数与无穷小的乘积是无穷小.

例如，当 $x\to\infty$ 时，$\dfrac{1}{x}$ 为无穷小量，而 $|\sin x|\leqslant 1$，$\sin x$ 是有界变量，故 $\lim\limits_{x\to\infty}\dfrac{\sin x}{x}=0$. 同理，$\lim\limits_{x\to 0}x\sin\dfrac{1}{x}=0$.

2. 无穷大量

定义 5　当 $x\to x_0$ 或 $x\to\infty$ 时，如果函数 $f(x)$ 的绝对值无限增大，则称当 $x\to x_0$ 或 $x\to\infty$ 时，$f(x)$ 为**无穷大**，记为

$$\lim_{x\to x_0}f(x)=\infty\quad\text{或}\quad\lim_{x\to\infty}f(x)=\infty.$$

特别地，若 $\lim\limits_{n\to\infty}x_n=\infty$，则称数列 $\{x_n^*\}$ 当 $n\to\infty$ 时为无穷大.

例如，由图 1.24 和表 1.3 可知，当 $x\to 0$ 时，$\dfrac{1}{x^2}\to\infty$. 因此当 $x\to 0$ 时，函数 $f(x)=\dfrac{1}{x^2}$ 为无穷大，记为 $\lim\limits_{x\to 0}\dfrac{1}{x^2}=\infty$.

表 1.3

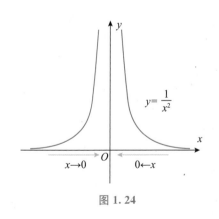

图 1.24

x	$\dfrac{1}{x^2}$
± 1	1
± 0.1	100
± 0.01	10 000
± 0.001	1 000 000
$\pm 0.000\ 1$	100 000 000
$\pm 0.000\ 01$	10 000 000 000
$\pm 0.000\ 001$	1 000 000 000 000

同样地，当 $x\to\infty$ 时，函数 x^2，x^3 均为无穷大，可记为 $\lim\limits_{x\to\infty}x^2=\infty$，$\lim\limits_{x\to\infty}x^3=\infty$.

无穷大是极限不存在的变量，任何很大的常数都不是无穷大.

3. 无穷小与无穷大的关系

定理 2   在自变量的同一变化过程中，

(1) 若 $f(x)$ 是无穷大，则 $\dfrac{1}{f(x)}$ 为无穷小；

(2) 若 $f(x)$ 是无穷小且 $f(x)\neq0$，则 $\dfrac{1}{f(x)}$ 为无穷大.

例如，当 $x\rightarrow-\infty$ 时，函数 $f(x)=\mathrm{e}^x$ 为无穷小，函数 $f(x)=\mathrm{e}^x$ 的倒数 $\dfrac{1}{f(x)}=\dfrac{1}{\mathrm{e}^x}=\mathrm{e}^{-x}$ 为无穷大；当 $x\rightarrow0$ 时，函数 $f(x)=\dfrac{1}{x^2}$ 为无穷大，函数 $f(x)=\dfrac{1}{x^2}$ 的倒数 $\dfrac{1}{f(x)}=x^2$ 为无穷小.

4. 无穷小量的比较

我们已经知道，两个无穷小的和、差和乘积仍是无穷小，但两个无穷小的商，却会呈现不同的结果.

例如，当 $x\rightarrow0$ 时，函数 $x^2\rightarrow0$，$2x$，$x^2\sin\dfrac{1}{x}$ 均为无穷小. 它们的商分别是：$\lim\limits_{x\rightarrow0}\dfrac{x^2}{2x}=0$，$\lim\limits_{x\rightarrow0}\dfrac{2x}{x^2}=\infty$，$\lim\limits_{x\rightarrow0}\dfrac{2x}{x}=2$，$\lim\limits_{x\rightarrow0}\dfrac{x\sin\dfrac{1}{x}}{x}$ 不存在.

两个无穷小之比的极限有各种情况，其中有些极限的情况反映了不同的无穷小趋于零的"快慢"程度.

当 $x\rightarrow0$ 时，$x^2\rightarrow0$ 比 $2x\rightarrow0$ 要"快"，反过来 $2x\rightarrow0$ 比 $x^2\rightarrow0$ 要"慢"，见表 1.4. 这就是我们要讨论的无穷小的比较.

表 1.4

x	$2x$	x^2
±1	±2	1
±0.1	±0.2	0.01
±0.01	±0.02	0.000 1
±0.001	±0.002	0.000 001
$\pm0.000\ 1$	$\pm0.000\ 2$	0.000 000 01
$\pm0.000\ 01$	$\pm0.000\ 02$	0.000 000 000 1
$\pm0.000\ 001$	$\pm0.000\ 002$	0.000 000 000 001

定义 6   设 $\alpha=\alpha(x)$，$\beta=\beta(x)$ 都是在自变量的同一变化过程中的无穷小，且 $\alpha\neq0$，$\lim\dfrac{\beta}{\alpha}$ 也是这个变化过程中的极限.

(1) 如果 $\lim\dfrac{\beta}{\alpha}=0$，则称 β 是比 α 高阶的无穷小，记作 $\beta=o(\alpha)$；

(2) 如果 $\lim\dfrac{\beta}{\alpha}=\infty$，则称 β 是比 α 低阶的无穷小；

(3) 如果 $\lim\dfrac{\beta}{\alpha}=c$（$c\neq0$），则称 β 与 α 是同阶无穷小.

特别地，当 $c=1$ 时，称 β 与 α 是等价无穷小，记作 $\beta\sim\alpha$.

由以上定义可知，当 $x \to 0$ 时，x^2 是比 $2x$ 高阶的无穷小，记作 $x^2 = o(2x)$；$2x$ 是比 x^2 低阶的无穷小；$2x$ 与 x 是同阶无穷小.

四、极限的运算法则

如果在自变量的同一变化过程中，函数 $f(x)$ 与 $g(x)$ 的极限都存在，那么这两个函数的四则运算的极限也存在，且满足以下运算法则.

定理 3（极限的四则运算法则） 若 $\lim f(x) = A$，$\lim g(x) = B$，则有

(1) $\lim[f(x) \pm g(x)] = \lim f(x) \pm \lim g(x) = A \pm B$；

(2) $\lim[f(x) \cdot g(x)] = \lim f(x) \cdot \lim g(x) = A \cdot B$；

(3) $\lim \dfrac{f(x)}{g(x)} = \dfrac{\lim f(x)}{\lim g(x)} = \dfrac{A}{B}$ $(B \neq 0)$.

记号"$\lim$"下面都没有标明自变量的变化过程，是指对于 $x \to x_0$，$x \to x_0^+$，$x \to x_0^-$，$x \to \infty$，$x \to +\infty$，$x \to -\infty$ 时函数的极限，$n \to \infty$ 时数列的极限都适用，只要是在自变量的同一个变化过程中讨论极限就可以.

定理 3 中的 (1)(2) 可以推广到有限多个函数的情形. 例如，如果 $\lim f(x) = A$，$\lim g(x) = B$，$\lim h(x) = C$，则有

$$\lim[f(x) + g(x) - h(x)] = \lim f(x) + \lim g(x) - \lim h(x) = A + B - C,$$
$$\lim[f(x) \cdot g(x) \cdot h(x)] = \lim f(x) \cdot \lim g(x) \cdot \lim h(x) = ABC.$$

推论 设 $\lim f(x) = A$，则

(1) $\lim[cf(x)] = c \lim f(x) = cA$ （c 是常数）；

(2) $\lim[f(x)]^n = [\lim f(x)]^n = A^n$ （n 为正整数）.

例 1.10 求 $\lim\limits_{x \to 2}(x^2 - 3x + 5)$.

解 $\lim\limits_{x \to 2}(x^2 - 3x + 5) = \lim\limits_{x \to 2} x^2 - \lim\limits_{x \to 2} 3x + \lim\limits_{x \to 2} 5 = (\lim\limits_{x \to 2} x)^2 - 3\lim\limits_{x \to 2} x + \lim\limits_{x \to 2} 5$
$$= 2^2 - 3 \times 2 + 5 = 3.$$

不难证明，对于任意有限次多项式函数

$$P(x) = a_n x^n + a_{n-1} x^{n-1} + \cdots + a_1 x + a_0,$$

有

$$\lim\limits_{x \to x_0} P(x) = \lim\limits_{x \to x_0} a_n x^n + \lim\limits_{x \to x_0} a_{n-1} x^{n-1} + \cdots + \lim\limits_{x \to x_0} a_1 x + \lim\limits_{x \to x_0} a_0$$
$$= a_n \lim\limits_{x \to x_0} x^n + a_{n-1} \lim\limits_{x \to x_0} x^{n-1} + \cdots + a_1 \lim\limits_{x \to x_0} x + a_0 = P(x_0).$$

例 1.11 求 $\lim\limits_{x \to 2} \dfrac{x^3 - 1}{x^2 - 3x + 5}$.

解 $\lim\limits_{x \to 2} \dfrac{x^3 - 1}{x^2 - 3x + 5} = \dfrac{\lim\limits_{x \to 2}(x^3 - 1)}{\lim\limits_{x \to 2}(x^2 - 3x + 5)} = \dfrac{2^3 - 1}{2^2 - 3 \times 2 + 5} = \dfrac{7}{3}$.

可以证明，对于有理函数 $R(x) = \dfrac{P(x)}{Q(x)}$，其中 $P(x)$ 和 $Q(x)$ 均为多项式，只要 $Q(x_0) \neq 0$，就有

$$\lim_{x \to x_0} \frac{P(x)}{Q(x)} = \frac{\lim\limits_{x \to x_0} P(x)}{\lim\limits_{x \to x_0} Q(x)} = \frac{P(x_0)}{Q(x_0)}.$$

若 $Q(x_0) = 0$，则两个函数的商的极限运算法则不能直接应用，需要特别考虑. 下面两个例子就属于这种情形.

例 1.12 求 $\lim\limits_{x \to 1} \dfrac{4x - 1}{x^2 + 2x - 3}$.

解 因为分母的极限 $\lim\limits_{x \to 1}(x^2 + 2x - 3) = 0$，分子的极限 $\lim\limits_{x \to 1}(4x - 1) = 3 \neq 0$，所以不能应用函数商的极限运算法则，但因

$$\lim_{x \to 1} \frac{x^2 + 2x - 3}{4x - 1} = \frac{0}{3} = 0,$$

所以当 $x \to 1$ 时，$\dfrac{x^2 + 2x - 3}{4x - 1}$ 是无穷小，由无穷小与无穷大的关系（定理 2），得

$$\lim_{x \to 1} \frac{4x - 1}{x^2 + 2x - 3} = \infty.$$

例 1.13 求 $\lim\limits_{x \to 1} \dfrac{x^2 - 1}{x^2 + 2x - 3}$.

解 当 $x \to 1$ 时，分子和分母的极限都是 0，不能应用函数商的极限运算法则. 因为分子及分母都有公因子 $x - 1$，而 $x \to 1$ 时，$x \neq 1$，$x - 1 \neq 0$，所以分子和分母可以同时约去 $x - 1$ 这个不为零的公因子. 因此

$$\lim_{x \to 1} \frac{x^2 - 1}{x^2 + 2x - 3} = \lim_{x \to 1} \frac{(x + 1)(x - 1)}{(x + 3)(x - 1)} = \lim_{x \to 1} \frac{x + 1}{x + 3} = \frac{1}{2}.$$

例 1.14 求 $\lim\limits_{x \to \infty} \dfrac{3x^3 + 6x + 2}{5x^3 + 2x^2}$.

解 当 $x \to \infty$ 时，分子和分母都是无穷大，不能应用函数商的极限运算法则. 因此先将分子和分母同除以 x^3，然后应用极限的运算法则.

$$\lim_{x \to \infty} \frac{3x^3 + 6x + 2}{5x^3 + 2x^2} = \lim_{x \to \infty} \frac{3 + \dfrac{6}{x^2} + \dfrac{2}{x^3}}{5 + \dfrac{2}{x}} = \frac{\lim\limits_{x \to \infty}\left(3 + \dfrac{6}{x^2} + \dfrac{2}{x^3}\right)}{\lim\limits_{x \to \infty}\left(5 + \dfrac{2}{x}\right)}$$

$$= \frac{3 + 6\lim\limits_{x \to \infty}\dfrac{1}{x^2} + 2\lim\limits_{x \to \infty}\dfrac{1}{x^3}}{5 + 2\lim\limits_{x \to \infty}\dfrac{1}{x}} = \frac{3 + 0 + 0}{5 + 0} = \frac{3}{5}.$$

例 1.15 求 $\lim\limits_{x \to +\infty} (\sqrt{x+1} - \sqrt{x})$.

解 当 $x \to +\infty$ 时，两个根号均为无穷大，不能直接用极限的四则运算法则. 应先将分子有理化后再求极限.

$$\lim_{x \to +\infty} (\sqrt{x+1} - \sqrt{x}) = \lim_{x \to +\infty} \frac{(\sqrt{x+1} - \sqrt{x})(\sqrt{x+1} + \sqrt{x})}{\sqrt{x+1} + \sqrt{x}}$$

$$= \lim_{x \to +\infty} \frac{x+1-x}{\sqrt{x+1} + \sqrt{x}} = \lim_{x \to +\infty} \frac{1}{\sqrt{x+1} + \sqrt{x}} = 0.$$

例 1.16 求 $\lim\limits_{n \to \infty}\left(\dfrac{1}{n^2} + \dfrac{2}{n^2} + \cdots + \dfrac{n}{n^2}\right)$.

解 $\lim\limits_{n \to \infty}\left(\dfrac{1}{n^2} + \dfrac{2}{n^2} + \cdots + \dfrac{n}{n^2}\right) = \lim\limits_{n \to \infty} \dfrac{1 + 2 + \cdots + n}{n^2} = \lim\limits_{n \to \infty} \dfrac{\dfrac{1}{2}n(n+1)}{n^2}$

$$= \lim_{n \to \infty} \frac{1}{2}\left(1 + \frac{1}{n}\right) = \frac{1}{2}.$$

定理 4（复合函数的极限运算法则） 设 $u = \varphi(x)$，$y = f(u)$，$\lim\limits_{x \to x_0} \varphi(x) = a$，$\lim\limits_{u \to a} f(u) = A$，当 $0 < |x - x_0| < \delta\ (\delta > 0)$ 时，$\varphi(x) \neq a$，则复合函数 $f[\varphi(x)]$ 当 $x \to x_0$ 时的极限也存在，且

$$\lim_{x \to x_0} f[\varphi(x)] = \lim_{u \to a} f(u) = A.$$

定理 4 将 $x \to x_0$ 换成 $x \to \infty$ 及自变量的其他变化过程，结论仍然成立.

例 1.17 求极限 $\lim\limits_{x \to 1} (x^2 + 3x - 2)^{100}$.

解 设 $y = (x^2 + 3x - 2)^{100}$，该函数可以看作由函数 $u = x^2 + 3x - 2$，$y = f(u) = u^{100}$ 复合而成.

当 $x \to 1$ 时，$u \to 2$，即 $\lim\limits_{x \to 1} (x^2 + 3x - 2) = 2$，且 $\lim\limits_{u \to 2} f(u) = \lim\limits_{u \to 2} u^{100} = 2^{100}$，因此

$$\lim_{x \to 1} (x^2 + 3x - 2)^{100} = \lim_{u \to 2} f(u) = \lim_{u \to 2} u^{100} = 2^{100}.$$

习题 1.2

1. 观察下列数列的变化趋势，讨论它们的极限是否存在：

(1) $\{2(-1)^n\}$；　　　　　　　　(2) $\left\{\dfrac{n+1}{n}\right\}$；

(3) $\{(-1)^n+(-1)^{n+1}\}$；　　　　(4) $\{a^n\}$，$|a|<1$.

2. 设 $f(x)=\begin{cases}x+1, & x\geqslant0,\\ x-1, & x<0,\end{cases}$ 求 $\lim\limits_{x\to0}f(x)$ 及 $\lim\limits_{x\to1}f(x)$.

3. 设 $f(x)=\begin{cases}\sin x, & x\geqslant0,\\ x^2, & x<0,\end{cases}$ 求 $\lim\limits_{x\to0}f(x)$ 及 $\lim\limits_{x\to-1}f(x)$.

4. 设 $f(x)=\begin{cases}\dfrac{x^2-4}{x+2}, & x\geqslant2,\\ x+a, & x<2,\end{cases}$ 问 a 为何值时，$\lim\limits_{x\to2}f(x)$ 存在？极限值是多少？

5. 设 $f(x)=\begin{cases}\sin\dfrac{1}{x}, & x>0,\\ 2x, & x\leqslant0,\end{cases}$ 求 $\lim\limits_{x\to0}f(x)$ 及 $\lim\limits_{x\to\infty}f(x)$.

6. 当 $x\to0$ 时，将下列函数与 x 进行比较，哪些是高阶无穷小？哪些是低阶无穷小？哪些是同阶无穷小？哪些是等价无穷小？

(1) x^2+x；　　　　　　　　　(2) $x^2\arctan\dfrac{1}{x}$；

(3) $x+x^2\sin\dfrac{1}{x}$；　　　　　(4) $x+x^2\cos x$；

(5) $\sqrt[3]{x}+x\ln(1+x)$；　　　　(6) $2x+x\tan\dfrac{\pi x}{2}$.

7. 求下列极限：

(1) $\lim\limits_{n\to\infty}\dfrac{2n^2+3}{3n^2+n}$；　　　　(2) $\lim\limits_{n\to+\infty}\left(\sqrt{n+2}-\sqrt{n+1}\right)$；

(3) $\lim\limits_{x\to2}\dfrac{x-2}{x^2-5x+6}$；　　　　(4) $\lim\limits_{x\to1}\dfrac{x^3-1}{x^2-1}$；

(5) $\lim\limits_{x\to1}\dfrac{2x-1}{x^2+x-2}$；　　　　(6) $\lim\limits_{x\to1}\left(\dfrac{1}{1-x}-\dfrac{2}{1-x^2}\right)$；

(7) $\lim\limits_{x\to0}\left(\dfrac{1}{x}-\dfrac{1}{x^2+x}\right)$；　　(8) $\lim\limits_{x\to0}\dfrac{\sqrt{1+x^2}-1}{x}$；

(9) $\lim\limits_{\Delta x\to0}\dfrac{\sqrt{x+\Delta x}-\sqrt{x}}{\Delta x}$；　　(10) $\lim\limits_{x\to\pi}\ln(3+\cos x)$.

8. 设 $f(x)=\begin{cases}x\sin\dfrac{1}{x}, & x>0,\\ 0, & x=0,\\ \mathrm{e}^{\frac{1}{x}}, & x<0,\end{cases}$ 求 $\lim\limits_{x\to0}f(x)$.

第三节 极限存在准则与两个重要极限

本节介绍判断极限存在的两个准则和两个重要极限，并用它们求一些特殊类型的函数（包括数列）的极限.

一、极限存在的两个判别准则

1. 准则 Ⅰ：夹逼准则

定理 1（数列极限的夹逼准则） 如果数列 $\{x_n\}$，$\{y_n\}$ 及 $\{z_n\}$ 满足下列条件：

(1) $y_n \leqslant x_n \leqslant z_n$ $(n \in \mathbf{N}_+)$，

(2) $\lim\limits_{n \to \infty} y_n = \lim\limits_{n \to \infty} z_n = A$，

则数列 $\{x_n\}$ 的极限存在，且 $\lim\limits_{n \to \infty} x_n = A$.

将上述数列极限的夹逼准则推广到函数极限，可得函数极限的夹逼准则.

定理 2（函数极限的夹逼准则） 若在同一极限过程中，三个函数 $f(x)$，$g(x)$ 和 $h(x)$ 之间满足下列条件：

(1) $g(x) \leqslant f(x) \leqslant h(x)$，

(2) $\lim g(x) = \lim h(x) = A$，

则 $\lim f(x)$ 存在，且 $\lim f(x) = A$.

证明略.

定理 2 中，"lim"下面没有标明自变量的变化过程，如同本章第二节，是指对于自变量的所有变化过程的函数极限都是成立的，只要是在自变量的同一个变化过程中讨论极限就可以.

夹逼准则不仅说明了怎样判定一个函数（数列）的极限是否存在，同时也给出了一种新的求极限的方法，即对一个求极限比较困难的函数（数列），可找两个极限相同且容易求出极限的函数（数列），将其夹在中间，那么中间这个函数（数列）的极限必存在，且等于这个共同的极限.

例 1.18 求 $\lim\limits_{n \to \infty} n\left(\dfrac{1}{n^2+1} + \dfrac{1}{n^2+2} + \cdots + \dfrac{1}{n^2+n}\right)$.

解 记 $x_n = n\left(\dfrac{1}{n^2+1} + \dfrac{1}{n^2+2} + \cdots + \dfrac{1}{n^2+n}\right)$，将分母皆取所有分母中最小的 n^2+1，

则原式放大为

$$x_n \leqslant n\left(\frac{1}{n^2+1}+\frac{1}{n^2+1}+\cdots+\frac{1}{n^2+1}\right),$$

将分母皆取所有分母中最大的 n^2+n，则原式缩小为

$$n\left(\frac{1}{n^2+n}+\frac{1}{n^2+n}+\cdots+\frac{1}{n^2+n}\right) \leqslant x_n,$$

于是有

$$\frac{n^2}{n^2+n} \leqslant x_n \leqslant \frac{n^2}{n^2+1},$$

显然

$$\lim_{n\to\infty}\frac{n^2}{n^2+n}=\lim_{n\to\infty}\frac{n^2}{n^2+1}=1,$$

根据夹逼准则，得

$$\lim_{n\to\infty}x_n=\lim_{n\to\infty}n\left(\frac{1}{n^2+1}+\frac{1}{n^2+2}+\cdots+\frac{1}{n^2+n}\right)=1.$$

2. 准则 Ⅱ：单调有界准则

如果数列 $\{x_n\}$ 满足条件 $x_1 \leqslant x_2 \leqslant \cdots \leqslant x_n \leqslant \cdots$，就称数列 $\{x_n\}$ 是单调递增的；如果数列 $\{x_n\}$ 满足条件 $x_1 \geqslant x_2 \geqslant \cdots \geqslant x_n \geqslant \cdots$，就称数列 $\{x_n\}$ 是单调递减的. 单调递增和单调递减的数列统称为单调数列.

定理 3（单调有界准则） **单调有界数列必有极限**：若数列 $\{x_n\}$ 是单调数列，且对一切 n，存在常数 $M>0$，有 $|x_n| \leqslant M$（有界），那么 $\lim_{n\to\infty}x_n$ 一定存在.

证明略.

二、两个重要极限

1. 重要极限 Ⅰ

$$\lim_{x\to0}\frac{\sin x}{x}=1.$$

我们可以用夹逼准则证明这个重要极限.

考察图 1.25 中的单位圆. 设圆心角 $\angle AOB = x \left(0 < x < \dfrac{\pi}{2}\right)$，点 A 处的切线与 OB 的延长线相交于 D，$BC \perp OA$，则 $BC = \sin x$，$AD = \tan x$.

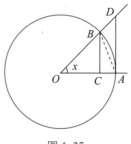

图 1.25

由图 1.25 易知，$\triangle AOB$ 的面积 $<$ 扇形 AOB 的面积 $< \triangle AOD$ 的面积，所以

$$\frac{1}{2}\sin x < \frac{1}{2}x < \frac{1}{2}\tan x,$$

即

$$\sin x < x < \tan x.$$

当 $0 < x < \dfrac{\pi}{2}$ 时，$\sin x > 0$，用 $\sin x$ 去除上式，得

$$1 < \frac{x}{\sin x} < \frac{1}{\cos x} \quad \text{或} \quad \cos x < \frac{\sin x}{x} < 1.$$

因为 $\cos x$，$\dfrac{\sin x}{x}$，1 均为偶函数，所以当 $-\dfrac{\pi}{2} < x < 0$ 时，上述不等式仍成立.

又因 $\lim\limits_{x \to 0} \cos x = 1$，$\lim\limits_{x \to 0} 1 = 1$，由夹逼准则可知

$$\lim_{x \to 0} \frac{\sin x}{x} = 1.$$

利用复合函数求极限的运算法则可得到更一般的形式，即若 $x \to x_0$ 时有 $u = \varphi(x) \to 0$，那么

$$\lim_{\varphi(x) \to 0} \frac{\sin \varphi(x)}{\varphi(x)} = 1 \quad \text{或} \quad \lim_{\varphi(x) \to 0} \frac{\varphi(x)}{\sin \varphi(x)} = 1.$$

事实上，因为 $x \to x_0$ 时有 $u \to 0$，根据复合函数的极限法则有

$$\lim_{x \to x_0} \frac{\sin \varphi(x)}{\varphi(x)} = \lim_{u \to 0} \frac{\sin u}{u} = 1.$$

将 $x \to x_0$ 换成自变量的其他变化过程，只要在自变量的这个变化过程中 $\varphi(x) \to 0$，结论就成立.

例 1.19　求 $\lim\limits_{x \to 0} \dfrac{\tan x}{x}$.

解　$\lim\limits_{x \to 0} \dfrac{\tan x}{x} = \lim\limits_{x \to 0} \dfrac{\sin x}{\cos x} \cdot \dfrac{1}{x} = \lim\limits_{x \to 0} \dfrac{1}{\cos x} \cdot \dfrac{\sin x}{x} = \lim\limits_{x \to 0} \dfrac{1}{\cos x} \cdot \lim\limits_{x \to 0} \dfrac{\sin x}{x} = 1.$

例 1.20 求 $\lim\limits_{x \to 0} \dfrac{\sin mx}{\sin nx}$（$m$，$n$ 为非零常数）.

解 $\lim\limits_{x \to 0} \dfrac{\sin mx}{\sin nx} = \lim\limits_{x \to 0} \dfrac{m}{n} \cdot \dfrac{\sin mx}{mx} \cdot \dfrac{nx}{\sin nx} = \dfrac{m}{n} \cdot \lim\limits_{x \to 0} \dfrac{\sin mx}{mx} \cdot \lim\limits_{x \to 0} \dfrac{nx}{\sin nx} = \dfrac{m}{n}$.

例 1.21 求 $\lim\limits_{x \to 0} \dfrac{1 - \cos x}{x^2}$.

解 $\lim\limits_{x \to 0} \dfrac{1 - \cos x}{x^2} = \lim\limits_{x \to 0} \dfrac{2\sin^2 \dfrac{x}{2}}{x^2} = \lim\limits_{x \to 0} \dfrac{2\sin^2 \dfrac{x}{2}}{4\left(\dfrac{x}{2}\right)^2} = \dfrac{1}{2}\lim\limits_{x \to 0}\left(\dfrac{\sin \dfrac{x}{2}}{\dfrac{x}{2}}\right)^2 = \dfrac{1}{2}$.

例 1.22 求 $\lim\limits_{n \to \infty} n \sin \dfrac{1}{n}$.

解 $\lim\limits_{n \to \infty} n \sin \dfrac{1}{n} = \lim\limits_{n \to \infty} \dfrac{\sin \dfrac{1}{n}}{\dfrac{1}{n}} = \lim\limits_{\frac{1}{n} \to 0} \dfrac{\sin \dfrac{1}{n}}{\dfrac{1}{n}} = 1$.

2. 重要极限 Ⅱ

$$\lim_{n \to \infty}\left(1 + \dfrac{1}{n}\right)^n = \mathrm{e}.$$

考察数列 $x_n = \left(1 + \dfrac{1}{n}\right)$，当 n 不断增大时数列的变化趋势.

由表 1.5 可见，当 n 越来越大时，数列 $x_n = \left(1 + \dfrac{1}{n}\right)^n$ 越来越接近一个常数.

由单调有界准则可以证明：当 $n \to \infty$ 时，

$$x_n = \left(1 + \dfrac{1}{n}\right)^n \to \mathrm{e},$$

式中，e 是一个无理数，$\mathrm{e} \approx 2.718\ 281\ 828\ 45\cdots$.

证明略.

对于函数 $f(x) = \left(1 + \dfrac{1}{x}\right)^x$，也有

$$\lim_{x \to \infty}\left(1 + \dfrac{1}{x}\right)^x = \mathrm{e}.$$

令 $t = \dfrac{1}{x}$，则 $x = \dfrac{1}{t}$，且当 $x \to \infty$ 时，$t \to 0$，从而有

$$\lim_{x \to \infty}\left(1 + \dfrac{1}{x}\right)^x = \lim_{t \to 0}(1 + t)^{\frac{1}{t}} = \mathrm{e}.$$

表 1.5

n	$\left(1 + \dfrac{1}{n}\right)^n$
1	2.000 00
10	2.593 74
100	2.704 81
1 000	2.716 92
10 000	2.718 15
100 000	2.718 27
1 000 000	2.718 28

这个函数极限的基本特征是：函数的底数为两项之和，第一项是 1，第二项是无穷小，指数与第二项互为倒数. 利用复合函数求极限的运算法则可得到更一般的形式，在自变量的某种变化趋势下，当 $\varphi(x) \to \infty$ 时，在自变量的这一相同的变化趋势下就有

$$\lim_{\varphi(x) \to \infty} \left[1 + \frac{1}{\varphi(x)}\right]^{\varphi(x)} = \mathrm{e} \quad 或 \quad \lim_{\varphi(x) \to 0} \left[1 + \varphi(x)\right]^{\frac{1}{\varphi(x)}} = \mathrm{e}.$$

例 1.23　求 $\lim\limits_{x \to \infty} \left(\dfrac{x+1}{x}\right)^{2x}$.

解　$\lim\limits_{x \to \infty} \left(\dfrac{x+1}{x}\right)^{2x} = \lim\limits_{x \to \infty} \left(1 + \dfrac{1}{x}\right)^{2x} = \lim\limits_{x \to \infty} \left[\left(1 + \dfrac{1}{x}\right)^{x}\right]^{2} = \mathrm{e}^{2}.$

例 1.24　求 $\lim\limits_{x \to 0} (1 + 4x)^{\frac{1}{x}}$.

解　$\lim\limits_{x \to 0} (1 + 4x)^{\frac{1}{x}} = \lim\limits_{x \to 0} (1 + 4x)^{\frac{1}{4x} \times 4} = \lim\limits_{x \to 0} \left[(1 + 4x)^{\frac{1}{4x}}\right]^{4} = \mathrm{e}^{4}.$

例 1.25　求 $\lim\limits_{x \to \infty} \left(\dfrac{x+1}{x-2}\right)^{x}$.

解　$\lim\limits_{x \to \infty} \left(\dfrac{x+1}{x-2}\right)^{x} = \lim\limits_{x \to \infty} \left(\dfrac{1 + \dfrac{1}{x}}{1 - \dfrac{2}{x}}\right)^{x} = \lim\limits_{x \to \infty} \dfrac{\left(1 + \dfrac{1}{x}\right)^{x}}{\left(1 + \dfrac{-2}{x}\right)^{\frac{x}{-2} \times (-2)}} = \dfrac{\mathrm{e}}{\mathrm{e}^{-2}} = \mathrm{e}^{3}.$

例 1.26　求 $\lim\limits_{n \to \infty} \left(1 + \dfrac{1}{2n}\right)^{n}$.

解　$\lim\limits_{n \to \infty} \left(1 + \dfrac{1}{2n}\right)^{n} = \lim\limits_{n \to \infty} \left(1 + \dfrac{1}{2n}\right)^{2n \times \frac{1}{2}} = \lim\limits_{n \to \infty} \left[\left(1 + \dfrac{1}{2n}\right)^{2n}\right]^{\frac{1}{2}} = \mathrm{e}^{\frac{1}{2}}.$

例 1.27（连续复利问题）　设有一笔资金 A_0（称为本金）存入银行，存期 t 年，年利率是 r. 如果每年结算一次，则第一年末的本利和为

$$A_1 = A_0(1 + r),$$

第二年末的本利和为

$$A_2 = A_1(1 + r) = A_0(1 + r)(1 + r) = A_0(1 + r)^2,$$

以此类推，第 t 年末的本利和为

$$A_t = A_0(1 + r)^t.$$

如果每年结算 m 次，年利率仍为 r，那么每次计息的利率为 $\dfrac{r}{m}$，t 年内共结算 mt 次，第 t 年末的本利和为

$$A_t = A_0 \left(1 + \frac{r}{m}\right)^{mt}.$$

如果 $m \to +\infty$，则表示利息随时计入本金，即立即存入，立即结算. 这样的复利称为连续复利. 这时，第 t 年末的连续复利的本利和为

$$A_t = \lim_{m \to +\infty} A_0 \left(1 + \frac{r}{m}\right)^{mt} = A_0 \lim_{m \to +\infty} \left[\left(1 + \frac{r}{m}\right)^{\frac{m}{r}}\right]^{rt} = A_0 \mathrm{e}^{rt}.$$

习题 1.3

1. 利用夹逼法则求极限

$$\lim_{n \to \infty} \left(\frac{1}{\sqrt{n^2+1}} + \frac{1}{\sqrt{n^2+2}} + \cdots + \frac{1}{\sqrt{n^2+n}}\right).$$

2. 求下列极限：

(1) $\lim\limits_{x \to 0} \dfrac{\tan ax}{x}$（$a$ 是常数）；

(2) $\lim\limits_{x \to 0} \dfrac{\sin 3x}{\tan 2x}$；

(3) $\lim\limits_{x \to 0} \dfrac{x\sin x}{1-\cos x}$；

(4) $\lim\limits_{x \to 0} \dfrac{\tan x - \sin x}{x^3}$；

(5) $\lim\limits_{x \to \infty} x\sin \dfrac{1}{x}$；

(6) $\lim\limits_{x \to \infty} \left(\dfrac{x}{x+1}\right)^x$；

(7) $\lim\limits_{x \to 0} \left(\dfrac{2-x}{2}\right)^{\frac{1}{x}}$；

(8) $\lim\limits_{x \to 0} (1-3x)^{\frac{1}{x}}$；

(9) $\lim\limits_{x \to 0} \dfrac{\ln(1+2x)}{\tan 3x}$；

(10) $\lim\limits_{n \to \infty} \left(1+\dfrac{1}{n}\right)^{n+m}$（$m$ 是常数）.

3. 设某人把 20 万元存入银行，银行的年利率是 2.8%，如果按连续复利计息，10 年末的本利和是多少？

4. 假设某人把 10 万元存入银行，银行的年利率是 5%，如果按连续复利计息，需要经过多长时间才能增值为 20 万元？

第四节 函数的连续性

自然界中有很多现象的变化都是连续不断的，如气温的升降、生物的生长、河水的流动等，这些现象反映在数学上就是函数的连续性.

一、连续函数的概念

如果将自然现象中连续变化的量视为以时间 t 为自变量的函数，那么它们的变化都有一个共同的特点，即当自变量 t 变化很微小时，函数值（如气温等）的改变量也很微小.

为此，先引入函数值的改变量，即函数增量的概念.

1. 函数的增量

定义 1　设函数 $y=f(x)$ 在 x_0 的某邻域内有定义，当自变量 x 在这个邻域内从 x_0 变到 $x_0+\Delta x$ 时，函数值 $f(x)$ 相应地从 $f(x_0)$ 变到 $f(x_0+\Delta x)$，令

$$\Delta y=f(x_0+\Delta x)-f(x_0),$$

称 Δx 为自变量在点 x_0 处的改变量或增量，Δy 为函数 $f(x)$ 在点 x_0 处的改变量或增量（见图 1.26）.

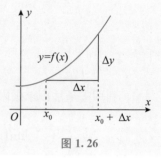

图 1.26

2. 函数连续的定义

有了增量的概念，便可用自变量的增量 Δx 的变化反映自变量在 x_0 处的改变情况，用函数的增量 Δy 的变化反映相应函数值的改变情况.

定义 2　设函数 $y=f(x)$ 在点 x_0 的某邻域内有定义，当自变量 x 在 x_0 处有一个增量 Δx 时，函数 $y=f(x)$ 相应有一个增量 $\Delta y=f(x_0+\Delta x)-f(x_0)$，若

$$\lim_{\Delta x \to 0}\Delta y=0,$$

则称函数 $y=f(x)$ 在点 x_0 处连续（continuous），点 x_0 称为函数 $y=f(x)$ 的连续点.

记 $x=x_0+\Delta x$，则 $\Delta y=f(x)-f(x_0)$，当 $\Delta x \to 0$ 时，有 $x \to x_0$，上述定义 2 中的极限可改写为

$$\lim_{\Delta x \to 0}\Delta y=\lim_{x \to x_0}\left[f(x)-f(x_0)\right]=\lim_{x \to x_0}f(x)-f(x_0)=0,$$

即

$$\lim_{x \to x_0}f(x)=f(x_0).$$

由此得到函数 $y=f(x)$ 在 x_0 处连续的等价定义.

定义 3　设函数 $y=f(x)$ 在点 x_0 的某邻域内有定义，若

$$\lim_{x \to x_0}f(x)=f(x_0),$$

则称函数 $y=f(x)$ 在点 x_0 处连续，点 x_0 称为函数 $y=f(x)$ 的连续点（见图 1.27）.

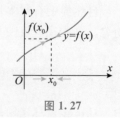

图 1.27

由上述定义 3 可以看出，函数 $y=f(x)$ 在点 x_0 处连续必须满足以下三个条件：

(1) $f(x)$ 在点 x_0 处有定义；

(2) $\lim\limits_{x \to x_0} f(x)$ 存在；

(3) $\lim\limits_{x \to x_0} f(x) = f(x_0)$.

若函数 $y = f(x)$ 在点 x_0 处不满足上述三个条件之一，就说函数在点 x_0 处是间断的，并称 x_0 为 $f(x)$ 的间断点.

若函数 $f(x)$ 在 $(a, x_0]$ 内有定义且 $\lim\limits_{x \to x_0^-} f(x) = f(x_0)$，则称函数 $f(x)$ 在点 x_0 处左连续；若函数 $f(x)$ 在 $[x_0, b)$ 内有定义且 $\lim\limits_{x \to x_0^+} f(x) = f(x_0)$，则称函数 $f(x)$ 在点 x_0 处右连续. 显然，函数 $f(x)$ 在点 x_0 处连续的充分必要条件是 $f(x)$ 在点 x_0 处既左连续又右连续，即

$$\lim\limits_{x \to x_0} f(x) = f(x_0) \Leftrightarrow \lim\limits_{x \to x_0^-} f(x) = \lim\limits_{x \to x_0^+} f(x) = f(x_0).$$

如果函数 $f(x)$ 在开区间 (a, b) 内的每一点处都连续，则称 $f(x)$ 在开区间 (a, b) 内连续；如果函数 $f(x)$ 在开区间 (a, b) 内连续，且有 $\lim\limits_{x \to a^+} f(x) = f(a)$，$\lim\limits_{x \to b^-} f(x) = f(b)$，则称 $f(x)$ 在闭区间 $[a, b]$ 上连续. 连续函数的图像是一条连绵不断的曲线，称为连续曲线.

例 1.6 讨论过下列三个函数：

$$f(x) = \frac{x^2 - 4}{x - 2}, \quad g(x) = \begin{cases} \dfrac{x^2 - 4}{x - 2}, & x \neq 2, \\ 4, & x = 2, \end{cases} \quad h(x) = \begin{cases} \dfrac{x^2 - 4}{x - 2}, & x \neq 2, \\ 2, & x = 2 \end{cases}$$

在 $x \to 2$ 时的极限，它们的极限分别为：

$$\lim\limits_{x \to 2} f(x) = 4, \quad \lim\limits_{x \to 2} g(x) = 4, \quad \lim\limits_{x \to 2} h(x) = 4.$$

函数 $f(x)$，$g(x)$，$h(x)$ 的图像分别见图 1.17 至图 1.19. 现在来讨论这三个函数在点 $x = 2$ 处的连续性.

因为函数 $f(x)$ 在点 $x = 2$ 处无定义，所以 $f(x)$ 在点 $x = 2$ 处不连续，即 $x = 2$ 是函数 $f(x)$ 的间断点. 因为 $\lim\limits_{x \to 2} g(x) = 4 = g(2)$，所以函数 $g(x)$ 在点 $x = 2$ 处连续. 这个结论说明了分段函数也可能是连续的. 而 $\lim\limits_{x \to 2} h(x) = 4 \neq h(2) = 2$，因此函数 $h(x)$ 在点 $x = 2$ 处不连续，即 $x = 2$ 是函数 $h(x)$ 的间断点.

例 1.28 设函数 $f(x) = \begin{cases} x \cdot \arctan \dfrac{1}{x}, & x < 0, \\ x + a, & x \geq 0 \end{cases}$ 在 $x = 0$ 处连续，试确定 a 的值.

解 因为 $f(x)$ 在 $x = 0$ 处连续，所以

$$\lim\limits_{x \to 0^-} f(x) = \lim\limits_{x \to 0^+} f(x) = f(0).$$

又因为

$$\lim_{x \to 0^-} f(x) = \lim_{x \to 0^-} x \cdot \arctan \frac{1}{x} = 0,$$

$$\lim_{x \to 0^+} f(x) = \lim_{x \to 0^+} (x + a) = a,$$

$$f(0) = a,$$

所以

$$a = 0.$$

由第二节中的讨论可知多项式函数

$$P(x) = a_n x^n + a_{n-1} x^{n-1} + \cdots + a_1 x + a_0$$

在定义域内任意一点 x_0 处的极限为

$$\lim_{x \to x_0} P(x) = P(x_0).$$

有理函数 $R(x) = \dfrac{P(x)}{Q(x)}$，其中 $P(x)$，$Q(x)$ 为多项式函数，只要 $Q(x_0) \neq 0$，在定义域内任意一点 x_0 处的极限就为

$$\lim_{x \to x_0} R(x) = \lim_{x \to x_0} \frac{P(x)}{Q(x)} = \frac{\lim\limits_{x \to x_0} P(x)}{\lim\limits_{x \to x_0} Q(x)} = \frac{P(x_0)}{Q(x_0)} = R(x_0).$$

由连续函数的定义可知，多项式函数 $P(x)$ 和有理函数 $R(x)$ 在定义域内都是连续的. 观察基本初等函数的图像可知，基本初等函数在其定义域内都是连续的.

二、连续函数的运算法则

定理 1　若函数 $f(x)$，$g(x)$ 在点 x_0 处连续，则 $f(x) \pm g(x)$，$f(x) \cdot g(x)$，$\dfrac{f(x)}{g(x)}(g(x_0) \neq 0)$ 在点 x_0 处也连续.

定理 2　设函数 $u = \varphi(x)$ 在点 x_0 处连续，并且 $\varphi(x_0) = u_0$，而函数 $y = f(u)$ 在点 $u = u_0$ 处连续，则复合函数 $y = f[\varphi(x)]$ 在点 $x = x_0$ 处连续.

由于基本初等函数在其定义域内是连续的，因此由基本初等函数经过四则运算或复合运算而成的初等函数在其定义域内也都是连续的.

函数在其连续点 x_0 满足

$$\lim_{x \to x_0} f(x) = f(x_0) = f(\lim_{x \to x_0} x).$$

也就是说，对于连续函数，极限运算和函数运算可以交换顺序. 因此，初等函数在其有定义的点处求极限的问题就转化为求这一点的函数值.

例 1.29 求极限 $\lim\limits_{x \to 1} \dfrac{\arctan x}{\lg(x+9)+\sqrt{x+3}}$.

解 因为 $\dfrac{\arctan x}{\lg(x+9)+\sqrt{x+3}}$ 是一个初等函数，并且函数在 $x=1$ 处是有定义的，所以

$$\lim\limits_{x \to 1} \frac{\arctan x}{\lg(x+9)+\sqrt{x+3}} = \frac{\arctan 1}{\lg(1+9)+\sqrt{1+3}} = \frac{\pi}{12}.$$

例 1.30 求极限 $\lim\limits_{x \to 0} \dfrac{\ln(x+1)}{x}$.

解 因为函数 $\dfrac{\ln(1+x)}{x} = \ln(1+x)^{\frac{1}{x}}$ 在 $x=0$ 处无定义，所以不能利用初等函数的连续性求这个极限. 而 $\lim\limits_{x \to 0}(1+x)^{\frac{1}{x}} = e$，令 $u=(1+x)^{\frac{1}{x}}$，$\ln u$ 在点 $u=e$ 处连续.

由于连续函数求极限时，极限运算和函数运算可以交换顺序，因此

$$\lim\limits_{x \to 0} \frac{\ln(x+1)}{x} = \lim\limits_{x \to 0} \ln(1+x)^{\frac{1}{x}} = \ln\left[\lim\limits_{x \to 0}(1+x)^{\frac{1}{x}}\right] = \ln e = 1.$$

例 1.31 确定下列函数的间断点及连续区间.

(1) $f(x) = \begin{cases} 1-x, & x<0, \\ x^2+1, & x \geq 0, \end{cases}$ 图像见图 1.20；

(2) $f(x) = \begin{cases} 1-x, & x<0, \\ x^2, & x \geq 0, \end{cases}$ 图像见图 1.28.

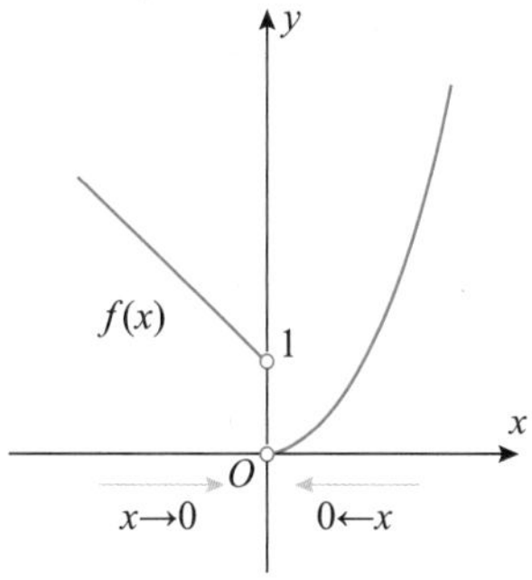

解 (1) 在例 1.7 中讨论过函数 $f(x)$ 在点 $x=0$ 处的极限为

$$\lim\limits_{x \to 0} f(x) = 1.$$

显然

$$\lim\limits_{x \to 0} f(x) = 1 = f(0).$$

因此 $f(x)$ 在点 $x=0$ 处连续.

由于 $f(x)$ 在区间 $(-\infty, 0)$ 和 $(0, +\infty)$ 内都是初等函数，因此 $f(x)$ 在 $(-\infty, 0)$ 和 $(0, +\infty)$ 内连续，故 $f(x)$ 的连续区间是 $(-\infty, +\infty)$.

(2) 因为

$$\lim\limits_{x \to 0^-} f(x) = \lim\limits_{x \to 0^-}(1-x) = 1, \quad \lim\limits_{x \to 0^+} f(x) = \lim\limits_{x \to 0^+} x^2 = 0,$$

即

图 1.28

$$\lim_{x\to 0^-} f(x) \ne \lim_{x\to 0^+} f(x),$$

所以 $x=0$ 是 $f(x)$ 的间断点. 在区间 $(-\infty, 0)$ 和 $(0, +\infty)$ 内，$f(x)$ 都是初等函数，因此 $f(x)$ 的连续区间是 $(-\infty, 0)$ 和 $(0, +\infty)$.

三、闭区间上连续函数的性质

定理 3（最大最小值定理） 若函数 $y=f(x)$ 在闭区间 $[a, b]$ 上连续，则 $f(x)$ 在该区间上必有最大值和最小值，即一定存在点 x_1, $x_2 \in [a, b]$，使得对于 $[a, b]$ 上的一切点 x 都有

$$f(x) \leqslant f(x_1) = \max_{a \leqslant x \leqslant b} \{f(x)\},$$
$$f(x) \geqslant f(x_2) = \max_{a \leqslant x \leqslant b} \{f(x)\}.$$

x_1, x_2 分别称为函数的**最大值点**与**最小值点**，$f(x_1)$, $f(x_2)$ 分别称为 $f(x)$ 在区间 $[a, b]$ 上的**最大值** (maximum) 和**最小值** (minimum).

应当注意，定理 3 中提出的"闭区间"和"连续"两个条件很重要. 如果函数在开区间内连续，或函数在闭区间上有间断点，那么函数在该区间上不一定有最大值和最小值. 例如，函数 $f(x)=\tan x$ 在开区间 $\left(-\dfrac{\pi}{2}, \dfrac{\pi}{2}\right)$ 上连续，但 $\tan x$ 在 $\left(-\dfrac{\pi}{2}, \dfrac{\pi}{2}\right)$ 内既没有最大值也没有最小值. 函数 $f(x)=\dfrac{1}{x}$ 在 $[-1, 1]$ 上只有 $x=0$ 一个间断点，在其他点处都连续，但函数 $\dfrac{1}{x}$ 在 $[-1, 1]$ 上也没有最大值和最小值.

定理 4（介值定理） 设函数 $f(x)$ 在闭区间 $[a, b]$ 上连续，且 $f(a) \ne f(b)$，则对介于 $f(a)$ 与 $f(b)$ 之间的任何值 C，在开区间 (a, b) 内至少有一点 ξ，使得

$$f(\xi) = C \quad (a < \xi < b).$$

介值定理表明，闭区间 $[a, b]$ 上的连续曲线弧 $y=f(x)$ 与水平直线 $y=C$（C 介于 $f(a)$ 与 $f(b)$ 之间）至少有一个交点，见图 1.29.

推论（零点定理） 设函数 $f(x)$ 在闭区间 $[a, b]$ 上连续，且 $f(a)$ 与 $f(b)$ 异号，见图 1.30，即 $f(a) \cdot f(b) < 0$，则在开区间 (a, b) 内至少存在一点 ξ，使得

$$f(\xi) = 0 \quad (a < \xi < b).$$

零点定理表明，若连续曲线弧 $y=f(x)$ 的两个端点位于 x 轴的不同侧，则曲线与

x 轴至少有一个交点，即方程 $f(x)=0$ 在 $(a，b)$ 内至少有一个实根.

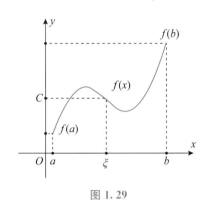

图 1. 29

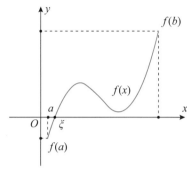

图 1. 30

例 1.32 证明方程 $x-2\sin x=0$ 在区间 $\left(\dfrac{\pi}{2}，\pi\right)$ 内至少有一个实根.

证 设函数 $f(x)=x-2\sin x$，显然 $f(x)$ 在闭区间 $\left[\dfrac{\pi}{2}，\pi\right]$ 上连续，又

$$f\left(\frac{\pi}{2}\right)=\frac{\pi}{2}-2\sin\frac{\pi}{2}=\frac{\pi}{2}-2<0，\quad f(\pi)=\pi-2\sin\pi=\pi>0,$$

由零点定理可知，在 $\left(\dfrac{\pi}{2}，\pi\right)$ 内至少存在一点 c，使得 $f(c)=0$，即方程 $x-2\sin x=0$ 在区间 $\left(\dfrac{\pi}{2}，\pi\right)$ 内至少有一个实根.

习题 1. 4

1. 讨论下列函数在 $x=0$ 处的连续性：

(1) $y=\dfrac{1}{x^2}$；

(2) $y=\begin{cases}\sin x，& x\geqslant 0,\\ x^2，& x<0;\end{cases}$

(3) $y=\begin{cases}\dfrac{\sin x}{x}，& x\neq 0,\\ 1，& x=0;\end{cases}$

(4) $y=\begin{cases}x^2-1，& x\geqslant 0,\\ 2x+1，& x<0.\end{cases}$

2. 求下列函数的间断点和连续区间：

(1) $y=\dfrac{x}{\ln x}$；

(2) $y=\dfrac{x-2}{x^2-5x+6}$；

(3) $y=\begin{cases}x^2-1，& x\geqslant 0,\\ 2x+1，& x<0;\end{cases}$

(4) $y=\begin{cases}1-x^2，& x\geqslant 0,\\ \dfrac{\sin|x|}{x}，& x<0.\end{cases}$

3. 利用函数的连续性求下列极限：

(1) $\lim\limits_{x\to 3}(x+\sqrt{x^2-5})$；

(2) $\lim\limits_{x\to 1}\arcsin(2x-1)$；

(3) $\lim\limits_{x\to\infty}\cos\dfrac{1+x}{1-x}$; (4) $\lim\limits_{x\to\pi}\tan\left(\dfrac{x}{4}+\sin 2x\right)$;

(5) $\lim\limits_{x\to 0}\ln\dfrac{\sin 2x}{x}$; (6) $\lim\limits_{x\to 0}\left[\cos x-\dfrac{\sqrt{x^2+1}}{x+1}\right]$.

4. 设 $f(x)=\begin{cases}\dfrac{\ln(1+ax)}{x}, & x\neq 0\\ 2, & x=0\end{cases}$，在 $x=0$ 处连续，求 a 的值.

5. 设 $f(x)=\begin{cases}\dfrac{a(1-\cos x)}{x^2}, & x<0,\\ 1, & x=0,\\ \ln(b+x^2), & x>0\end{cases}$，在 $x=0$ 处连续，求 a 和 b 的值.

6. 证明方程 $x^3-4x^2+1=0$ 在区间（0，1）内至少有一根.

知识导图

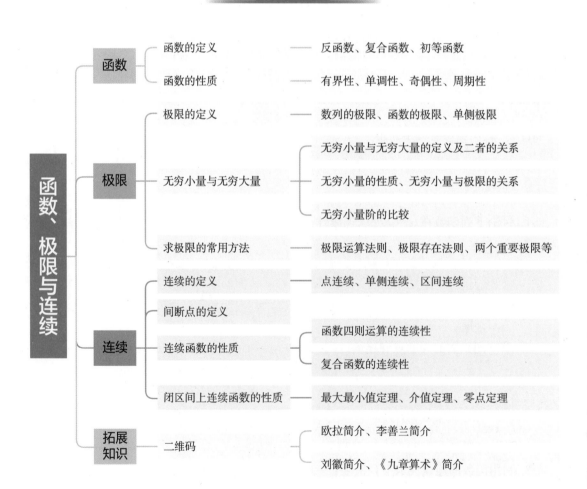

第二章　一元函数微分学

右图：神州十七载人飞船发射过程图.

导数是微分学的核心概念，它与物体的速度和加速度密切相关. 通过求解物体的速度和加速度可以分析物体的运动状态，为航空航天器的轨道设计、结构优化设计、控制策略设计等多方面提供依据.

微分学包括导数和微分，积分学包括不定积分和定积分. 微分学与积分学统称为微积分学. 导数与微分是微积分学中两个重要的基本概念，也是整个微积分学的基础. 它们在科学技术、工程建设、航天等领域都有极为广泛的应用. 导数描述了函数相对于自变量变化而变化的快慢程度. 即函数的变化率；微分主要讨论函数改变量的近似值. 本章将介绍导数和微分的概念、运算法则以及导数与微分的应用等.

第一节　导数的概念

> 　　数学史上，继希腊几何兴盛时期之后是一个漫长的东方时期. 中世纪数学的主角是中国、印度与阿拉伯地区的数学. 欧洲文明在整个中世纪都处于凝滞状态，直到文艺复兴时期，航海、力学、天文观测等大量实际问题的需要推动了数学的迅猛发展. 微分学的一些基本问题空前地成为人们关注的焦点，求变速运动的瞬时速度、求曲线上一点处的切线和求函数的极大极小值等问题迫切需要解决. 17 世纪上半叶，几乎所有的科学大师都致力于寻求解决这些难题的方法.

　　导数（derivative）的概念可以说是源于速度问题和切线问题，这是牛顿（Isaac Newton，1643—1727）和莱布尼茨分别在研究力学和几何学的过程中建立起来的. 下面以这两个经典问题为背景引出导数的概念.

【人物小传】牛顿　　　　【人物小传】莱布尼茨

一、引例

　　引例 1　变速直线运动的瞬时速度.

　　设某质点沿直线做变速运动，其运动规律为

$$s = s(t),$$

式中，t 表示时间，s 表示路程，求质点在时刻 t_0 的瞬时速度 $v(t_0)$.

　　先来考察一下，在时刻 t_0 附近质点运动的平均速度.

　　当时间从时刻 t_0 变化到 $t_0 + \Delta t$ 时，路程由 $s(t_0)$ 变化到 $s(t_0 + \Delta t)$，路程的增量为

$$\Delta s = s(t_0 + \Delta t) - s(t_0).$$

则从时刻 t_0 到 $t_0 + \Delta t$ 的时间内，质点的平均速度为

$$\overline{v} = \frac{\Delta s}{\Delta t} = \frac{s(t_0 + \Delta t) - s(t_0)}{\Delta t}.$$

我们用这段时间内的平均速度 $\bar{v}$ 近似代替时刻 t_0 的瞬时速度，显然，Δt 越小，平均速度 $\bar{v}$ 越接近于时刻 t_0 的瞬时速度 $v(t_0)$，当 $\Delta t \to 0$ 时，如果平均速度的极限存在，我们就把这个极限值称为质点在时刻 t_0 的瞬时速度，即

$$v(t_0) = \lim_{\Delta t \to 0} \frac{\Delta s}{\Delta t} = \lim_{\Delta t \to 0} \frac{s(t_0 + \Delta t) - s(t_0)}{\Delta t}. \tag{2.1}$$

引例 2 平面曲线的切线斜率.

设有曲线 $y = f(x)$，求其在 $x = x_0$ 时的切线斜率.

首先，要明确何为曲线的切线.

设在曲线 $y = f(x)$ 上有一定点 $P(x_0, y_0)$ 与动点 $Q(x_0 + \Delta x, y_0 + \Delta y)$，当 Q 沿着曲线趋向于 P 时，割线 PQ 的极限位置 PT 称为曲线 $y = f(x)$ 在点 P 的切线，见图 2.1.

割线 PQ 的斜率为

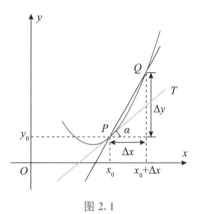

图 2.1

$$K_{割} = \tan \alpha = \frac{\Delta y}{\Delta x} = \frac{f(x_0 + \Delta x) - f(x_0)}{\Delta x}.$$

当割线 PQ 趋于切线 PT 时，$\Delta x \to 0$. 若 $\Delta x \to 0$ 时，割线 PQ 斜率的极限存在，那么，此极限就是切线 PT 的斜率，即

$$K_{切} = \tan \alpha = \lim_{\Delta x \to 0} \frac{\Delta y}{\Delta x} = \lim_{\Delta x \to 0} \frac{f(x_0 + \Delta x) - f(x_0)}{\Delta x}. \tag{2.2}$$

上面两个引例所讲实际问题的具体含义不同，但解决问题的思路和方法是相同的. 最后都是归结为在自变量增量趋于零时，函数增量与自变量增量之比的极限，即式（2.1）和式（2.2）. 在自然科学和工程技术等领域，有许多问题也可用同样的方法归结为形如式（2.2）的一个数学结构的极限. 撇开这些问题的具体意义，仅仅考虑它们数量关系上的共性，我们就把这种数学结构的极限定义为函数的导数.

二、导数的定义

定义 1 设 $y = f(x)$ 在点 x_0 的某邻域内有定义，当自变量 x 在 $x = x_0$ 处有增量 Δx（$x_0 + \Delta x$ 仍在该邻域内）时，函数相应地有增量 $\Delta y = f(x_0 + \Delta x) - f(x_0)$，如果极限

$$\lim_{\Delta x \to 0} \frac{\Delta y}{\Delta x} = \lim_{\Delta x \to 0} \frac{f(x_0 + \Delta x) - f(x_0)}{\Delta x} \tag{2.3}$$

存在，则称函数 $y = f(x)$ 在点 x_0 处**可导**，并称此极限为函数 $y = f(x)$ 在点 x_0 处的**导数**，记作

$$f'(x_0), \quad y'\big|_{x=x_0}, \quad \frac{\mathrm{d}y}{\mathrm{d}x}\bigg|_{x=x_0} \quad 或 \quad \frac{\mathrm{d}f(x)}{\mathrm{d}x}\bigg|_{x=x_0},$$

即

$$f'(x_0) = \lim_{\Delta x \to 0} \frac{\Delta y}{\Delta x} = \lim_{\Delta x \to 0} \frac{f(x_0 + \Delta x) - f(x_0)}{\Delta x}.$$

如果式（2.3）的极限不存在，则称 $y = f(x)$ 在点 x_0 处不可导.

若记 $x = x_0 + \Delta x$，则 $\Delta x \to 0$ 时有 $x \to x_0$，于是导数定义中的式（2.3）可以写成如下等价的式子：

$$f'(x_0) = \lim_{x \to x_0} \frac{f(x) - f(x_0)}{x - x_0}. \tag{2.4}$$

有了导数的定义后，引例 1 中变速直线运动的瞬时速度可以表示为 $v(t_0) = s'(t_0)$；引例 2 中曲线的切线斜率可以表示为 $K_切 = f'(x_0)$.

函数 $f(x)$ 在点 x_0 处的导数 $f'(x_0)$ 是一个极限的值，而极限存在的充分必要条件是左、右极限都存在且相等，因此 $f'(x_0)$ 存在的充分必要条件是左、右极限

$$\lim_{\Delta x \to 0^-} \frac{f(x_0 + \Delta x) - f(x_0)}{\Delta x} \quad 及 \quad \lim_{\Delta x \to 0^+} \frac{f(x_0 + \Delta x) - f(x_0)}{\Delta x}$$

都存在且相等，这两个极限分别称为函数 $y = f(x)$ 在点 x_0 处的左导数和右导数，记作 $f'_-(x_0)$ 及 $f'_+(x_0)$，即

$$f'_-(x_0) = \lim_{\Delta x \to 0^-} \frac{f(x_0 + \Delta x) - f(x_0)}{\Delta x},$$

$$f'_+(x_0) = \lim_{\Delta x \to 0^+} \frac{f(x_0 + \Delta x) - f(x_0)}{\Delta x}.$$

因此，函数 $y = f(x)$ 在点 x_0 处可导的充分必要条件是左导数 $f'_-(x_0)$ 和右导数 $f'_+(x_0)$ 都存在且相等，即

$$f'(x_0) 存在 \Leftrightarrow f'_-(x_0) = f'_+(x_0).$$

左导数与右导数统称为单侧导数.

若函数 $y = f(x)$ 在区间 (a, b) 内的每一点处都可导，则称函数 $f(x)$ 在 (a, b) 内可导. 这时，对于任一 $x \in (a, b)$，都对应着 $f(x)$ 的一个确定的导数值，从而定义了区间 (a, b) 上的一个新的函数，称这个新函数为原来函数 $y = f(x)$ 的导函数，简称导数，记作

$$f'(x), \quad y', \quad \frac{\mathrm{d}y}{\mathrm{d}x} \quad 或 \quad \frac{\mathrm{d}f(x)}{\mathrm{d}x},$$

即

$$f'(x) = \lim_{\Delta x \to 0} \frac{\Delta y}{\Delta x} = \lim_{\Delta x \to 0} \frac{f(x + \Delta x) - f(x)}{\Delta x}.$$

注意，在上式中，虽然 x 可取区间 (a, b) 内的任何数值，但 x 一旦取定后，在求极限的过程中，x 是常量，Δx 是变量. 显然，函数 $f(x)$ 在点 x_0 处的导数 $f'(x_0)$ 就是导函数 $f'(x)$ 在点 x_0 的函数值，即 $f'(x_0) = f'(x)|_{x=x_0}$.

若函数 $y = f(x)$ 在开区间 (a, b) 内可导，且 $f'_+(a)$ 和 $f'_-(b)$ 都存在，则称 $f(x)$ 在闭区间 $[a, b]$ 上可导.

例 2.1　已知函数 $f(x) = x^2$，用导数的定义求 $f'(1)$.

解法 1　利用式 (2.3).

$$\Delta y = f(1 + \Delta x) - f(1) = (1 + \Delta x)^2 - 1 = 2\Delta x + (\Delta x)^2,$$

$$f'(1) = \lim_{\Delta x \to 0} \frac{\Delta y}{\Delta x} = \lim_{\Delta x \to 0} \frac{2\Delta x + (\Delta x)^2}{\Delta x} = \lim_{\Delta x \to 0} (2 + \Delta x) = 2.$$

解法 2　利用式 (2.4).

$$f'(1) = \lim_{x \to 1} \frac{f(x) - f(1)}{x - 1} = \lim_{x \to 1} \frac{x^2 - 1}{x - 1} = \lim_{x \to 1} \frac{(x+1)(x-1)}{x - 1} = \lim_{x \to 1} (x + 1) = 2.$$

解法 3　先求导函数 $f'(x)$，再求 $f'(1)$.

$$f'(x) = \lim_{\Delta x \to 0} \frac{\Delta y}{\Delta x} = \lim_{\Delta x \to 0} \frac{(x + \Delta x)^2 - x^2}{\Delta x} = \lim_{\Delta x \to 0} (2x + \Delta x) = 2x,$$

则

$$f'(1) = f'(x)|_{x=1} = 2 \times 1 = 2.$$

三、导数的几何意义

由引例 2 可知，$f'(x_0)$ 是曲线 $y = f(x)$ 在点 $(x_0, f(x_0))$ 处的切线的斜率，这就是导数的几何意义. 若函数 $y = f(x)$ 在点 $x = x_0$ 处可导，则曲线 $y = f(x)$ 在点 $(x_0, f(x_0))$ 处的切线方程为

$$y - f(x_0) = f'(x_0)(x - x_0).$$

过点 $(x_0, f(x_0))$ 且与切线垂直的直线叫作曲线 $y = f(x)$ 在点 $(x_0, f(x_0))$ 处的法线. 如果 $f'(x_0) \neq 0$，那么法线方程为

$$y - f(x_0) = -\frac{1}{f'(x_0)}(x - x_0).$$

例 2.2　求曲线 $y=x^2$ 在点（-1，1）处的切线方程和法线方程.

解　由导数的几何意义及例 2.1 知，所求切线的斜率为

$$k=(x^2)'|_{x=-1}=2x|_{x=-1}=-2.$$

因此切线方程为

$$y-1=-2(x+1)，即\ 2x+y+1=0,$$

法线方程为

$$y-1=\frac{1}{2}(x+1)，即\ x-2y+3=0.$$

四、可导与连续的关系

定理 1　如果函数 $y=f(x)$ 在点 x_0 处可导，那么 $y=f(x)$ 在点 x_0 必连续. 反之不真.

证　因为 $y=f(x)$ 在点 x_0 处可导，由导数的定义，有

$$\lim_{\Delta x \to 0}\frac{\Delta y}{\Delta x}=f'(x_0),$$

于是

$$\lim_{\Delta x \to 0}\Delta y=\lim_{\Delta x \to 0}\frac{\Delta y}{\Delta x}\cdot \Delta x=\lim_{\Delta x \to 0}\frac{\Delta y}{\Delta x}\cdot \lim_{\Delta x \to 0}\Delta x=f'(x_0)\cdot 0=0,$$

由连续的定义可知，$y=f(x)$ 在点 x_0 处是连续的.

反之，如果函数 $y=f(x)$ 在点 x_0 处连续，但在点 x_0 处未必可导. 下面举例说明.

例 2.3　试说明 $y=|x|$ 在点 $x=0$ 处连续而不可导，见图 2.2.

解　因为 $\Delta y=f(0+\Delta x)-f(0)=|\Delta x|$，显然，当 $\Delta x \to 0$ 时，$\Delta y \to 0$，所以函数在点 $x=0$ 处连续.

考虑函数在 $x=0$ 处的左右导数

$$f'_-(0)=\lim_{\Delta x \to 0^-}\frac{\Delta y}{\Delta x}=\lim_{\Delta x \to 0^-}\frac{|\Delta x|}{\Delta x}=\lim_{\Delta x \to 0^-}\frac{-\Delta x}{\Delta x}=-1,$$

$$f'_+(0)=\lim_{\Delta x \to 0^+}\frac{\Delta y}{\Delta x}=\lim_{\Delta x \to 0^+}\frac{|\Delta x|}{\Delta x}=\lim_{\Delta x \to 0^+}\frac{\Delta x}{\Delta x}=1.$$

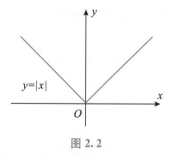

图 2.2

可见 $f'_-(0)\neq f'_+(0)$，因此 $y=|x|$ 在点 $x=0$ 处不可导.

该定理说明函数在某点处连续是函数在该点处可导的必要条件，但不是充分条件.

五、几个基本初等函数的导数

下面利用导数定义来讨论几个基本初等函数的导数.

（1）常数函数 $y=C$（其中 C 为常数）的导数：

$$(C)'=0.$$

证　对于自变量 x 的改变量 Δx，相应地，函数值的改变量为

$$\Delta y=C-C=0,$$

因此

$$y'=\lim_{\Delta x\to 0}\frac{\Delta y}{\Delta x}=\lim_{\Delta x\to 0}\frac{0}{\Delta x}=0.$$

由此可知，常数的导数等于零.

（2）正弦函数 $y=\sin x$ 的导数：

$$(\sin x)'=\cos x.$$

证　对于自变量 x 的改变量 Δx，相应地，函数值的改变量为

$$\Delta y=\sin(x+\Delta x)-\sin x=2\cos\left(x+\frac{\Delta x}{2}\right)\cdot\sin\frac{\Delta x}{2},$$

于是

$$\lim_{\Delta x\to 0}\frac{\Delta y}{\Delta x}=\lim_{\Delta x\to 0}\cos\left(x+\frac{\Delta x}{2}\right)\cdot\frac{\sin\dfrac{\Delta x}{2}}{\dfrac{\Delta x}{2}},$$

由 $\cos x$ 的连续性，有

$$\lim_{\Delta x\to 0}\cos\left(x+\frac{\Delta x}{2}\right)=\cos x,$$

再由两个函数乘积的极限运算法则及重要极限 I 知

$$\lim_{\Delta x\to 0}\frac{\Delta y}{\Delta x}=\lim_{\Delta x\to 0}\cos\left(x+\frac{\Delta x}{2}\right)\cdot\lim_{\Delta x\to 0}\frac{\sin\dfrac{\Delta x}{2}}{\dfrac{\Delta x}{2}}=\cos x\cdot 1=\cos x,$$

即

$$(\sin x)'=\cos x.$$

用类似的方法可得

$$(\cos x)' = -\sin x.$$

（3）对数函数 $y = \log_a x$ （$a > 0$, $a \neq 1$）的导数：

$$(\log_a x)' = \frac{1}{x \ln a}.$$

证　对于自变量 x 的改变量 Δx，相应地，函数值的改变量为

$$\Delta y = \log_a (x + \Delta x) - \log_a x = \log_a \left(1 + \frac{\Delta x}{x}\right),$$

于是

$$\lim_{\Delta x \to 0} \frac{\Delta y}{\Delta x} = \lim_{\Delta x \to 0} \frac{1}{\Delta x} \log_a \left(1 + \frac{\Delta x}{x}\right) = \lim_{\Delta x \to 0} \log_a \left(1 + \frac{\Delta x}{x}\right)^{\frac{1}{\Delta x}}$$

$$= \lim_{\Delta x \to 0} \log_a \left(1 + \frac{\Delta x}{x}\right)^{\frac{x}{\Delta x} \cdot \frac{1}{x}} = \lim_{\Delta x \to 0} \frac{1}{x} \log_a \left(1 + \frac{\Delta x}{x}\right)^{\frac{x}{\Delta x}}$$

$$= \frac{1}{x} \lim_{\Delta x \to 0} \log_a \left(1 + \frac{\Delta x}{x}\right)^{\frac{x}{\Delta x}},$$

当 $\Delta x \to 0$ 时，$\frac{\Delta x}{x} \to 0$，由重要极限 Ⅱ 知

$$\lim_{\Delta x \to 0} \left(1 + \frac{\Delta x}{x}\right)^{\frac{x}{\Delta x}} = \mathrm{e},$$

由函数 $y = \log_a x$ 的连续性，有

$$\lim_{\Delta x \to 0} \log_a \left(1 + \frac{\Delta x}{x}\right)^{\frac{x}{\Delta x}} = \log_a \lim_{\Delta x \to 0} \left(1 + \frac{\Delta x}{x}\right)^{\frac{x}{\Delta x}} = \log_a \mathrm{e} = \frac{\ln \mathrm{e}}{\ln a} = \frac{1}{\ln a},$$

因此

$$\lim_{\Delta x \to 0} \frac{\Delta y}{\Delta x} = \frac{1}{x} \lim_{\Delta x \to 0} \log_a \left(1 + \frac{\Delta x}{x}\right)^{\frac{x}{\Delta x}} = \frac{1}{x \ln a},$$

即

$$(\log_a x)' = \frac{1}{x \ln a}.$$

特别地，当 $a = \mathrm{e}$ 时，有

$$(\ln x)' = \frac{1}{x}.$$

(4) 指数函数 $y = a^x$ ($a > 0$, $a \neq 1$) 的导数：

$$(a^x)' = a^x \ln a.$$

特别地，当 $a = \mathrm{e}$ 时，$(\mathrm{e}^x)' = \mathrm{e}^x$.

(5) 幂函数 $y = x^a$ 的导数：

$$(x^a)' = a x^{a-1}.$$

指数函数和幂函数的导数公式将在本章第二节的例题中给出证明.

习题 2.1

1. 根据导数的定义求函数 $y = 2x^2$ 的导数；

2. 设函数 $y = f(x)$ 在点 x_0 处可导，且 $f'(x_0) = A$，求下列极限：

(1) $\displaystyle\lim_{\Delta x \to 0} \frac{f(x_0 + 2\Delta x) - f(x_0)}{\Delta x}$；

(2) $\displaystyle\lim_{\Delta x \to 0} \frac{f(x_0) - f(x_0 - \Delta x)}{\Delta x}$；

(3) $\displaystyle\lim_{h \to 0} \frac{f(x_0 + 2h) - f(x_0)}{h}$；

(4) $\displaystyle\lim_{h \to 0} \frac{f(x_0 + h) - f(x_0 - h)}{h}$；

(5) $\displaystyle\lim_{n \to \infty} n \left[f\left(x_0 + \frac{1}{n} \right) - f(x_0) \right]$.

3. 设函数 $y = f(x)$ 在点 $x = 0$ 的某邻域内可导，且 $f(0) = 0$，$f'(0) = \dfrac{1}{2}$，求 $\displaystyle\lim_{x \to 0} \frac{f(2x)}{x}$.

4. 设函数 $f(x) = \sin |x|$，求 $f'_-(0)$ 及 $f'_+(0)$，并判断在 $x = 0$ 处是否可导.

5. 函数 $f(x) = \begin{cases} x, & x \geqslant 0, \\ \sin x, & x < 0 \end{cases}$ 在 $x = 0$ 处是否连续？是否可导？

6. 讨论函数 $f(x) = \begin{cases} x^2, & x \geqslant 1, \\ 3x, & x < 1 \end{cases}$ 在 $x = 1$ 处的连续性与可导性.

7. 讨论函数 $f(x) = \begin{cases} x \arctan \dfrac{1}{x}, & x \neq 0, \\ 0, & x = 0 \end{cases}$ 在 $x = 0$ 处的连续性与可导性.

8. 求曲线 $y = \cos x$ 在点 $x = \dfrac{\pi}{6}$ 处的切线方程和法线方程.

9. 求曲线 $y = \dfrac{1}{x}$ 上点 $\left(\dfrac{1}{2}, 2 \right)$ 处的切线方程和法线方程.

第二节　求导法则与求导公式

本节将给出求导数的几个基本法则和第一节中未讨论的几个基本初等函数的导数公式以及高阶导数. 利用这些法则和基本初等函数的导数公式，就可以比较方便地求出常见的初等函数的导数.

一、导数的四则运算法则

定理 1　若函数 $u=u(x)$，$v=v(x)$ 都在点 x 处可导，则它们的和、差、积、商（除分母为零的点外）在点 x 处也可导，且

(1) $[u(x)\pm v(x)]'=u'(x)\pm v'(x)$；

(2) $[u(x)v(x)]'=u'(x)v(x)+u(x)v'(x)$；

(3) $\left[\dfrac{u(x)}{v(x)}\right]'=\dfrac{u'(x)v(x)-u(x)v'(x)}{v^2(x)}$　　$(v(x)\neq 0)$.

证　这里仅证 (1).

设 $y=u(x)+v(x)$，给 x 以增量 Δx，则函数 y 的增量为

$$
\begin{aligned}
\Delta y &=[u(x+\Delta x)+v(x+\Delta x)]-[u(x)+v(x)]\\
&=[u(x+\Delta x)-u(x)]+[v(x+\Delta x)-v(x)]\\
&=\Delta u+\Delta v,
\end{aligned}
$$

因而

$$
\lim_{\Delta x\to 0}\frac{\Delta y}{\Delta x}=\lim_{\Delta x\to 0}\left(\frac{\Delta u}{\Delta x}+\frac{\Delta v}{\Delta x}\right)=\lim_{\Delta x\to 0}\frac{\Delta u}{\Delta x}+\lim_{\Delta x\to 0}\frac{\Delta v}{\Delta x}=u'(x)+v'(x),
$$

即

$$
[u(x)+v(x)]'=u'(x)+v'(x).
$$

同理可证

$$
[u(x)-v(x)]'=u'(x)-v'(x).
$$

上述求导法则常简记为

$$
(u\pm v)'=u'\pm v', \quad (uv)'=u'v+uv', \quad \left(\frac{u}{v}\right)'=\frac{u'v-uv'}{v^2}.
$$

定理中的法则 (1) 和 (2) 可以推广到任意有限多个可导函数相加减和相乘的情形. 例如，设函数 $u=u(x)$，$v=v(x)$，$w=w(x)$ 均可导，则有

$$(u \pm v \pm w)' = u' \pm v' \pm w',$$
$$(uvw)' = u'vw + uv'w + uvw'.$$

在法则（2）中，当 $v = C$（C 为常数）时，有

$$(Cu)' = Cu'.$$

例 2.4 求 $y = \cos x \cdot \ln x - x^3 + \ln 2$ 的导数.

解
$$\begin{aligned}
y' &= (\cos x \cdot \ln x)' - (x^3)' + (\ln 2)' \\
&= (\cos x)' \cdot \ln x + \cos x \cdot (\ln x)' - 3x^2 + 0 \\
&= -\sin x \cdot \ln x + \cos x \cdot \frac{1}{x} - 3x^2.
\end{aligned}$$

例 2.5 求 $y = \tan x$ 的导数.

解
$$y' = (\tan x)' = \left(\frac{\sin x}{\cos x}\right)' = \frac{(\sin x)' \cos x - \sin x (\cos x)'}{\cos^2 x} = \frac{\cos^2 x + \sin^2 x}{\cos^2 x}$$
$$= \frac{1}{\cos^2 x} = \sec^2 x,$$

即

$$(\tan x)' = \frac{1}{\cos^2 x} = \sec^2 x.$$

用类似方法可得

$$(\cot x)' = -\frac{1}{\sin^2 x} = -\csc^2 x.$$

例 2.6 求 $y = \sec x$ 的导数.

解
$$y' = (\sec x)' = \left(\frac{1}{\cos x}\right)' = \frac{(1)' \cdot \cos x - 1 \cdot (\cos x)'}{\cos^2 x} = \frac{\sin x}{\cos^2 x}$$
$$= \frac{1}{\cos x} \cdot \frac{\sin x}{\cos x} = \sec x \tan x,$$

即

$$(\sec x)' = \sec x \tan x.$$

用类似方法可得

$$(\csc x)' = -\csc x \cot x.$$

二、复合函数的求导法则

定理 2 如果 $u = \varphi(x)$ 在点 x 处可导，$y = f(u)$ 在对应点 u（$u = \varphi(x)$）处可导，则复合函数 $y = f[\varphi(x)]$ 在点 x 处也可导，且其导数为

$$y'_x = y'_u \cdot u'_x \quad \text{或} \quad \frac{\mathrm{d}y}{\mathrm{d}x} = \frac{\mathrm{d}y}{\mathrm{d}u} \cdot \frac{\mathrm{d}u}{\mathrm{d}x}.$$

或写成 $(f[\varphi(x)])' = f'(u) \cdot \varphi'(x) = f'[\varphi(x)] \cdot \varphi'(x).$

证　给 x 以增量 Δx，则函数 $u = \varphi(x)$ 有增量 $\Delta u = \varphi(x + \Delta x) - \varphi(x)$，又由 Δu，相应地，函数 $y = f(u)$ 有增量 $\Delta y = f(u + \Delta u) - f(u).$

因为 $y = f(u)$ 在点 u 处可导，所以有

$$\lim_{\Delta u \to 0} \frac{\Delta y}{\Delta u} = f'(u).$$

由极限与无穷小的关系知，存在 $\Delta u \to 0$ 时的无穷小 $\alpha = \alpha(\Delta u)$，当 $\Delta u \neq 0$ 时，有

$$\frac{\Delta y}{\Delta u} = f'(u) + \alpha \quad (\lim_{\Delta u \to 0} \alpha(\Delta u) = 0).$$

当 $\Delta u = 0$ 时，规定 $\alpha = 0$，则对所有的 Δu 都有

$$\Delta y = f'(u) \Delta u + \alpha \Delta u.$$

用 Δx（$\Delta x \neq 0$）除上式两端，得

$$\frac{\Delta y}{\Delta x} = f'(u) \frac{\Delta u}{\Delta x} + \alpha \frac{\Delta u}{\Delta x}.$$

由于 $u = \varphi(x)$ 在点 x 处可导，故

$$\lim_{\Delta x \to 0} \frac{\Delta u}{\Delta x} = u'(x).$$

由可导与连续的关系知 $u = \varphi(x)$ 在点 x 处连续，因此当 $\Delta x \to 0$ 时，有 $\Delta u \to 0$，从而

$$\lim_{\Delta x \to 0} \alpha = \lim_{\Delta u \to 0} \alpha = 0,$$

于是

$$\lim_{\Delta x \to 0} \frac{\Delta y}{\Delta x} = \lim_{\Delta x \to 0} \left[f'(u) \frac{\Delta u}{\Delta x} + \alpha \frac{\Delta u}{\Delta x} \right] = \lim_{\Delta x \to 0} f'(u) \cdot \lim_{\Delta x \to 0} \frac{\Delta u}{\Delta x} + \lim_{\Delta x \to 0} \alpha \cdot \lim_{\Delta x \to 0} \frac{\Delta u}{\Delta x}$$
$$= f'(u) u'(x) + 0 \cdot u'(x)$$
$$= f'[\varphi(x)] u'(x),$$

即

$$(f[\varphi(x)])' = f'(u) \cdot \varphi'(x) = f'[\varphi(x)] \cdot \varphi'(x).$$

复合函数的求导法则也称为链式法则（chain rule），它可以推广到多个中间变量的情形. 例如，设 $y = f(u)$，$u = \varphi(v)$，$v = g(x)$ 都可导，则复合函数 $y = f\{\varphi[g(x)]\}$ 也可导，且

$$y'_x = y'_u \cdot u'_v \cdot v'_x \quad \text{或} \quad \frac{\mathrm{d}y}{\mathrm{d}x} = \frac{\mathrm{d}y}{\mathrm{d}u} \cdot \frac{\mathrm{d}u}{\mathrm{d}v} \cdot \frac{\mathrm{d}v}{\mathrm{d}x}.$$

例 2.7 求 $y = \sqrt{\cos x}$ 的导数.

解 设 $y = u^{\frac{1}{2}}$，$u = \cos x$，则有

$$y'_x = (\sqrt{\cos x})'_x = \left(u^{\frac{1}{2}}\right)'_u \cdot (\cos x)'_x = \frac{1}{2\sqrt{u}} \cdot (-\sin x) = \frac{-\sin x}{2\sqrt{\cos x}}.$$

例 2.8 求 $y = \ln(\sin x^2)$ 的导数.

解 设 $y = \ln u$，$u = \sin v$，$v = x^2$，则有

$$y'_x = \left[\ln(\sin x^2)\right]'_x = (\ln u)'_u (\sin v)'_v (x^2)'_x$$
$$= \frac{1}{u} \cdot \cos v \cdot 2x = \frac{1}{\sin x^2} \cdot \cos x^2 \cdot 2x = 2x \cot x^2.$$

当复合函数求导法则比较熟练后，中间变量不必写出，只要心中默记就可以了，具体看以下例题.

例 2.9 求 $y = \ln(x + \sqrt{1 + x^2})$ 的导数.

解 $y' = \dfrac{1}{x + \sqrt{1 + x^2}}(x + \sqrt{1 + x^2})' = \dfrac{1}{x + \sqrt{1 + x^2}}\left[x' + (\sqrt{1 + x^2})'\right]$

$$= \frac{1}{x + \sqrt{1 + x^2}}\left[1 + \frac{(1 + x^2)'}{2\sqrt{1 + x^2}}\right] = \frac{1}{x + \sqrt{1 + x^2}}\left(1 + \frac{2x}{2\sqrt{1 + x^2}}\right)$$

$$= \frac{1}{x + \sqrt{1 + x^2}} \frac{\sqrt{1 + x^2} + x}{\sqrt{1 + x^2}} = \frac{1}{\sqrt{1 + x^2}}.$$

例 2.10 已知幂函数 $y = x^\alpha$（α 为实数），试证明：

$$(x^\alpha)' = \alpha x^{\alpha - 1}.$$

证 将 $y = x^\alpha$ 化为 $y = \mathrm{e}^{\ln x^\alpha} = \mathrm{e}^{\alpha \ln x}$，则有

$$y' = (\mathrm{e}^{\alpha \ln x})' = \mathrm{e}^{\alpha \ln x}(\alpha \ln x)' = x^\alpha \cdot \alpha \cdot \frac{1}{x} = \alpha x^{\alpha - 1},$$

即

$$(x^\alpha)' = \alpha x^{\alpha - 1}.$$

例 2.11 求 $y = \ln|x|$（$x \neq 0$）的导数.

解 当 $x > 0$ 时，$y = \ln x$，$y' = (\ln x)' = \dfrac{1}{x}$.

当 $x < 0$ 时，$y = \ln(-x)$，$y' = [\ln(-x)]' = \dfrac{1}{-x}(-x)' = \dfrac{1}{-x}(-1) = \dfrac{1}{x}$.

因此，只要 $x \neq 0$，就有 $(\ln|x|)' = \dfrac{1}{x}$.

三、隐函数的求导法则

前面讨论的求导方法都是针对因变量 y 用自变量 x 的一个表达式表示的函数，例如 $y = \sqrt{\cos x}$，$y = \ln(\sin x^2)$ 等，这种表示为 $y = f(x)$ 情形的函数称为显函数. 如果变量 x 与 y 之间的对应关系是由一个方程 $F(x, y) = 0$ 确定的函数，例如，由方程 $x^3 + y^3 = 1$ 也可以确定变量 x 与 y 之间的函数关系，那么这样的函数称为隐函数.

有些隐函数可以化为显函数，例如，从方程 $x^3 + y^3 = 1$ 中解出 $y = \sqrt[3]{1 - x^3}$，就是把隐函数化为了显函数，这称为隐函数的显化. 但是，有些隐函数的显化是很困难的，甚至是不可能的. 例如，要想从方程 $xy - e^x + e^y = 0$ 中解出 y 就办不到. 那么对于由方程 $F(x, y) = 0$ 确定的隐函数，如何求因变量 y 对自变量 x 的导数呢？我们可以直接将方程 $F(x, y) = 0$ 的两边都对自变量 x 求导，把含有 y 的项看作以 y 为中间变量的自变量 x 的复合函数，并利用复合函数的求导法则求导，这样就得到一个含有 y' 的等式，从中解出 y' 即可. 下面通过具体例子来说明这种方法.

例 2.12　设函数 $y = f(x)$ 由方程 $x^3 + y^3 = 1$ 确定，求 $\dfrac{\mathrm{d}y}{\mathrm{d}x}$.

解　因为 y 是 x 的函数，所以 y^3 可以看作以 y 为中间变量的自变量 x 的复合函数. 于是将方程 $x^3 + y^3 = 1$ 两边分别对 x 求导，有

$$3x^2 + 3y^2 y' = 0,$$

解得

$$y' = -\frac{x^2}{y^2}.$$

注意，隐函数的导数的表达式中，常常既含有自变量 x，又含有因变量 y. 通常，隐函数的导数无须求得只含自变量的表达式.

例 2.13　设函数 $y = f(x)$ 是由方程 $xy - \ln y = 0$ 确定的，求 $\dfrac{\mathrm{d}y}{\mathrm{d}x}$.

解　将方程 $xy - \ln y = 0$ 两边分别对 x 求导，得

$$y + xy' - \frac{y'}{y} = 0,$$

解得

$$y' = \frac{y}{\dfrac{1}{y} - x} = \frac{y^2}{1 - xy}.$$

例 2.14 已知 $y=\arcsin x$，$x\in(-1,\ 1)$，$y\in\left(-\dfrac{\pi}{2},\ \dfrac{\pi}{2}\right)$，求 y'.

解 由 $y=\arcsin x$ 知，$\sin y=x$，方程 $\sin y=x$ 两边分别对 x 求导，得

$$\cos y \cdot y' = 1,$$

所以

$$y' = \frac{1}{\cos y} = \frac{1}{\sqrt{1-\sin^2 y}} = \frac{1}{\sqrt{1-x^2}},$$

即

$$(\arcsin x)' = \frac{1}{\sqrt{1-x^2}}.$$

类似地可证

$$(\arccos x)' = -\frac{1}{\sqrt{1-x^2}},$$

$$(\arctan x)' = \frac{1}{1+x^2},$$

$$(\operatorname{arccot} x)' = -\frac{1}{1+x^2}.$$

例 2.15 证明指数函数 $y=a^x$ 的导数公式：

$$(a^x)' = a^x \ln a \quad (a>0,\ a\neq 1).$$

证 对 $y=a^x$ 两边取自然对数，得 $\ln y=x\ln a$. 方程两边分别对 x 求导，得

$$\frac{1}{y}y' = \ln a,$$

于是

$$y' = y\ln a,$$

即

$$(a^x)' = a^x \ln a.$$

特别地，当 $a=\mathrm{e}$ 时，$(\mathrm{e}^x)'=\mathrm{e}^x$.

在例 2.15 的推导中，先对等式两边取自然对数，然后根据隐函数求导法求 y 对 x 的导数 y'，这种求导数的方法称为取对数求导法.

形如 $y=[u(x)]^{v(x)}$（$u(x)>0$）的函数称为幂指函数. 如果 $u(x)$，$v(x)$ 都可导，则求 y' 时，可用取对数求导法或复合函数求导法则.

例 2.16 求幂指函数 $y=x^{\sin x}$ 的导数 y'.

解法 1 利用取对数求导法.

对函数 $y = x^{\sin x}$ 两边取自然对数，得

$$\ln y = \sin x \cdot \ln x,$$

两边分别对 x 求导，得

$$\frac{1}{y}y' = \cos x \cdot \ln x + \frac{\sin x}{x},$$

解得

$$y' = y\left(\cos x \cdot \ln x + \frac{\sin x}{x}\right) = x^{\sin x}\left(\cos x \cdot \ln x + \frac{\sin x}{x}\right).$$

注意，一般情况下，取对数求导法的结果中的 y 用其表达式代回.

解法 2　利用复合函数求导法.

将 $y = x^{\sin x}$ 化成 $y = e^{\sin x \ln x}$，利用复合函数求导法则求导，得

$$y' = e^{\sin x \ln x}(\sin x \cdot \ln x)' = e^{\sin x \ln x}\left(\cos x \cdot \ln x + \frac{\sin x}{x}\right)$$

$$= x^{\sin x}\left(\cos x \cdot \ln x + \frac{\sin x}{x}\right).$$

多个因式相乘、相除、乘方或开方的函数求导数时，也可用取对数求导法求导.

例 2.17　求 $y = \sqrt{\dfrac{(x-1)(x-2)}{(x-3)(x-4)}}$ $(x>4)$ 的导数.

解　先在两边取自然对数，得

$$\ln y = \frac{1}{2}\big[\ln(x-1) + \ln(x-2) - \ln(x-3) - \ln(x-4)\big],$$

上式两边分别对 x 求导，得

$$\frac{1}{y}y' = \frac{1}{2}\left(\frac{1}{x-1} + \frac{1}{x-2} - \frac{1}{x-3} - \frac{1}{x-4}\right),$$

解得

$$y' = \frac{1}{2}\sqrt{\frac{(x-1)(x-2)}{(x-3)(x-4)}}\left(\frac{1}{x-1} + \frac{1}{x-2} - \frac{1}{x-3} - \frac{1}{x-4}\right).$$

注意，多个因式相乘、相除、乘方或开方的函数求导数时，用取对数求导法求导一般要比直接用复合函数求导法则更简便一些.

四、基本初等函数的求导公式与求导法则

为了便于查阅，现将基本初等函数的求导公式和求导法则归结如下：

1. 基本初等函数的求导公式

(1) $(C)' = 0$（C 为常数）；

(2) $(x^a)' = ax^{a-1}$（a 为实数）；

(3) $(a^x)' = a^x \ln a$（$a > 0$，$a \neq 1$）；

(4) $(e^x)' = e^x$；

(5) $(\log_a x)' = \dfrac{1}{x \ln a}$；

(6) $(\ln x)' = \dfrac{1}{x}$；

(7) $(\sin x)' = \cos x$；

(8) $(\cos x)' = -\sin x$；

(9) $(\tan x)' = \dfrac{1}{\cos^2 x} = \sec^2 x$；

(10) $(\cot x)' = -\dfrac{1}{\sin^2 x} = -\csc^2 x$；

(11) $(\sec x)' = \sec x \tan x$；

(12) $(\csc x)' = -\csc x \cot x$；

(13) $(\arcsin x)' = \dfrac{1}{\sqrt{1-x^2}}$；

(14) $(\arccos x)' = -\dfrac{1}{\sqrt{1-x^2}}$；

(15) $(\arctan x)' = \dfrac{1}{1+x^2}$；

(16) $(\text{arccot}\, x)' = -\dfrac{1}{1+x^2}$.

2. 求导法则

(1) 四则运算求导法则.

设 $u = u(x)$，$v = v(x)$ 均可导，则

① $[u(x) \pm v(x)]' = u'(x) \pm v'(x)$；

② $[u(x)v(x)]' = u'(x)v(x) + u(x)v'(x)$；

③ $\left[\dfrac{u(x)}{v(x)}\right]' = \dfrac{u'(x)v(x) - u(x)v'(x)}{v^2(x)}$（$v(x) \neq 0$）.

(2) 复合函数求导法则.

如果 $u = \varphi(x)$ 在点 x 处可导，$y = f(u)$ 在对应点 u（$u = \varphi(x)$）处可导，那么复合函数 $y = f[\varphi(x)]$ 在点 x 处也可导，且其导数为

$$y'_x = y'_u \cdot u'_x \quad \text{或} \quad \frac{\mathrm{d}y}{\mathrm{d}x} = \frac{\mathrm{d}y}{\mathrm{d}u} \cdot \frac{\mathrm{d}u}{\mathrm{d}x}.$$

例 2.18 已知 $y = e^{\tan x} + \arctan \sqrt{x^2-1}$，求 y'.

解：$y' = e^{\tan x} \cdot (\tan x)' + \dfrac{1}{1+x^2-1}\left(\sqrt{x^2-1}\right)' = e^{\tan x} \cdot \sec^2 x + \dfrac{1}{x^2} \cdot \dfrac{1}{2}\dfrac{2x}{\sqrt{x^2-1}}$

$\qquad = e^{\tan x} \cdot \sec^2 x + \dfrac{1}{x\sqrt{x^2-1}}.$

五、高阶导数

一般地，函数 $y=f(x)$ 的导数 $f'(x)$ 仍然是 x 的函数，如果 $f'(x)$ 仍是可导的，则把 $f'(x)$ 的导数称为 $y=f(x)$ 的二阶导数，记为

$$y'', \quad f''(x), \quad \frac{\mathrm{d}^2 y}{\mathrm{d}x^2} \quad 或 \quad \frac{\mathrm{d}^2 f(x)}{\mathrm{d}x^2}.$$

即

$$f''(x)=[f'(x)]'=\lim_{\Delta x \to 0}\frac{f'(x+\Delta x)-f'(x)}{\Delta x}.$$

相应地，把 $y=f(x)$ 的导数 $f'(x)$ 叫作 $y=f(x)$ 的一阶导数.

类似地，二阶导数的导数称为函数 $y=f(x)$ 的三阶导数，记为

$$y''', \quad f'''(x), \quad \frac{\mathrm{d}^3 y}{\mathrm{d}x^3} \quad 或 \quad \frac{\mathrm{d}^3 f(x)}{\mathrm{d}x^3}.$$

三阶导数的导数称为函数 $y=f(x)$ 的四阶导数，记为

$$y^{(4)}, \quad f^{(4)}(x), \quad \frac{\mathrm{d}^4 y}{\mathrm{d}x^4} \quad 或 \quad \frac{\mathrm{d}^4 f(x)}{\mathrm{d}x^4}.$$

一般地，$n-1$ 阶导数的导数称为函数 $y=f(x)$ 的 n 阶导数，记为

$$y^{(n)}, \quad f^{(n)}(x), \quad \frac{\mathrm{d}^n y}{\mathrm{d}x^n} \quad 或 \quad \frac{\mathrm{d}^n f(x)}{\mathrm{d}x^n}.$$

二阶及二阶以上的导数统称为函数的高阶导数.

由此可见，求高阶导数就是多次接连地求导数，直到求得所要求的阶数的导数. 所以，仍可应用前面学过的求导方法来求高阶导数.

例 2.19   求 $y=\mathrm{e}^{ax}$（a 为常数）的 n 阶导数 $y^{(n)}$.

解 $y'=a\mathrm{e}^{ax}$，$y''=a^2\mathrm{e}^{ax}$，$y'''=a^3\mathrm{e}^{ax}$，$\cdots$，

$$y^{(n)}=a^n\mathrm{e}^{ax} \quad (n \geqslant 1).$$

例 2.20   已知 $y=x^n$（n 为自然数），求 $y=x^n$ 的各阶导数.

解 $y'=nx^{n-1}$，$y''=n(n-1)x^{n-2}$，$y'''=n(n-1)(n-2)x^{n-3}$，$\cdots$，

$$y^{(n-1)}=n(n-1)(n-2)\cdots 3 \cdot 2 \cdot x, \quad y^{(n)}=n!,$$

即

$$(x^n)^{(n)}=n!.$$

当 $k \geqslant n+1$ 时，有 $y^{(k)}=0$.

例 2.21 求 $y=\ln(1+x)$ 的 n 阶导数 $y^{(n)}$.

解 $y'=\dfrac{1}{1+x}$,

$y''=-\dfrac{1}{(1+x)^2}$,

$y'''=(-1)(-2)\dfrac{1}{(1+x)^3}$,

……

$y^{(n)}=(-1)(-2)\cdots[-(n-1)]\dfrac{1}{(1+x)^n}$,

即

$$y^{(n)}=(-1)^{n-1}\dfrac{(n-1)!}{(1+x)^n}.$$

例 2.22 求 $y=\sin x$ 的 n 阶导数 $y^{(n)}$.

解 $y'=\cos x=\sin\left(x+\dfrac{\pi}{2}\right)$,

$y''=\cos\left(x+\dfrac{\pi}{2}\right)=\sin\left(x+\dfrac{\pi}{2}+\dfrac{\pi}{2}\right)=\sin\left(x+\dfrac{2\pi}{2}\right)$,

$y'''=\cos\left(x+\dfrac{2\pi}{2}\right)=\sin\left(x+\dfrac{2\pi}{2}+\dfrac{\pi}{2}\right)=\sin\left(x+\dfrac{3\pi}{2}\right)$,

……

$y^{(n)}=\sin\left(x+\dfrac{n\pi}{2}\right)$,

即

$$(\sin x)^{(n)}=\sin\left(x+\dfrac{n\pi}{2}\right).$$

类似地，可得

$$(\cos x)^{(n)}=\cos\left(x+\dfrac{n\pi}{2}\right).$$

习题 2.2

1. 利用导数的四则运算法则证明下列结果：

(1) $(\cot x)'=-\csc^2 x$；   (2) $(\csc x)'=-\csc x\cdot\cot x$.

2. 求下列函数的导数：

(1) $y=e^x\sin x\cos x$；   (2) $y=\sec x\cdot\tan x$；

(3) $y=\dfrac{1-\tan x}{1+\sec x}$；   (4) $y=\csc x\cdot\cot x$；

(5) $y=\ln[\ln(\ln x)]$；

(6) $y=\sin\sqrt{4^x+x^2}$；

(7) $y=\dfrac{e^x-e^{-x}}{e^x+e^{-x}}$；

(8) $y=\ln(x+\sqrt{a^2+x^2})$；

(9) $y=\arcsin\sqrt{x}$；

(10) $y=\arccos\dfrac{2x}{1+x^2}$；

(11) $y=\arctan\dfrac{x+1}{x-1}$；

(12) $y=e^{\arctan\sqrt{x}}$；

(13) $y=(1+x)^{\sin x}$；

(14) $y=(\ln x)^x$；

(15) $y=x\sqrt{\dfrac{1-x}{1+x}}$　$(-1<x<1)$；

(16) $y=\sqrt{\dfrac{(x+1)^2\,(x-3)}{(2x+1)^3}}$　$(x>3)$.

3. 求下列方程所确定的隐函数 $y=f(x)$ 的导数 $\dfrac{dy}{dx}$：

(1) $y+\ln(xy)=2$；

(2) $\cos^2(x^2+y)=x$；

(3) $e^{xy}+x^2-y=0$；

(4) $y-x+\sin y=\sin x$.

4. 求下列函数的二阶导数：

(1) $y=x^2e^{3x}$；

(2) $y=\arcsin x$；

(3) $y=\ln(1-2x)$；

(4) $y=\tan\dfrac{x}{2}$.

5. 求下列函数的 n 阶导数：

(1) $y=e^{2x+1}$；

(2) $y=a^x$　$(a>0,\ a\neq1)$；

(3) $y=\dfrac{x}{x+1}$；

(4) $y=\cos x$.

第三节　函数的微分

前面讨论了导数的概念，函数 $y=f(x)$ 在点 x_0 处的导数为

$$\lim_{\Delta x\to0}\frac{\Delta y}{\Delta x}=\lim_{\Delta x\to0}\frac{f(x_0+\Delta x)-f(x_0)}{\Delta x},$$

在此，所关注的是当自变量增量 $\Delta x\to0$ 时，函数增量与自变量增量之比 $\dfrac{\Delta y}{\Delta x}$ 的极限，而不是函数增量 Δy 本身. 但是，在一些实际问题中，经常需要计算当自变量有微小变化 Δx 时，函数增量 Δy 的大小. 如果 $y=f(x)$ 是较为复杂的函数，一般来说，函数增量 Δy 可能是关于 Δx 更为复杂的表达式，直接计算 Δy 就会比较困难，而实际问题常常是计算近似值就足够了，微分就是可以用于近似计算的简便有效的工具.

一、微分的概念

引例 设有一块正方形金属薄片,受热后其边长由 x_0 变为 $x_0+\Delta x$,如图 2.3 所示. 问:此金属薄片的面积改变了多少?

已知正方形的面积 S 是边长 x 的函数:$S=x^2$.

当正方形的边长由 x_0 变为 $x_0+\Delta x$ 时,面积的增量为

$$\Delta S=(x_0+\Delta x)^2-x_0^2=2x_0\Delta x+(\Delta x)^2.$$

当边长改变很微小,即 $|\Delta x|$ 很小时,面积的增量 ΔS 可以近似地用第一项 $2x_0\Delta x$ 来代替.

例如,若取 $x_0=1$,$\Delta x=0.001$,则面积的增量为

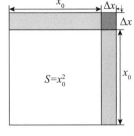

图 2.3

$$\Delta S=2x_0\Delta x+(\Delta x)^2=2\times1\times0.001+0.001^2$$
$$=0.002+0.000\,001,$$

$(\Delta x)^2=0.000\,001$ 是很小的数,如果要求精确到小数点后 3 位,那么,这一项可以忽略不计,因此

$$\Delta S\approx2x_0\Delta x=2\times2\times0.001=0.002.$$

下面分析面积增量 ΔS 的两部分.

第一部分 $2x_0\Delta x$,是关于 Δx 的线性函数. $2x_0$ 是与 Δx 无关的常量,且恰好是函数 $S=x^2$ 在点 x_0 处的导数,即 $2x_0=(x^2)'|_{x=x_0}=S'(x_0)$.

第二部分 $(\Delta x)^2$,当 $\Delta x\to0$ 时是比 Δx 高阶的无穷小,可用 $o(\Delta x)$ 表示.

于是,面积的增量可表示为 $\Delta S=S'(x_0)\cdot\Delta x+o(\Delta x)$.

从上面的引例可以看到,当 x_0 取定,$|\Delta x|$ 很小时,函数增量 ΔS 是关于自变量增量 Δx 较为复杂的函数,若用 ΔS 的第一项这个关于 Δx 的最简单的线性函数 $2x_0\Delta x$ 来近似代替它,即 $\Delta S\approx2x_0\Delta x$,丢掉的只是比第一项小得多的第二项 $(\Delta x)^2$,它是一个比 Δx 高阶的无穷小.

一般地,若函数 $y=f(x)$ 在点 x_0 处可导,则有 $\lim\limits_{\Delta x\to0}\dfrac{\Delta y}{\Delta x}=f'(x_0)$,由无穷小量的定理知

$$\frac{\Delta y}{\Delta x}=f'(x_0)+\alpha(\Delta x)\ (\lim_{\Delta x\to0}\alpha(\Delta x)=0).$$

因此

$$\Delta y=f'(x_0)\Delta x+\alpha(\Delta x)\cdot\Delta x=f'(x_0)\Delta x+o(\Delta x).$$

式中,$o(\Delta x)$ 是比 Δx 高阶的无穷小,即 $\lim\limits_{\Delta x\to0}\dfrac{o(\Delta x)}{\Delta x}=0$.

函数 $y=f(x)$ 在点 x_0 处的增量 Δy 由两部分组成.

第一部分 $f'(x_0)\Delta x$,是 Δx 的线性函数,$f'(x_0)$ 是不依赖于 Δx 的常量.

第二部分 $o(\Delta x)$，是比 Δx 高阶的无穷小.

我们就把 $f'(x_0)\Delta x$ 称为函数 $y=f(x)$ 在点 x_0 处的微分. 下面给出微分的定义.

定义 1 设函数 $y=f(x)$ 在点 x_0 处可导，Δx 为自变量 x 的改变量，则称 $f'(x_0)\Delta x$ 为函数 $f(x)$ 在点 x_0 处的微分（**differential**），记作 $dy|_{x=x_0}$ 或 $df(x_0)$，即

$$dy|_{x=x_0}=df(x_0)=f'(x_0)\Delta x.$$

这时也称函数 $f(x)$ 在点 x_0 处可微.

由上面的分析知，若函数 $f(x)$ 在点 x_0 处可导，则函数的增量为

$$\Delta y=f'(x_0)\Delta x+o(\Delta x),$$

当 $|\Delta x|$ 很小时，Δx 的线性函数 $f'(x_0)\Delta x$ 是函数增量 Δy 的主要部分，称为 Δy 的线性主部，这一主要部分就是函数 $f(x)$ 在点 x_0 处的微分 dy. 因此可以用微分作为函数增量 Δy 的近似值，即

$$\Delta y \approx dy=f'(x_0)\Delta x.$$

如果函数 $y=f(x)$ 在区间 I 内每一点处都可微，则称 $f(x)$ 是区间 I 内的可微函数. 函数 $f(x)$ 在区间 I 内任意点 x 处的微分就称为函数的微分，记为 dy 或 $df(x)$，即

$$dy=df(x)=f'(x)\Delta x.$$

为了运算方便，一般规定自变量 x 的微分 dx 就是自变量的改变量 Δx，这一规定与计算函数 $y=x$ 的微分所得的结果是一致的，即

$$dy=dx=x'\Delta x=\Delta x.$$

于是，函数的微分也可写为

$$dy=f'(x)dx.$$

等式两端都除以自变量的微分 dx，得 $f'(x)=\dfrac{dy}{dx}$.

由此可见，函数的导数是函数的微分与自变量的微分之商，因而导数也称为微商. 在此之前，我们把导数的记号 $\dfrac{dy}{dx}$ 看作一个整体记号，现在由于分别赋予 dy 和 dx 各自独立的含义，因此也可以把它看作分式.

例 2.23 设函数 $y=x^2+2$，分别求函数在点 $x=2$ 处，当 $\Delta x=0.1$，$\Delta x=0.01$ 和 $\Delta x=0.001$ 时，函数的改变量 Δy、微分 dy 以及 $\Delta y-dy$.

解 因为 $y'=2x$，所以 $dy=y'\Delta x=2x\Delta x$，

$$\Delta y=(x+\Delta x)^2+2-(x^2+2)=2x\Delta x+(\Delta x)^2.$$

在点 $x=2$ 处，当 $\Delta x=0.1$ 时，有

$$\Delta y=2\times2\times0.1+0.1^2=0.41,$$
$$\mathrm{d}y=2\times2\times0.1=0.4,$$
$$\Delta y-\mathrm{d}y=0.41-0.4=0.01.$$

当 $\Delta x=0.01$，$\Delta x=0.001$ 时，计算方法同上，计算结果见表 2.1.

表 2.1

Δx	Δy	$\mathrm{d}y$	$\Delta y-\mathrm{d}y$
0.1	0.41	0.4	0.01
0.01	0.040 1	0.04	0.000 1
0.001	0.004 001	0.004	0.000 001

由表 2.1 可以看出，当 Δx 取不同值时，用微分 $\mathrm{d}y$ 近似代替函数增量 Δy 的误差情况. 显然，当 $|\Delta x|$ 很小时，误差 $|\Delta y-\mathrm{d}y|$ 比 $|\Delta x|$ 小得多，$\Delta y\approx\mathrm{d}y$，而且 $|\Delta x|$ 越小，近似程度就越高.

例 2.24 求函数 $y=\tan x+\cos x$ 的微分.

解 $\mathrm{d}y=y'\mathrm{d}x=(\tan x+\cos x)'\mathrm{d}x=(\sec^2 x-\sin x)\mathrm{d}x.$

二、微分的基本公式和运算法则

从函数的微分表达式 $\mathrm{d}y=f'(x)\mathrm{d}x$ 可以看出，要计算函数的微分，只需计算函数的导数，再乘以自变量的微分即可. 下面给出常用的微分公式和微分运算法则.

1. 微分基本公式

(1) $\mathrm{d}(C)=0$ （C 为常数）；

(2) $\mathrm{d}(x^\alpha)=\alpha x^{\alpha-1}\mathrm{d}x$ （α 为实数）；

(3) $\mathrm{d}(a^x)=a^x\ln a\,\mathrm{d}x$；

(4) $\mathrm{d}(\mathrm{e}^x)=\mathrm{e}^x\mathrm{d}x$；

(5) $\mathrm{d}(\log_a x)=\dfrac{1}{x\ln a}\mathrm{d}x$；

(6) $\mathrm{d}(\ln x)=\dfrac{1}{x}\mathrm{d}x$；

(7) $\mathrm{d}(\sin x)=\cos x\,\mathrm{d}x$；

(8) $\mathrm{d}(\cos x)=-\sin x\,\mathrm{d}x$；

(9) $\mathrm{d}(\tan x)=\dfrac{1}{\cos^2 x}\mathrm{d}x$
$\quad=\sec^2 x\,\mathrm{d}x$；

(10) $\mathrm{d}(\cot x)=-\dfrac{1}{\sin^2 x}\mathrm{d}x$
$\quad=-\csc^2 x\,\mathrm{d}x$；

(11) $\mathrm{d}(\sec x)=\sec x\tan x\,\mathrm{d}x$；

(12) $\mathrm{d}(\csc x)=-\csc x\cot x\,\mathrm{d}x$；

(13) $\mathrm{d}(\arcsin x)=\dfrac{1}{\sqrt{1-x^2}}\mathrm{d}x$；

(14) $\mathrm{d}(\arccos x)=-\dfrac{1}{\sqrt{1-x^2}}\mathrm{d}x$；

(15) $\mathrm{d}(\arctan x)=\dfrac{1}{1+x^2}\mathrm{d}x$；

(16) $\mathrm{d}(\text{arccot}\,x)=-\dfrac{1}{1+x^2}\mathrm{d}x.$

2. 微分运算法则

(1) 四则运算法则.

$$① \ \mathrm{d}(u \pm v) = \mathrm{d}u \pm \mathrm{d}v;$$
$$② \ \mathrm{d}(uv) = v\,\mathrm{d}u + u\,\mathrm{d}v;$$
$$③ \ \mathrm{d}\left(\frac{u}{v}\right) = \frac{v\,\mathrm{d}u - u\,\mathrm{d}v}{v^2} \ (v(x) \neq 0).$$

(2) 复合函数的微分法则.

设 $y = f(u)$ 和 $u = \varphi(x)$ 可导，则 $\mathrm{d}u = \varphi'(x)\mathrm{d}x$，且复合函数 $y = f(\varphi(x))$ 的微分为

$$\mathrm{d}y = f'(u)\varphi'(x)\mathrm{d}x = f'(u)\mathrm{d}u.$$

即 $\mathrm{d}y = f'(u)\mathrm{d}u$，这里 u 是中间变量. 显然，如果 u 是自变量，也有 $\mathrm{d}y = f'(u)\mathrm{d}u$. 因此，无论 u 是自变量还是中间变量，函数 $y = f(u)$ 的微分形式都是一样的，这叫作一阶微分形式不变性.

例 2.25 求函数 $y = \ln(\cos^2 x)$ 的微分.

解法 1 由微分定义，得

$$\mathrm{d}y = \left[\ln(\cos^2 x)\right]'\mathrm{d}x = \frac{2\cos x \cdot (\cos x)'}{\cos^2 x}\mathrm{d}x = 2 \cdot \frac{-\sin x}{\cos x}\mathrm{d}x = -2\tan x\,\mathrm{d}x.$$

解法 2 由一阶微分形式不变性，得

$$\mathrm{d}y = \frac{\mathrm{d}\cos^2 x}{\cos^2 x} = \frac{2\cos x\,\mathrm{d}\cos x}{\cos^2 x} = 2 \cdot \frac{-\sin x\,\mathrm{d}x}{\cos x} = -2\tan x\,\mathrm{d}x.$$

例 2.26 求函数 $y = \sin 3x \cdot \mathrm{e}^{2x}$ 的微分.

解 由微分的乘法法则及一阶微分形式不变性，得

$$\mathrm{d}y = \sin 3x \cdot \mathrm{d}\mathrm{e}^{2x} + \mathrm{e}^{2x} \cdot \mathrm{d}\sin 3x = \sin 3x \cdot \mathrm{e}^{2x}\,\mathrm{d}(2x) + \mathrm{e}^{2x} \cdot \cos 3x\,\mathrm{d}(3x)$$
$$= \sin 3x \cdot \mathrm{e}^{2x} \cdot 2\,\mathrm{d}x + \mathrm{e}^{2x} \cdot \cos 3x \cdot 3\,\mathrm{d}x = \mathrm{e}^{2x}(2\sin 3x + 3\cos 3x)\,\mathrm{d}x.$$

例 2.27 在下列等式的括号中填入适当的函数，使等式成立.

(1) $\mathrm{d}(\quad) = x^2\,\mathrm{d}x$；

(2) $\mathrm{d}(\quad) = \dfrac{1}{x}\,\mathrm{d}x$；

(3) $\mathrm{d}(\quad) = \dfrac{x}{\sqrt{x^2+1}}\,\mathrm{d}x$.

解 (1) 因为 $x^2\,\mathrm{d}x = \left(\dfrac{1}{3}x^3\right)'\mathrm{d}x$，所以 $\mathrm{d}\left(\dfrac{1}{3}x^3\right) = x^2\,\mathrm{d}x$.

一般地，有

$$d\left(\frac{1}{3}x^3 + C\right) = x^2 \, dx.$$

（2）当 $x > 0$ 时，有 $(\ln x)' = \frac{1}{x}$；当 $x < 0$ 时，有 $[\ln(-x)]' = \frac{1}{-x}(-1) = \frac{1}{x}$. 所以有 $(\ln|x|)' = \frac{1}{x}$，因此

$$d(\ln|x|) = \frac{1}{x} \, dx,$$

一般地，有

$$d(\ln|x| + C) = \frac{1}{x} \, dx.$$

（3）因为

$$\frac{x}{\sqrt{x^2 + 1}} \, dx = \frac{1}{2} \frac{dx^2}{\sqrt{x^2 + 1}} = \frac{1}{2} \frac{d(x^2 + 1)}{\sqrt{x^2 + 1}} = d\sqrt{x^2 + 1},$$

所以

$$d(\sqrt{x^2 + 1} + C) = \frac{x}{\sqrt{x^2 + 1}} \, dx.$$

三、微分的简单应用

前面说过，当 $|\Delta x|$ 很小时，可用函数的微分 dy 近似代替函数的增量 Δy，即 $\Delta y \approx dy$，或

$$f(x_0 + \Delta x) - f(x_0) \approx f'(x_0) \Delta x. \tag{2.5}$$

式（2.5）可写成

$$f(x_0 + \Delta x) \approx f(x_0) + f'(x_0) \Delta x. \tag{2.6}$$

令 $x = x_0 + \Delta x$，即 $\Delta x = x - x_0$，当 $\Delta x = |x - x_0|$ 很小时，有

$$f(x) \approx f(x_0) + f'(x_0)(x - x_0). \tag{2.7}$$

式（2.5）可用来计算函数增量的近似值. 式（2.6）和式（2.7）可用来计算函数在一点处的近似值.

例 2.28　计算 $\sqrt[3]{1.003}$ 的近似值.

解　设 $y=f(x)=\sqrt[3]{x}$，则 $f'(x)=\dfrac{1}{3}x^{-\frac{2}{3}}$，取 $x=1.003$，$x_0=1$. 由式（2.7）得

$$y=\sqrt[3]{1.003}=f(1.003)\approx f(1)+f'(1)(1.003-1)$$
$$=1+\frac{1}{3}\times 0.003=1.001.$$

例 2.29　设在半径为 1cm 的铁球表面镀上一层厚度为 0.01cm 的纯铜，试计算大约需要多少铜（铜的密度为 $8.9\text{g}/\text{cm}^3$）?

解　半径为 r 的球的体积是 $V=f(r)=\dfrac{4}{3}\pi r^3$，因此 $V'=4\pi r^2$.

取 $r_0=1$，$\Delta r=0.01$，由式（2.5）可得大约需要纯铜的体积，即球的体积的增量：

$$\Delta V=f(r_0+\Delta r)-f(r_0)\approx V'(r_0)\cdot\Delta r$$
$$=4\pi r_0^2\cdot\Delta r=4\times 3.14\times 1^2\times 0.01=0.125\,6(\text{cm}^3).$$

故大约需要的纯铜为

$$0.125\,6\times 8.9=1.118(\text{g}).$$

习题 2.3

1. 已知 $y=x^3-1$，计算在 $x=2$ 处，当 Δx 分别等于 0.1，0.01 时的函数改变量 Δy、微分 $\text{d}y$ 及 $\Delta y-\text{d}y$.

2. 求下列函数的微分：

(1) $y=\arcsin\sqrt{1-x^2}$；

(2) $y=\text{e}^{-x}\tan(3-x)$；

(3) $y=\dfrac{\cos x}{1-x^2}$；

(4) $y=\arctan \text{e}^x$；

(5) $y=\text{e}^{2x}+\csc x+2\text{e}^2$；

(6) $y=\ln\sqrt{x^2+2}$.

3. 将适当的函数填入下列各括号内：

(1) $\text{d}(\quad)=3\text{d}x$；

(2) $\text{d}(\quad)=\dfrac{1}{x^2}\text{d}x$；

(3) $\text{d}(\quad)=\dfrac{1}{2\sqrt{x}}\text{d}x$；

(4) $\text{d}(\quad)=\sec^2 x\,\text{d}x$；

(5) $\text{d}(\arctan \text{e}^x)=(\quad)\text{d}\text{e}^x=(\quad)\text{d}x$；

(6) $\text{d}(\ln\cos x^2)=(\quad)\text{d}\cos x^2=(\quad)\text{d}x^2=(\quad)\text{d}x$.

4. 求下列各式的近似值：

(1) $\text{e}^{1.01}$；

(2) $\sin 29°$.

5. 设水管壁的正截面为一圆环，其内径为 10cm，水管壁厚为 0.1cm，利用微分计算圆环面积的近似值.

第四节　中值定理与导数的应用

导数刻画了函数在一点处的变化率，反映的是函数的局部性质. 微分中值定理揭示了函数在某区间的整体性质与该区间内部某一点处的导数之间的关系. 微分中值定理是导数应用的理论基础.

本节主要介绍微分中值定理、洛必达法则、函数性态讨论等.

一、微分中值定理

罗尔定理是以法国数学家米歇尔·罗尔（Michel Rolle，1652—1719）的名字命名的. 1691 年，罗尔在论文《任意次方程的一个解法的证明》中，对多项式方程的情形给出了定理的结论. 一百多年后的 1846 年，尤斯托（Giusto Bellavitis，1803—1880）将这一定理推广到可微函数，并将此定理命名为罗尔定理.

定理 1（罗尔定理）　设函数 $f(x)$ 满足：

　　(1) 在闭区间 $[a, b]$ 上连续，

　　(2) 在开区间 (a, b) 内可导，

　　(3) $f(a) = f(b)$，

则在 (a, b) 内至少存在一点 ξ，使得

$$f'(\xi) = 0.$$

几何意义：满足罗尔定理条件的函数在曲线上至少存在一条水平切线. 如图 2.4 所示，该曲线有两条水平切线.

注意，罗尔定理的条件是结论成立的充分条件，但不是必要条件. 定理条件满足时结论一定成立. 若定理条件不满足，结论也可能成立.

例如，函数 $f(x) = \sin x$，见图 2.5，在闭区间 $\left[0, \dfrac{2\pi}{3}\right]$ 上连续，在开区间 $\left(0, \dfrac{2\pi}{3}\right)$ 内可导，满足罗尔定理的条件 (1) 和 (2). 在端点处的函数值 $f(0) = 0$，$f\left(\dfrac{2\pi}{3}\right) = \dfrac{\sqrt{3}}{2}$ 不相

等，不满足罗尔定理的条件（3）. 但在 $\left(0, \dfrac{2\pi}{3}\right)$ 内有一点 $\dfrac{\pi}{2}$，使得 $f'\left(\dfrac{\pi}{2}\right)=\cos\dfrac{\pi}{2}=0$，即虽然函数 $f(x)=\sin x$ 不满足罗尔定理的全部条件，但结论仍然成立.

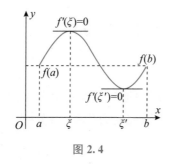　　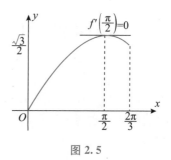

图 2.4　　　　　　　　　　　　图 2.5

　　下面举三个例子说明，函数不满足罗尔定理的条件时结论不成立的情形.

　　（1）如图 2.6（a）所示，函数 $f(x)=\begin{cases} x, & 0\leqslant x<1, \\ 0, & x=1 \end{cases}$ 在点 $x=1$ 处是间断的，即在区间 $[0, 1]$ 上，函数不连续，不满足定理的条件（1）.

　　（2）如图 2.6（b）所示，函数 $g(x)=|x|$，在区间 $[-1, 1]$ 上的点 $x=0$ 处不可导，不满足定理的条件（2）.

　　（3）如图 2.6（c）所示，函数 $h(x)=x^2$，在区间 $[0, 1]$ 上的两个端点处的函数值不相等，不满足定理的条件（3）.

　　以上三个函数都不满足罗尔定理的一个条件，也都不存在所讨论的区间内的一个点 ξ，使得 $f'(\xi)=0$.

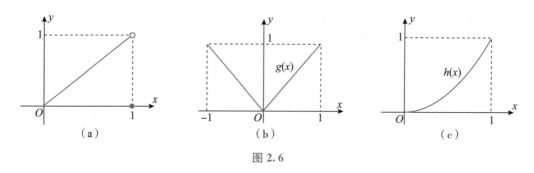

图 2.6

　　如果去掉罗尔定理的条件（3），可得到更一般的结论，即拉格朗日中值定理.

　　　　拉格朗日中值定理是以法国数学家约瑟夫·路易斯·拉格朗日（Joseph Louis Lagrange，1736—1813）的名字命名的. 拉格朗日在数学、力学、天文学等领域都做出了很多重大贡献，尤以数学方面的成就最为突出，著名的拉格朗日中值定理是他的众多突出数学成就之一.

【人物小传】

拉格朗日

定理 2（拉格朗日中值定理） 设函数 $f(x)$ 满足：

　（1）在闭区间 $[a, b]$ 上连续，

　（2）在开区间 (a, b) 内可导，

则在 (a, b) 内至少存在一点 ξ，使得

$$f(b) - f(a) = f'(\xi)(b - a)$$

或

$$f'(\xi) = \frac{f(b) - f(a)}{b - a}$$

成立.

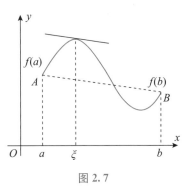

图 2.7

　几何意义：$\dfrac{f(b) - f(a)}{b - a}$ 为弦 AB 的斜率，$f'(\xi)$ 为曲线上某一点处的切线斜率. 拉格朗日中值定理表明，满足定理的条件下，曲线上至少有一点，使得曲线在该点处的切线平行于弦 AB，见图 2.7.

推论 1　若函数 $f(x)$ 在区间 (a, b) 内可导，且 $f'(x) \equiv 0$，那么在区间 (a, b) 内，$f(x) = C$（C 为常数）.

　证　设 x_1，x_2 是区间 (a, b) 内的任意两点，且 $x_1 < x_2$，因为 $f(x)$ 在 (a, b) 内可导，所以 $f(x)$ 在 $[x_1, x_2]$ 上连续，在 (x_1, x_2) 内可导. 由拉格朗日中值定理可得

$$f(x_2) - f(x_1) = f'(\xi)(x_2 - x_1), \ \xi \in (x_1, x_2).$$

　因为 $f(x)$ 在区间 (a, b) 内有 $f'(x) \equiv 0$，所以 $f'(\xi) = 0$，于是

$$f(x_1) = f(x_2).$$

　由 x_1，x_2 的任意性可知，区间 (a, b) 内任意两点处的函数值都相等，即在区间 (a, b) 内

$$f(x) = C \quad （C \text{ 为常数}）.$$

推论 2　若函数 $f(x)$ 和 $g(x)$ 均在区间 (a, b) 内可导，且 $f'(x) = g'(x)$，则 $f(x) = g(x) + C$（C 为常数）.

例 2.30　证明 $\arcsin x + \arccos x = \dfrac{\pi}{2}$，$x \in [-1, 1]$.

　证　设 $f(x) = \arcsin x + \arccos x$，则

$$f'(x) = \frac{1}{\sqrt{1-x^2}} - \frac{1}{\sqrt{1-x^2}} = 0, \quad x \in (-1, 1).$$

由推论 1 知，当 $x \in (-1, 1)$ 时，有

$$f(x) = \arcsin x + \arccos x = C.$$

因为 $f(0) = \frac{\pi}{2}$，所以 $C = \frac{\pi}{2}$，即当 $x \in (-1, 1)$ 时，有

$$f(x) = \arcsin x + \arccos x = \frac{\pi}{2}.$$

又 $f(-1) = f(1) = \frac{\pi}{2}$，所以，当 $x \in [-1, 1]$ 时，有

$$\arcsin x + \arccos x = \frac{\pi}{2}.$$

二、洛必达法则

> 　　洛必达（L'Hospital，1661—1704）是法国数学家. 1696 年，洛必达在巴黎出版了世界上第一本印刷本微积分教科书《无穷小量分析》. 但书中的成果不全是他本人的，有一部分是其他数学家的，其中的洛必达法则据推断是数学家约翰·伯努利的成果.

　　如果当 $x \to a$ 或 $x \to \infty$ 时，两个函数 $f(x)$ 和 $g(x)$ 都趋向于零或都趋向于无穷大，那么 $\frac{f(x)}{g(x)}$ 的极限可能存在，也可能不存在. 这两种类型的极限分别被称为 "$\frac{0}{0}$" 型和 "$\frac{\infty}{\infty}$" 型未定式. 根据第一章的学习，已知未定式求极限不能直接运用极限的四则运算法则. 我们计算过的未定式的极限都是经过适当变形，转化为可利用极限的运算法则或两个重要极限进行计算的形式，但没有一般法则可循，需要根据具体的函数而定. 这一节将给出计算未定式极限的一般法则，即洛必达法则.

　　1. "$\frac{0}{0}$" 型未定式

> 定理 3（洛必达法则 I）　若函数 $f(x)$ 和 $g(x)$ 满足：
> （1）$\lim\limits_{x \to a} f(x) = \lim\limits_{x \to a} g(x) = 0$，
> （2）$f(x)$ 和 $g(x)$ 在点 a 的去心邻域内可导，且 $g'(x) \neq 0$，
> （3）$\lim\limits_{x \to a} \dfrac{f'(x)}{g'(x)}$ 存在（或为无穷大），

则

$$\lim_{x\to a}\frac{f(x)}{g(x)}=\lim_{x\to a}\frac{f'(x)}{g'(x)}.$$

如果 $\dfrac{f'(x)}{g'(x)}$ 当 $x\to a$ 时仍属于 "$\dfrac{0}{0}$" 型，且 $f'(x)$ 和 $g'(x)$ 满足定理中的条件，那么可以继续使用洛必达法则，即有 $\lim\limits_{x\to a}\dfrac{f(x)}{g(x)}=\lim\limits_{x\to a}\dfrac{f'(x)}{g'(x)}=\lim\limits_{x\to a}\dfrac{f''(x)}{g''(x)}.$

以此类推，直到求出所要求的极限.

若将定理 3 中的 $x\to a$ 换成 $x\to a^+$，$x\to a^-$，$x\to\infty$，$x\to\pm\infty$，结论仍然成立.

例 2.31　求 $\lim\limits_{x\to 1}\dfrac{x^3-3x+2}{x^3-x}$.

解　这是 "$\dfrac{0}{0}$" 型未定式. 用洛必达法则，得

$$\lim_{x\to 1}\frac{x^3-3x+2}{x^3-x}=\lim_{x\to 1}\frac{(x^3-3x+2)'}{(x^3-x)'}=\lim_{x\to 1}\frac{3x^2-3}{3x^2-1}=\frac{0}{2}=0.$$

例 2.32　求 $\lim\limits_{x\to 0}\dfrac{x-\sin x}{x^3}$.

解　这是 "$\dfrac{0}{0}$" 型未定式. 连续用两次洛必达法则，得

$$\lim_{x\to 0}\frac{x-\sin x}{x^3}=\lim_{x\to 0}\frac{1-\cos x}{3x^2}=\lim_{x\to 0}\frac{\sin x}{6x}=\frac{1}{6}.$$

例 2.33　求 $\lim\limits_{x\to 0}\dfrac{e^x-e^{-x}-2x}{x-\sin x}$.

解　这是 "$\dfrac{0}{0}$" 型未定式. 连续用三次洛必达法则，得

$$\lim_{x\to 0}\frac{e^x-e^{-x}-2x}{x-\sin x}=\lim_{x\to 0}\frac{e^x+e^{-x}-2}{1-\cos x}=\lim_{x\to 0}\frac{e^x-e^{-x}}{\sin x}=\lim_{x\to 0}\frac{e^x+e^{-x}}{\cos x}=2.$$

2. "$\dfrac{\infty}{\infty}$" 型未定式

定理 4（洛必达法则 Ⅱ）　若函数 $f(x)$ 和 $g(x)$ 满足：

(1) $\lim\limits_{x\to a}f(x)=\lim\limits_{x\to a}g(x)=\infty$，

(2) $f(x)$ 和 $g(x)$ 在点 a 的去心邻域内可导，且 $g'(x)\neq 0$，

(3) $\lim\limits_{x\to a}\dfrac{f'(x)}{g'(x)}$ 存在（或为无穷大），

则

$$\lim_{x\to a}\frac{f(x)}{g(x)}=\lim_{x\to a}\frac{f'(x)}{g'(x)}.$$

如同洛必达法则 I，$\dfrac{f'(x)}{g'(x)}$ 当 $x\to a$ 时仍属于"$\dfrac{\infty}{\infty}$"型，且 $f'(x)$ 和 $g'(x)$ 满足定理中的条件，那么可以继续使用洛必达法则，即有

$$\lim_{x\to a}\frac{f(x)}{g(x)}=\lim_{x\to a}\frac{f'(x)}{g'(x)}=\lim_{x\to a}\frac{f''(x)}{g''(x)}.$$

若将定理 4 中的 $x\to a$ 换成 $x\to a^+$，$x\to a^-$，$x\to\infty$，$x\to\pm\infty$，结论仍然成立.

例 2.34　求 $\lim\limits_{x\to+\infty}\dfrac{\ln x}{x^a}$ $(a>0)$.

解　这是"$\dfrac{\infty}{\infty}$"型未定式. 由洛必达法则，得

$$\lim_{x\to+\infty}\frac{\ln x}{x^a}=\lim_{x\to+\infty}\frac{(\ln x)'}{(x^a)'}=\lim_{x\to+\infty}\frac{\dfrac{1}{x}}{ax^{a-1}}=\lim_{x\to+\infty}\frac{1}{ax^a}=0.$$

例 2.35　求 $\lim\limits_{x\to+\infty}\dfrac{x^n}{\mathrm{e}^{2x}}$ (n 为正整数).

解　这是"$\dfrac{\infty}{\infty}$"型未定式. 相继应用 n 次洛必达法则，得

$$\lim_{x\to+\infty}\frac{x^n}{\mathrm{e}^{2x}}=\lim_{x\to+\infty}\frac{nx^{n-1}}{2\mathrm{e}^{2x}}=\lim_{x\to+\infty}\frac{n(n-1)x^{n-2}}{2^2\mathrm{e}^{2x}}=\cdots=\lim_{x\to+\infty}\frac{n!}{2^n\mathrm{e}^{2x}}=0.$$

3. 其他类型的未定式

除了上述两种基本类型的未定式外，还有"$0\cdot\infty$""$\infty-\infty$""0^0""∞^0""1^∞"型等几类未定式，其中约定"1"表示以 1 为极限的函数. 这几类未定式的极限都可以通过适当的变形，转化为"$\dfrac{0}{0}$"或"$\dfrac{\infty}{\infty}$"型未定式来计算. 下面举例说明.

例 2.36　求极限 $\lim\limits_{x\to+\infty}x\cdot\left(\dfrac{\pi}{2}-\arctan x\right)$.

解　这是"$0\cdot\infty$"型未定式. 将它转化为"$\dfrac{0}{0}$"型未定式，再用洛必达法则，即

$$\lim_{x\to+\infty}x\cdot\left(\frac{\pi}{2}-\arctan x\right)=\lim_{x\to+\infty}\frac{\dfrac{\pi}{2}-\arctan x}{\dfrac{1}{x}}\quad\left(\text{"}\frac{0}{0}\text{"型}\right)$$

$$= \lim_{x \to +\infty} \frac{\left(\frac{\pi}{2} - \arctan x\right)'}{\left(\frac{1}{x}\right)'} = \lim_{x \to +\infty} \frac{-\frac{1}{1+x^2}}{-\frac{1}{x^2}}$$

$$= \lim_{x \to +\infty} \frac{x^2}{1+x^2} = 1.$$

例 2.37　求 $\lim\limits_{x \to 0}\left(\dfrac{1}{x} - \dfrac{1}{\sin x}\right)$.

解　这是"$\infty - \infty$"型未定式，可将它转化为"$\dfrac{0}{0}$"型，再用洛必达法则，即

$$\lim_{x \to 0}\left(\frac{1}{x} - \frac{1}{\sin x}\right) = \lim_{x \to 0} \frac{\sin x - x}{x \sin x} \quad \left(\text{"}\frac{0}{0}\text{"型}\right)$$

$$= \lim_{x \to 0} \frac{\cos x - 1}{\sin x + x \cos x} \quad \left(\text{"}\frac{0}{0}\text{"型}\right)$$

$$= \lim_{x \to 0} \frac{-\sin x}{2\cos x - x \sin x} = 0.$$

由上面两例可以看出，"$0 \cdot \infty$"型可以通过把一个因式改写为倒数并写在分母中的方法变形为"$\dfrac{0}{0}$"或"$\dfrac{\infty}{\infty}$"型；"$\infty - \infty$"型则可用通分的方法化为"$\dfrac{0}{0}$"或"$\dfrac{\infty}{\infty}$"型.

例 2.38　求 $\lim\limits_{x \to 0^+}(\cos x)^{\frac{1}{x^2}}$.

解　这是"1^∞"型未定式. 设 $y = (\cos x)^{\frac{1}{x^2}}$，取对数得 $\ln y = \dfrac{1}{x^2} \cdot \ln \cos x$.

当 $x \to 0^+$ 时，$\ln y$ 是"$0 \cdot \infty$"型，再将 $\ln y$ 写成 $\dfrac{\ln \cos x}{x^2}$ 的形式，这是"$\dfrac{0}{0}$"型，然后应用洛必达法则，得

$$\lim_{x \to 0^+} \ln y = \lim_{x \to 0^+} \frac{\ln \cos x}{x^2} \quad \left(\text{"}\frac{0}{0}\text{"型}\right)$$

$$= \lim_{x \to 0^+} \frac{\left(\frac{-\sin x}{\cos x}\right)}{2x} = \lim_{x \to 0^+} \frac{-\sin x}{2x} \cdot \frac{1}{\cos x} = -\frac{1}{2}.$$

因为 $y = \mathrm{e}^{\ln y}$，并且连续函数取极限时，极限符号和函数符号可以交换，所以有

$$\lim_{x \to 0^+}(\cos x)^{\frac{1}{x^2}} = \lim_{x \to 0^+} \mathrm{e}^{\ln y} = \mathrm{e}^{\lim\limits_{x \to 0^+} \ln y} = \mathrm{e}^{-\frac{1}{2}}.$$

例 2.39　求 $\lim\limits_{x \to 0^+} x^x$.

解　这是"0^0"型未定式，先将函数指数化：$x^x = \mathrm{e}^{\ln x^x} = \mathrm{e}^{x \ln x}$.

显然，其指数部分的极限是"$0 \cdot \infty$"型，先化为"$\dfrac{\infty}{\infty}$"型，再用洛必达法则，即

$$\lim_{x \to 0^+} x \ln x = \lim_{x \to 0^+} \frac{\ln x}{\left(\frac{1}{x}\right)} \quad \left(\text{``}\frac{\infty}{\infty}\text{''型}\right)$$

$$= \lim_{x \to 0^+} \frac{(\ln x)'}{\left(\frac{1}{x}\right)'} = \lim_{x \to 0^+} \frac{\frac{1}{x}}{-\frac{1}{x^2}} = \lim_{x \to 0^+} (-x) = 0.$$

所以有

$$\lim_{x \to 0^+} x^x = \lim_{x \to 0^+} e^{x \ln x} = e^{\lim\limits_{x \to 0^+} x \ln x} = e^0 = 1.$$

由此可见，对于"0^0""∞^0""1^∞"型未定式，均可通过取对数先化为"$0 \cdot \infty$"型.

洛必达法则给出的是求"$\frac{0}{0}$"或"$\frac{\infty}{\infty}$"型未定式的极限的方法，定理条件满足时，所求极限存在（或为∞）. 但定理条件不满足时，所求极限不一定不存在，此时需要另寻方法.

例 2.40 验证极限 $\lim\limits_{x \to \infty} \dfrac{x + \sin x}{x}$ 存在，但不能使用洛必达法则.

证 $\lim\limits_{x \to \infty} \dfrac{x + \sin x}{x} = \lim\limits_{x \to \infty} \left(1 + \dfrac{\sin x}{x}\right) = 1 + \lim\limits_{x \to \infty} \dfrac{\sin x}{x}$，因为 $\lim\limits_{x \to \infty} \dfrac{1}{x} = 0$，即当 $x \to \infty$ 时，$\dfrac{1}{x}$ 是无穷小量，又 $|\sin x| \leqslant 1$，即 $\sin x$ 有界，所以由无穷小量的性质可知

$$\lim_{x \to \infty} \frac{\sin x}{x} = 0.$$

因此

$$\lim_{x \to \infty} \frac{x + \sin x}{x} = 1.$$

尽管这也是"$\dfrac{\infty}{\infty}$"型未定式，但因为 $\lim\limits_{x \to \infty} \dfrac{(x + \sin x)'}{x'} = \lim\limits_{x \to \infty} (1 + \cos x)$ 不存在，也不是无穷大，不满足洛必达法则的条件（3），故不能用洛必达法则，即

$$\lim_{x \to \infty} \frac{x + \sin x}{x} \neq \lim_{x \to \infty} \frac{(x + \sin x)'}{x'}.$$

三、函数的单调性、极值和最值

1. 函数的单调性

由图 2.8 和图 2.9 可以看出，当函数 $y = f(x)$ 在区间 (a, b) 内单调递增时，曲线上各点处的切线与 x 轴正向的夹角为锐角，从而切线斜率大于零，即 $f'(x) > 0$；同样地，当 $f(x)$ 在 (a, b) 内单调递减时，曲线上各点处的切线与 x 轴正向的夹角为钝角，从

而切线斜率小于零，即 $f'(x)<0$. 反过来，用导数的符号也可以判断函数的单调性，有如下判别定理.

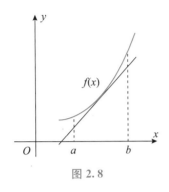

图 2.8

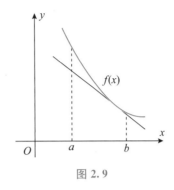

图 2.9

定理 5 设函数 $y=f(x)$ 在 $(a，b)$ 内可导，则

(1) 若在 $(a，b)$ 内 $f'(x)>0$，则 $f(x)$ 在 $(a，b)$ 内单调递增；

(2) 若在 $(a，b)$ 内 $f'(x)<0$，则 $f(x)$ 在 $(a，b)$ 内单调递减.

证 在 $(a，b)$ 内任取两点 x_1，x_2，不妨设 $x_1<x_2$.

因为函数 $f(x)$ 在区间 $(a，b)$ 内可导，所以 $f(x)$ 在 $[x_1，x_2]$ 上连续，在 $(x_1，x_2)$ 内可导，由拉格朗日中值定理可得

$$f(x_2)-f(x_1)=f'(\xi)(x_2-x_1)，\xi \in (x_1，x_2).$$

若在 $(a，b)$ 内 $f'(x)>0$，那么 $f'(\xi)>0$，又因为 $x_2-x_1>0$，因此

$$f(x_2)-f(x_1)=f'(\xi)(x_2-x_1)>0.$$

所以有

$$f(x_1)<f(x_2).$$

由 x_1，x_2 的任意性知，函数 $y=f(x)$ 在 $(a，b)$ 内单调递增.

若在 $(a，b)$ 内 $f'(x)<0$，同理可证，函数 $y=f(x)$ 在 $(a，b)$ 内单调递减.

若把定理 5 中的 $f'(x)>0$ 或 $f'(x)<0$ 换成在 $(a，b)$ 内 $f'(x)\geqslant0$ 或 $f'(x)\leqslant0$，但等号仅在个别点处成立，定理的结论仍然成立.

例如，函数 $f(x)=x^3$ 在 $(-\infty，+\infty)$ 内是单调递增的，而 $f'(x)=3x^2\geqslant0$，仅当 $x=0$ 时，$f'(0)=0$，见图 2.10.

例 2.41 讨论 $f(x)=x-\dfrac{3}{2}\sqrt[3]{x^2}$ 的单调性.

解 函数的定义域为 $(-\infty，+\infty)$，且

$$f'(x)=1-\frac{1}{\sqrt[3]{x}}=\frac{\sqrt[3]{x}-1}{\sqrt[3]{x}}.$$

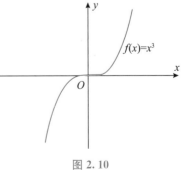

图 2.10

令 $f'(x)=0$，得驻点 $x_1=1$；又知当 $x_2=0$ 时，$f'(x)$ 不存在.

用 x_1，x_2 将定义域分为三个开区间，列表讨论（见表 2.2）.

表 2.2

x	$(-\infty, 0)$	0	$(0, 1)$	1	$(1, +\infty)$
$f'(x)$	+	不存在	−	0	+
$f(x)$	↗		↘		↗

注：表中符号 ↗ 表示单调递增；符号 ↘ 表示单调递减.

可见，$f(x)$ 在区间 $(-\infty, 0)$ 和 $(1, +\infty)$ 内单调递增，在区间 $(0, 1)$ 内单调递减.

由例 2.41 可以看出，函数 $y=f(x)$ 在其定义域的不同范围内，有时单调递增，有时单调递减，而单调区间的分界点或是 $f'(x)=0$ 的点，或是 $f'(x)$ 不存在的点. 通常把使 $f'(x)=0$ 的点，称为函数 $f(x)$ 的驻点.

2. 函数的极值

定义 1　设函数 $f(x)$ 在 x_0 的某邻域内有定义，如果对于 x_0 的去心邻域内的任意点 x，都有

$$f(x) < f(x_0) \quad 或 \quad f(x) > f(x_0),$$

则称 $f(x_0)$ 是函数 $f(x)$ 的一个极大值或极小值，点 x_0 是 $f(x)$ 的一个极大值点或极小值点.

函数的极大值和极小值统称为极值.

极大值点和极小值点统称为极值点.

由于极值只与函数在某一点邻域内的函数值有关，因此它是函数的一个局部概念，极大值有可能小于极小值. 如图 2.11 所示，$f(x_2)$ 是函数的极大值，$f(x_5)$ 是函数的极小值，但 $f(x_2)<f(x_5)$.

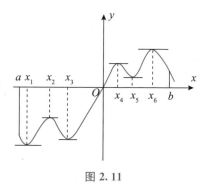

图 2.11

由图 2.11 可以看到，在函数取得极值处，曲线的切线是水平的. 若函数 $f(x)$ 在点 x_0 处可导，则 $f'(x_0)=0$. 这就是可导函数取得极值的必要条件.

定理 6（必要条件）　若函数 $f(x)$ 在点 x_0 处可导，且 $f(x)$ 在点 x_0 处取得极值，则 $f'(x_0)=0$.

由这个定理可知，可导函数 $f(x)$ 的极值点必是驻点，但函数的驻点不一定是极值点. 例如，函数 $f(x)=x^3$ 的导数为 $f'(x)=3x^2$，$f'(0)=0$，因此 $x=0$ 是函数的驻点，但它并不是函数的极值点，见图 2.11.

另外需要指出的是，函数在导数不存在的点处也可能取得极值. 例如，函数 $f(x)=$

$|x|$，在点 $x=0$ 处不可导，显然在该点处取得极小值.

由上面的讨论可知，可能的极值点是驻点和导数不存在的点，那么，如何判定函数在哪些点处取得极值呢？下面给出两个判定极值的充分条件.

定理 7（第一充分条件） 设函数 $f(x)$ 在点 x_0 处连续，在 x_0 的某去心领域内可导，且 $f'(x_0)=0$ 或 $f'(x_0)$ 不存在，那么：

(1) 若 $x<x_0$ 时 $f'(x)>0$，$x>x_0$ 时 $f'(x)<0$，则 $f(x)$ 在点 x_0 处取极大值；

(2) 若 $x<x_0$ 时 $f'(x)<0$，$x>x_0$ 时 $f'(x)>0$，则 $f(x)$ 在点 x_0 处取极小值；

(3) 若在 x_0 两侧 $f'(x)$ 的符号不变，则 $f(x)$ 在点 x_0 处没有极值.

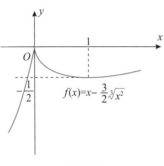

图 2.12

例 2.42 求函数 $f(x)=x-\dfrac{3}{2}\sqrt[3]{x^2}$ 的极值.

解 由例 2.41 及定理 7 可知，函数 $f(x)$ 在 $x=0$ 处取极大值 $f_{极大}(0)=0$，在 $x=1$ 处取极小值 $f_{极小}(1)=-\dfrac{1}{2}$，见图 2.12.

当函数 $f(x)$ 在驻点的二阶导数存在且不为零时，也可用驻点处的二阶导数的正负号判定极值.

定理 8（第二充分条件） 设函数 $f(x)$ 在点 x_0 处具有二阶导数，且 $f'(x_0)=0$，$f''(x_0)\neq0$，则

(1) 当 $f''(x_0)<0$ 时，$f(x)$ 在点 x_0 处取极大值；

(2) 当 $f''(x_0)>0$ 时，$f(x)$ 在点 x_0 处取极小值.

注意 若函数 $f(x)$ 在点 x_0 处有 $f'(x_0)=0$，且 $f''(x_0)=0$，则 $f(x)$ 在点 x_0 处可能有极值，也可能没有极值. 例如，函数 $f(x)=x^3$，有 $f'(0)=f''(0)=0$，$f(x)$ 在点 $x=0$ 处不取极值，见图 2.10. 而函数 $g(x)=x^4$，有 $g'(0)=g''(0)=0$，$g(x)$ 在点 $x=0$ 处取极小值，见图 2.13.

例 2.43 求函数 $f(x)=(x^2-1)^3+1$ 的极值.

解 函数 $f(x)$ 的定义域为 $(-\infty,+\infty)$，

$$f'(x)=6x(x^2-1)^2.$$

令 $f'(x)=0$，得驻点 $x_1=-1$，$x_2=0$，$x_3=1$.

$$f''(x)=6(x^2-1)(5x^2-1).$$

因为 $f''(0)>0$，所以 $f(x)$ 在点 $x=0$ 处取极小值，极小值为 $f(0)=0$.

由于 $f''(1)=f''(-1)=0$，故只能通过定理 7 判定. 在 $x=-1$ 的某邻域内，当 $x<-1$时 $f'(x)<0$，当 $x>-1$ 时 $f'(x)<0$. 因此 $f(x)$ 在 $x=-1$ 处无极值. 同理，$f(x)$ 在 $x=1$ 处也无极值，见图 2.14.

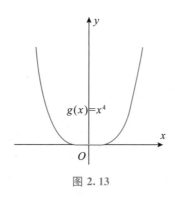

图 2.13

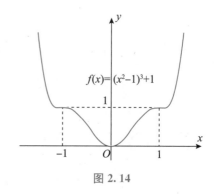

图 2.14

3. 最大值与最小值

在现实生活、经济领域、医药研究中，经常会遇到"利润最大""成本最低""疗效最佳"等问题. 这些问题反映到数学上，就是所谓的函数的最大值、最小值问题，即最值问题.

设函数 $f(x)$ 在闭区间 $[a,b]$ 上连续，根据第一章的闭区间上连续函数的最大最小值定理可知，$f(x)$ 在闭区间 $[a,b]$ 上一定可以取得最大值和最小值（简称最值）. 函数的最值和极值是两个不同的概念. 最值是对整个区间而言的，极值是对极值点的邻域这个局部而言的. 最值既可能在 (a,b) 内取得，也可能在区间的端点处取得. 若函数的最值 $f(x_0)$ 在 (a,b) 内取得，那么 $f(x_0)$ 一定是 $f(x)$ 的极值. 而取得极值的点只可能是该函数的驻点或不可导的点. 因此求函数最值的方法是：

（1）求出 $f(x)$ 在 (a,b) 内所有驻点及不可导的点；

（2）计算驻点、不可导的点和区间端点的函数值，对所有这些函数值进行比较，其中最大（小）者就是 $f(x)$ 在 $[a,b]$ 上的最大（小）值.

例 2.44 求函数 $f(x)=x^4-8x^2+2$ 在 $[-1,3]$ 上的最值.

解 $f'(x)=4x^3-16x$，令 $f'(x)=0$，得驻点 $x=0$ 和 $x=2$.

两个驻点和两个区间端点的函数值为

$$f(0)=2,\ f(2)=-14,\ f(-1)=-5,\ f(3)=11.$$

比较后即知，函数在 $[-1,3]$ 上的最大值为 $f(3)=11$，最小值为 $f(2)=-14$.

在实际问题中，如果根据问题本身的特点能够判断出函数确有最大值或最小值，而且一定在定义区间内部取得，且函数 $f(x)$ 在定义区间内只有一个驻点（或只有一个不可导的点），那么可以直接断定这个点处的函数值就是最大值或最小值.

例 2.45 有一块宽为 a 的长方形铁皮，将长边所在的两个边缘向上折起，做成一个开口水槽，见图 2.15，其横截面为矩形，问：横截面的高取何值时水槽的流量最大？（流量与横截面的面积成正比.）

图 2.15

解 设横截面的高为 x，显然 $0 < x < \dfrac{a}{2}$，横截面的面积为 $S(x) = x(a - 2x) = ax - 2x^2$. 于是 $S'(x) = a - 4x$. 令 $S'(x) = 0$，得 $S(x)$ 的唯一驻点 $x = \dfrac{a}{4}$.

图 2.16 所示为横截面的面积随横截面的高度的变化情况，这说明 $S(x)$ 一定存在最大值，所以唯一驻点 $x = \dfrac{a}{4}$ 处的函数值即为横截面面积的最大值，$x = \dfrac{a}{4}$ 为所求的使水槽的流量最大的横截面的高.

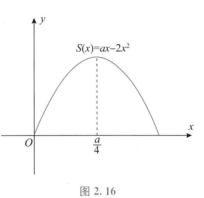

图 2.16

习题 2.4

1. 设函数 $f(x) = (x-1)(x-2)(x-3)$，试用罗尔定理证明：方程 $f'(x) = 0$ 在区间 $(1, 2)$ 和 $(2, 3)$ 内各有一个实根.

2. 验证下列函数在给出的闭区间上满足拉格朗日中值定理的条件，并求出满足定理的值 ξ.

(1) $y = \arctan x$，$x \in [0, 1]$； 　　(2) $y = \ln x$，$x \in [1, \mathrm{e}]$.

3. 证明等式 $\arctan x + \operatorname{arccot} x = \dfrac{\pi}{2}$ 成立.

4. 用洛必达法则求下列极限：

(1) $\lim\limits_{x \to \pi} \dfrac{\sin 3x}{\tan 2x}$；

(2) $\lim\limits_{x \to 0} \dfrac{\ln(1 + x^2)}{x^2}$；

(3) $\lim\limits_{x \to 0} \dfrac{x - \sin x}{x \sin x}$；

(4) $\lim\limits_{x \to 0} \dfrac{\arctan x - x}{x - \sin x}$；

(5) $\lim\limits_{x \to +\infty} \dfrac{\ln x}{x^\alpha}$　($\alpha > 0$，α 为常数)；

(6) $\lim\limits_{x \to 2^+} \dfrac{\ln(x - 2)}{\ln(\mathrm{e}^x - \mathrm{e}^2)}$；

(7) $\lim\limits_{x \to 0} \left(\dfrac{1}{x} - \dfrac{1}{\mathrm{e}^x - 1} \right)$；

(8) $\lim\limits_{x \to 0} x \cot 2x$；

(9) $\lim\limits_{x \to 0} (x + \mathrm{e}^x)^{\frac{1}{x}}$；

(10) $\lim\limits_{x \to 0^+} x^{\sin x}$.

5. 求极限 $\lim\limits_{x \to \infty} \dfrac{x + \cos x}{x}$ 时能用洛必达法则吗？

6. 求下列函数的单调区间和极值：

(1) $y = x - \dfrac{3}{2}\sqrt[3]{(x-1)^2}$；

(2) $y = 2x^2 - x^4$.

7. 求下列函数在给定区间上的最值：

(1) $y = 2x^3 + 3x^2$，$x \in [-1, 2]$；

(2) $y = x^2 \mathrm{e}^{-x}$，$x \in [-1, 3]$.

8. 做一个容积为 V 的圆柱形无盖铁桶，问怎样设计半径和高度才能使所用的材料最省？

知识导图

第三章　一元函数积分学

右图：流线型高铁车头.

流线型设计不仅赋予高铁优美动感的外观；更重要的是，能减小高铁高速运行时所带来的强大空气阻力的影响，减少空气噪音，提高稳定性.设计中遇到的很多问题，如高铁同空气作相对运动时的受力特性、空气的流动规律和压力分布等，都需要利用积分解决.

在解决运动的速度、曲线的切线和极值等问题中产生了导数和微分，构成了微分学的内容；反过来，在解决已知速度求路程、由已知曲线围成的图形求其面积与体积等问题中，产生了不定积分和定积分，构成了积分学. 17 世纪由牛顿与莱布尼茨分别建立起来的微积分基本公式，把求定积分与求不定积分这两个基本问题联系了起来，也将微分与积分这两个表面上看互不相干的概念联系了起来，使微分学和积分学构成了一个统一的整体——微积分学.

第一节　不定积分

微分学的基本问题是：已知一个函数 $F(x)$，求它的导函数 $F'(x)=f(x)$. 在实际问题中，常常会遇到与此相反的问题：已知一个函数的导数 $f(x)$，求原来的函数 $F(x)$，使得 $F'(x)=f(x)$. 这是积分学的基本问题之一——求不定积分.

一、原函数与不定积分的概念

定义 1　设函数 $f(x)$ 在区间 I 上有定义，若存在函数 $F(x)$，在区间 I 上任意一点都满足

$$F'(x)=f(x) \quad 或 \quad \mathrm{d}F(x)=f(x)\mathrm{d}x,$$

则称 $F(x)$ 为 $f(x)$ 在区间 I 上的一个原函数（**primitive function**）.

例如，因为 $(\sin x)'=\cos x$，所以 $\sin x$ 是 $\cos x$ 在 $(-\infty, +\infty)$ 上的原函数.

又因为 $(\sin x+C)'=\cos x$（其中 C 是任意常数），所以 $\sin x+C$ 也是 $\cos x$ 在 $(-\infty, +\infty)$ 上的原函数. 显然，$\cos x$ 的原函数不唯一，而且有无穷多个.

由上述例子，我们自然想到这样两个问题：

（1）一个函数在什么条件下存在原函数？

（2）如果一个函数存在原函数，那么它的原函数有多少个以及怎样表示它的全部原函数？

下面的定理 1 回答了问题（1），它的证明将在本章第二节给出.

定理 1（原函数存在定理）　如果函数 $f(x)$ 在区间 I 上连续，则 $f(x)$ 在区间 I 上一定存在原函数.

由于初等函数在其定义区间上是连续的，因此初等函数在其定义区间上都存在原函数.

下面来讨论问题（2）.

一般地，若 $F(x)$ 是 $f(x)$ 在区间 I 上的一个原函数，即有 $F'(x)=f(x)$，那么 $[F(x)+C]'=f(x)$（C 为任意常数），这说明 $F(x)+C$ 也是 $f(x)$ 在区间 I 上的原函数.

可见，如果一个函数存在原函数，其原函数一定有无穷多个.

若 $G(x)$ 是 $f(x)$ 在区间 I 上的任意一个原函数，则

$$[G(x)-F(x)]'=G'(x)-F'(x)=f(x)-f(x)=0,$$

由拉格朗日中值定理的推论知

$$G(x) - F(x) \equiv C \quad (C \text{ 是任意常数}),$$

从而

$$G(x) = F(x) + C.$$

因此，若 $F(x)$ 是 $f(x)$ 在区间 I 上的一个原函数，那么 $f(x)$ 在区间 I 上的任意一个原函数都可以表示为 $F(x) + C$（C 为任意常数），可见，$F(x) + C$ 是 $f(x)$ 在区间 I 上的全部原函数.

定义 2　若 $F(x)$ 是 $f(x)$ 在区间 I 上的一个原函数，则 $f(x)$ 在区间 I 上的全部原函数 $F(x) + C$ 称为 $f(x)$ 在 I 上的**不定积分**（indefinite integral），记作 $\int f(x)\mathrm{d}x$，即

$$\int f(x)\mathrm{d}x = F(x) + C,$$

其中记号 $\int$ 称为积分号，$f(x)$ 称为被积函数，$f(x)\mathrm{d}x$ 称为被积表达式，x 称为积分变量，C 称为积分常数.

求不定积分时，只要求出它的一个原函数，再加一个任意常数即可.

例 3.1　求函数 $y = \sin x$ 及 $y = 2x$ 的不定积分.

解　因为 $(-\cos x)' = \sin x$，$(x^2)' = 2x$，所以

$$\int \sin x\,\mathrm{d}x = -\cos x + C \,;\; \int 2x\,\mathrm{d}x = x^2 + C.$$

通常把函数 $f(x)$ 的原函数 $F(x)$ 的图像称为 $f(x)$ 的积分曲线. $\int f(x)\mathrm{d}x = F(x) + C$ 是无穷多个函数，其图像称为积分曲线族. 积分曲线族中各曲线在横坐标相同的点处的所有切线都是彼此平行的.

例如，函数 $y = 2x$ 的积分曲线族 $y = x^2 + C$ 在横坐标相同的点 x 处的切线斜率都是 $2x$，在该点处的所有切线都是彼此平行的，如图 3.1 所示.

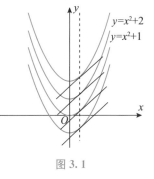

图 3.1

由不定积分的定义，可得

$$\left[\int f(x)\mathrm{d}x \right]' = f(x) \quad \text{或} \quad \mathrm{d}\left[\int f(x)\mathrm{d}x \right] = f(x)\mathrm{d}x.$$

如果 $f(x)$ 是可微函数，则

$$\int f'(x)\mathrm{d}x = f(x) + C \quad \text{或} \quad \int \mathrm{d}f(x) = f(x) + C.$$

由此可见，微分运算（包括求导数或求微分，以记号 d 表示）与求不定积分的运算（简称积分运算，以记号 $\int$ 表示）是只差一个常数的互逆运算. 当记号 $\int$ 与 d 连在一起进行运算时，或者抵消，或者抵消后差一个常数.

二、基本积分表

既然积分运算是微分运算的逆运算，那么很自然地可以从导数公式得到相应的积分公式.

例如，因为 $\left(\dfrac{1}{\mu+1}x^{\mu+1}\right)'=x^{\mu}$，所以 $\dfrac{1}{\mu+1}x^{\mu+1}$ 是 x^{μ} 的一个原函数，于是

$$\int x^{\mu}\,\mathrm{d}x=\frac{1}{\mu+1}x^{\mu+1}+C \quad (\mu\neq-1).$$

类似地可以得到其他积分公式. 下面把一些基本的积分公式列成一个表，即通常所称的基本积分表.

基本积分表

$(1)\ \displaystyle\int k\,\mathrm{d}x=kx+C \quad (k\ 是常数)；$

$(2)\ \displaystyle\int x^{\mu}\,\mathrm{d}x=\frac{1}{\mu+1}x^{\mu+1}+C \quad (\mu\neq-1)；$

$(3)\ \displaystyle\int \frac{1}{x}\,\mathrm{d}x=\ln|x|+C；$

$(4)\ \displaystyle\int \mathrm{e}^{x}\,\mathrm{d}x=\mathrm{e}^{x}+C；$

$(5)\ \displaystyle\int a^{x}\,\mathrm{d}x=\frac{a^{x}}{\ln a}+C \quad (a>0,\ a\neq1)；$

$(6)\ \displaystyle\int \sin x\,\mathrm{d}x=-\cos x+C；$

$(7)\ \displaystyle\int \cos x\,\mathrm{d}x=\sin x+C；$

$(8)\ \displaystyle\int \sec^{2}x\,\mathrm{d}x=\int \frac{1}{\cos^{2}x}\,\mathrm{d}x=\tan x+C；$

$(9)\ \displaystyle\int \csc^{2}x\,\mathrm{d}x=\int \frac{1}{\sin^{2}x}\,\mathrm{d}x=-\cot x+C；$

$(10)\ \displaystyle\int \frac{1}{1+x^{2}}\,\mathrm{d}x=\arctan x+C=-\operatorname{arccot}x+C；$

$(11)\ \displaystyle\int \frac{1}{\sqrt{1-x^{2}}}\,\mathrm{d}x=\arcsin x+C=-\arccos x+C.$

对公式（3）说明一下：

当 $x>0$ 时，显然有 $\int \dfrac{1}{x}\mathrm{d}x=\ln x+C$.

当 $x<0$ 时，因为 $[\ln(-x)]'=\dfrac{1}{-x}\cdot(-x)'=\dfrac{1}{x}$，所以有 $\int \dfrac{1}{x}\mathrm{d}x=\ln(-x)+C$.

因此，对一切 $x\neq 0$，都有

$$\int \dfrac{1}{x}\mathrm{d}x=\ln|x|+C.$$

基本积分表里的公式是计算不定积分的基础，必须熟记. 下面举两个应用幂函数积分公式的例子.

例 3.2　求 $\int x^2\sqrt{x}\,\mathrm{d}x$.

解　$\int x^2\sqrt{x}\,\mathrm{d}x=\int x^{\frac{5}{2}}\mathrm{d}x=\dfrac{1}{\frac{5}{2}+1}x^{\frac{5}{2}+1}+C=\dfrac{2}{7}x^{\frac{7}{2}}+C$.

例 3.3　求 $\int \dfrac{1}{x^2\sqrt{x}}\mathrm{d}x$.

解　$\int \dfrac{1}{x^2\sqrt{x}}\mathrm{d}x=\int x^{-\frac{5}{2}}\mathrm{d}x=\dfrac{1}{-\frac{5}{2}+1}x^{-\frac{5}{2}+1}+C=-\dfrac{2}{3}x^{-\frac{3}{2}}+C$.

上面的例 3.2 和例 3.3 表明，有时被积函数实际是幂函数，但用分式或根式表示，遇此情形，应先把被积函数化为 x^μ 的形式，再应用幂函数的积分公式来求不定积分.

三、不定积分的性质

性质 1　$\int[f(x)\pm g(x)]\mathrm{d}x=\int f(x)\mathrm{d}x\pm\int g(x)\mathrm{d}x$.

性质 2　$\int kf(x)\mathrm{d}x=k\int f(x)\mathrm{d}x$　（k 是常数，$k\neq 0$）.

性质 1 可以推广到有限多个函数，即有限个函数和差的不定积分等于这有限个函数的不定积分的和差.

利用基本积分表以及不定积分的这两个性质，可以计算一些简单函数的不定积分.

例 3.4　求 $\int(2^x+3\sin x)\mathrm{d}x$.

解　$\int(2^x+3\sin x)\mathrm{d}x=\int 2^x\mathrm{d}x+\int 3\sin x\,\mathrm{d}x=\int 2^x\mathrm{d}x+3\int\sin x\,\mathrm{d}x$

$\qquad=\dfrac{2^x}{\ln 2}+C_1+3\cdot(-\cos x+C_2)=\dfrac{2^x}{\ln 2}-3\cos x+C$.

上例中每个不定积分都含有任意常数，由于任意常数之和仍是任意常数，最后将其合并记作 C.

若要检查积分结果是否正确，只要对结果求导，看它的导数是否等于被积函数，相等时结果是正确的，否则结果是错误的. 如就例 3.4 的结果看，由于

$$\left(\frac{2^x}{\ln2}-3\cos x+C\right)'=\frac{2^x\ln2}{\ln2}-3(-\sin x)=2^x+3\sin x,$$

因此结果是正确的.

例 3.5　求 $\int\frac{(x+1)^2}{x}\mathrm{d}x$.

解　基本积分表中没有这样的分式的积分，可以先把被积函数恒等变形，拆分成基本积分表中函数的和差形式，再逐项求积分.

$$\int\frac{(x+1)^2}{x}\mathrm{d}x=\int\frac{x^2+2x+1}{x}\mathrm{d}x=\int\left(x+2+\frac{1}{x}\right)\mathrm{d}x$$
$$=\int x\,\mathrm{d}x+\int2\,\mathrm{d}x+\int\frac{1}{x}\mathrm{d}x=\frac{1}{2}x^2+2x+\ln|x|+C.$$

例 3.6　求 $\int\tan^2x\,\mathrm{d}x$.

解　基本积分表中没有这种类型的积分，先利用三角恒等式化成表中所列类型的积分，再逐项求积分.

$$\int\tan^2x\,\mathrm{d}x=\int(\sec^2x-1)\mathrm{d}x=\int\sec^2x\,\mathrm{d}x-\int\mathrm{d}x=\tan x-x+C.$$

例 3.7　求 $\int\frac{1}{\sin^2x\cdot\cos^2x}\mathrm{d}x$.

解　同例 3.6 一样，先利用三角恒等式变形，再逐项求积分.

$$\int\frac{1}{\sin^2x\cdot\cos^2x}\mathrm{d}x=\int\frac{\sin^2x+\cos^2x}{\sin^2x\cdot\cos^2x}\mathrm{d}x$$
$$=\int\frac{1}{\cos^2x}\mathrm{d}x+\int\frac{1}{\sin^2x}\mathrm{d}x=\tan x-\cot x+C.$$

例 3.8　求 $\int\frac{2x^2}{1+x^2}\mathrm{d}x$.

解　$\int\frac{2x^2}{1+x^2}\mathrm{d}x=\int\frac{2(x^2+1)-2}{1+x^2}\mathrm{d}x=\int\left(2-\frac{2}{1+x^2}\right)\mathrm{d}x$
$$=\int2\mathrm{d}x-2\int\frac{1}{1+x^2}\mathrm{d}x=2x-2\arctan x+C.$$

四、换元积分法

利用不定积分的性质和基本积分表，所能求的不定积分非常有限，有必要进一步研究

不定积分的求法. 下面来看如下引例:

问: 由积分公式 $\int e^x dx = e^x + C$, 是否可以得到 $\int e^{2x} dx = e^{2x} + C$?

答: 因为 $(e^{2x} + C)' = 2e^{2x}$, 所以 $\int e^{2x} dx = e^{2x} + C$ 不成立.

解决方法: 利用复合函数, 设置中间变量. 令 $u = 2x$, 对该等式两边同时求微分得 $du = 2dx$, 从而 $dx = \dfrac{1}{2} du$, 那么上述积分可写成

$$\int e^{2x} dx = \int e^u \cdot \frac{1}{2} du = \frac{1}{2} \int e^u du = \frac{1}{2} e^u + C = \frac{1}{2} e^{2x} + C.$$

由引例可以看出, 这是将复合函数的求导法则反过来用于不定积分, 即利用变量代换的方法来求函数的不定积分. 这就是不定积分的换元积分法, 简称换元法. 通常换元法分为两类: 第一类换元法和第二类换元法.

1. 第一类换元法

定理 2（第一类换元法） 若 $\int f(u) du = F(u) + C$, $u = \varphi(x)$ 可导, 则有

$$\int f[\varphi(x)] \varphi'(x) dx = \int f[\varphi(x)] d\varphi(x) = \int f(u) du$$
$$= F(u) + C = F[\varphi(x)] + C.$$

证 由条件 $\int f(u) du = F(u) + C$, 得

$$[F(u) + C]' = F'(u) = f(u),$$

由复合函数的求导法则有

$$\{F[\varphi(x)] + C\}' = F'[\varphi(x)] \varphi'(x) = f[\varphi(x)] \varphi'(x),$$

因此有

$$\int f[\varphi(x)] \varphi'(x) dx = F[\varphi(x)] + C.$$

第一类换元法是把原来对变量 x 的积分, 通过变量代换 $u = \varphi(x)$ 变成对变量 u 的积分. 设要求 $\int g(x) dx$, 如果函数 $g(x)$ 可以化为 $g(x) = f[\varphi(x)] \varphi'(x)$ 的形式, 那么

$$\int g(x) dx = \int f[\varphi(x)] \varphi'(x) dx = \int f(u) du,$$

这样, 函数 $g(x)$ 的积分即转化为函数 $f(u)$ 的积分. 如果能求出 $f(u)$ 的原函数, 那么也就得到了 $g(x)$ 的原函数.

例 3.9　求 $\int 3\mathrm{e}^{3x+1}\,\mathrm{d}x$.

解　被积函数中 e^{3x+1} 是一个由 $\mathrm{e}^{3x+1}=\mathrm{e}^u$，$u=3x+1$ 复合而成的复合函数，常数因子 3 恰好是中间变量 u 的导数. 因此做变换 $u=3x+1$，便有

$$\int 3\mathrm{e}^{3x+1}\,\mathrm{d}x = \int \mathrm{e}^{3x+1}\cdot(3x+1)'\,\mathrm{d}x = \int \mathrm{e}^{3x+1}\,\mathrm{d}(3x+1) = \int \mathrm{e}^u\,\mathrm{d}u = \mathrm{e}^u + C,$$

再将 $u=3x+1$ 代入，得

$$\int 3\mathrm{e}^{3x+1}\,\mathrm{d}x = \mathrm{e}^{3x+1} + C.$$

例 3.10　求 $\int \sqrt{2x+a}\,\mathrm{d}x$.

解　被积函数中 $\sqrt{2x+a}$ 是一个由 $\sqrt{2x+a}=\sqrt{u}$，$u=2x+a$ 复合而成的复合函数，这里缺少 $\dfrac{\mathrm{d}u}{\mathrm{d}x}=2$ 这样一个因子，但由于 $\dfrac{\mathrm{d}u}{\mathrm{d}x}=2$ 是一个常数，故可以变系数凑出这个因子：

$$\sqrt{2x+a} = \frac{1}{2}\cdot\sqrt{2x+a}\cdot 2 = \frac{1}{2}\cdot\sqrt{2x+a}\,(2x+a)',$$

再做变换 $u=2x+a$，便有

$$\int \sqrt{2x+a}\,\mathrm{d}x = \int \frac{1}{2}\cdot\sqrt{2x+a}\,(2x+a)'\,\mathrm{d}x = \frac{1}{2}\int \sqrt{2x+a}\,\mathrm{d}(2x+a)$$

$$= \frac{1}{2}\int \sqrt{u}\,\mathrm{d}u = \frac{1}{2}\cdot\frac{2}{3}u^{\frac{3}{2}} + C = \frac{1}{3}u^{\frac{3}{2}} + C$$

$$= \frac{1}{3}(2x+a)^{\frac{3}{2}} + C.$$

在对变量代换比较熟练后，可以不用写出中间变量，而直接求解. 如本例，不做代换的做法如下：

$$\int \sqrt{2x+a}\,\mathrm{d}x = \frac{1}{2}\int \sqrt{2x+a}\,\mathrm{d}(2x+a) = \frac{1}{2}\cdot\frac{2}{3}(2x+a)^{\frac{3}{2}} + C$$

$$= \frac{1}{3}(2x+a)^{\frac{3}{2}} + C.$$

例 3.11　求 $\int \sin^3 x\cos x\,\mathrm{d}x$.

解　$\displaystyle\int \sin^3 x\cos x\,\mathrm{d}x = \int \sin^3 x\,\mathrm{d}\sin x = \frac{1}{4}\sin^4 x + C.$

例 3.12　求 $\int \tan x\,\mathrm{d}x$.

解　$\displaystyle\int \tan x\,\mathrm{d}x = \int \frac{\sin x}{\cos x}\,\mathrm{d}x = -\int \frac{\mathrm{d}(\cos x)}{\cos x} = -\ln|\cos x| + C.$

例 3.13 $\int \cos^2 x \, dx$.

解 $\int \cos^2 x \, dx = \int \dfrac{1 + \cos 2x}{2} dx = \dfrac{1}{2}\left(\int dx + \int \cos 2x \, dx\right)$

$\qquad = \dfrac{1}{2}\int dx + \dfrac{1}{4}\int \cos 2x \, d(2x) = \dfrac{1}{2}x + \dfrac{1}{4}\sin 2x + C.$

例 3.14 求 $\int x\sqrt{1 - x^2} \, dx$.

解 $\int x\sqrt{1 - x^2} \, dx = \dfrac{1}{2}\int \sqrt{1 - x^2} \, dx^2 = -\dfrac{1}{2}\int \sqrt{1 - x^2} \, d(1 - x^2) = -\dfrac{1}{3}(1 - x^2)^{\frac{3}{2}} + C.$

例 3.15 求 $\int \dfrac{1}{a^2 + x^2} dx$.

解 $\int \dfrac{1}{a^2 + x^2} dx = \dfrac{1}{a^2}\int \dfrac{1}{1 + \left(\dfrac{x}{a}\right)^2} dx = \dfrac{1}{a}\int \dfrac{1}{1 + \left(\dfrac{x}{a}\right)^2} d\left(\dfrac{x}{a}\right) = \dfrac{1}{a}\arctan\dfrac{x}{a} + C.$

例 3.16 求 $\int \dfrac{dx}{\sqrt{a^2 - x^2}}$ $(a > 0)$.

解 $\int \dfrac{dx}{\sqrt{a^2 - x^2}} = \dfrac{1}{a}\int \dfrac{dx}{\sqrt{1 - \left(\dfrac{x}{a}\right)^2}} = \int \dfrac{d\left(\dfrac{x}{a}\right)}{\sqrt{1 - \left(\dfrac{x}{a}\right)^2}} = \arcsin\dfrac{x}{a} + C.$

例 3.17 求 $\int \dfrac{1}{a^2 - x^2} dx$.

解 $\int \dfrac{1}{a^2 - x^2} dx = \dfrac{1}{2a}\int \left(\dfrac{1}{a + x} + \dfrac{1}{a - x}\right) dx = \dfrac{1}{2a}\left(\int \dfrac{1}{a + x} dx + \int \dfrac{1}{a - x} dx\right)$

$\qquad = \dfrac{1}{2a}\left[\int \dfrac{d(a + x)}{a + x} - \int \dfrac{d(a - x)}{a - x}\right]$

$\qquad = \dfrac{1}{2a}\left[\ln|a + x| - \ln|a - x|\right] + C$

$\qquad = \dfrac{1}{2a}\ln\left|\dfrac{x + a}{x - a}\right| + C.$

例 3.18 求 $\int \sec x \, dx$.

解 $\int \sec x \, dx = \int \dfrac{dx}{\cos x} = \int \dfrac{\cos x \, dx}{\cos^2 x} = \int \dfrac{d(\sin x)}{1 - \sin^2 x} \xlongequal{\text{由例 3.17}} \dfrac{1}{2}\ln\left|\dfrac{1 + \sin x}{1 - \sin x}\right| + C.$

因为

$$\dfrac{1 + \sin x}{1 - \sin x} = \dfrac{(1 + \sin x)(1 + \sin x)}{(1 - \sin x)(1 + \sin x)} = \dfrac{(1 + \sin x)^2}{\cos^2 x}$$

$$= \left(\dfrac{1 + \sin x}{\cos x}\right)^2 = (\sec x + \tan x)^2,$$

所以上述积分又可表示为

$$\int \sec x\, dx = \ln|\sec x + \tan x| + C.$$

这个正割函数的积分可以作为公式使用.

例 3.19   求 $\int \sin x \cos x\, dx$.

解法 1 $\int \sin x \cos x\, dx = \int \sin x\, d(\sin x) = \dfrac{1}{2}(\sin x)^2 + C.$

解法 2 $\int \sin x \cos x\, dx = -\int \cos x\, d(\cos x) = -\dfrac{1}{2}(\cos x)^2 + C.$

解法 3 $\int \sin x \cos x\, dx = \dfrac{1}{2}\int \sin 2x\, dx = \dfrac{1}{4}\int \sin 2x\, d(2x) = -\dfrac{1}{4}\cos 2x + C.$

由此可见，同一积分可以有几种不同的解法，其结果在形式上可能不同，但本质上这些结果之间只相差一个常数.

2. 第二类换元法

第一类换元法是通过引入中间变量 $u = \varphi(x)$，将积分 $\int f[\varphi(x)]\varphi'(x)dx$ 化为积分 $\int f(u)du$ 来计算. 对某些积分，如果选择另一种形式的变量代换 $x = \varphi(t)$，将要求的积分 $\int f(x)dx$ 化为 $\int f[\varphi(t)]\varphi'(t)dt$ 来计算会更容易求出，这就是第二类换元积法.

定理 3（第二类换元法）   设 $x = \varphi(t)$ 单调可导，且 $\varphi'(t) \neq 0$，又设 $f[\varphi(t)]\varphi'(t)$ 具有原函数 $F(t)$，则有

$$\int f(x)dx \xrightarrow{\ \ 令\, x = \varphi(t)\ \ } \int f[\varphi(t)]\varphi'(t)dt = F(t) + C$$

$$\xrightarrow{\ \ 令\, t = \varphi^{-1}(x)\ \ } F[\varphi^{-1}(x)] + C.$$

证明略.

第二类换元法经常用于被积函数中出现根式且无法用前面的方法计算的情况.

例 3.20   求 $\int \dfrac{\sqrt{x-1}}{x}dx$.

解 $\dfrac{\sqrt{x-1}}{x}$ 的原函数不易求出，考虑做代换去掉被积函数中的根式. 令 $\sqrt{x-1} = u$，则 $x = u^2 + 1$，$dx = 2u\,du$，所以

$$\int \frac{\sqrt{x-1}}{x}dx = \int \frac{u}{u^2+1} \cdot 2u\,du = 2\int \frac{u^2}{u^2+1}du = 2\int \left(1 - \frac{1}{1+u^2}\right)du$$

$$= 2(u - \arctan u) + C$$
$$= 2(\sqrt{x-1} - \arctan\sqrt{x-1}) + C.$$

一般来说, 当被积函数中含有 $\sqrt[n]{ax+b}$ 时, 都可令 $t = \sqrt[n]{ax+b}$.

例 3.21 求 $\displaystyle\int \frac{\mathrm{d}x}{(1+\sqrt[3]{x})\sqrt{x}}$.

解 被积函数中出现了两个根式 $\sqrt{x}$ 和 $\sqrt[3]{x}$, 为了能同时消掉这两个根式, 可令 $x = t^6$, 则 $\mathrm{d}x = 6t^5\,\mathrm{d}t$, 因此

$$\int \frac{\mathrm{d}x}{(1+\sqrt[3]{x})\sqrt{x}} = \int \frac{6t^5}{(1+t^2)t^3}\,\mathrm{d}t = 6\int \frac{t^2}{1+t^2}\,\mathrm{d}t = 6\int \left(1 - \frac{1}{1+t^2}\right)\,\mathrm{d}t$$
$$= 6(t - \arctan t) + C$$
$$= 6(\sqrt[6]{x} - \arctan\sqrt[6]{x}) + C.$$

例 3.22 求 $\displaystyle\int \sqrt{a^2 - x^2}\,\mathrm{d}x \ (a > 0)$.

解 被积函数是一个无法直接计算积分的根式, 可以利用三角函数公式

$$\sin^2 t + \cos^2 t = 1,$$

先去掉根号, 再求积分.

设 $x = a\sin t$, $-\dfrac{\pi}{2} < t < \dfrac{\pi}{2}$, 则 $\mathrm{d}x = a\cos t\,\mathrm{d}t$, 且

$$\sqrt{a^2 - x^2} = \sqrt{a^2 - a^2\sin^2 t} = a\sqrt{1 - \sin^2 t} = a\cos t,$$

于是

$$\int \sqrt{a^2 - x^2}\,\mathrm{d}x = \int a\cos t \cdot a\cos t\,\mathrm{d}t = a^2\int \cos^2 t\,\mathrm{d}t$$
$$= a^2\int \frac{1+\cos 2t}{2}\,\mathrm{d}t = a^2\left(\frac{t}{2} + \frac{1}{4}\sin 2t\right) + C$$
$$= \frac{a^2}{2}t + \frac{a^2}{2}\sin t\cos t + C.$$

为了将变量 t 换回 x, 引入一个辅助直角三角形, 如图 3.2 所示. 由于 $x = a\sin t$, 因此 $\sin t = \dfrac{x}{a}$, $t = \arcsin\dfrac{x}{a}$. 由图 3.2 可得

$$\cos t = \frac{\sqrt{a^2 - x^2}}{a},$$

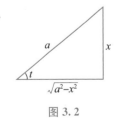

图 3.2

所以

$$\int \sqrt{a^2 - x^2}\,\mathrm{d}x = \frac{a^2}{2}\arcsin\frac{x}{a} + \frac{1}{2}x\sqrt{a^2 - x^2} + C.$$

例 3.23 求 $\displaystyle\int \frac{\mathrm{d}x}{\sqrt{x^2+a^2}} \ (a>0)$.

解 与例 3.22 类似，可以利用三角函数公式

$$1+\tan^2 t = \sec^2 t,$$

先去掉根号，再求积分.

设 $x = a\tan t$，$-\dfrac{\pi}{2}<t<\dfrac{\pi}{2}$，则 $\mathrm{d}x = a\sec^2 t\,\mathrm{d}t$，且

$$\sqrt{a^2+x^2} = \sqrt{a^2+a^2\tan^2 t} = a\sqrt{1+\tan^2 t} = a\sec t,$$

于是

$$\int \frac{\mathrm{d}x}{\sqrt{x^2+a^2}} = \int \frac{a\sec^2 t}{a\sec t}\mathrm{d}t = \int \sec t\,\mathrm{d}t \xlongequal{\text{由例 3.18}} \ln|\sec t + \tan t| + C_1.$$

因为 $x = a\tan t$，所以 $\tan t = \dfrac{x}{a}$，借助图 3.3 有

$$\sec t = \frac{\sqrt{x^2+a^2}}{a},$$

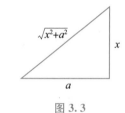

图 3.3

因此

$$\begin{aligned}
\int \frac{\mathrm{d}x}{\sqrt{x^2+a^2}} &= \ln\left|\frac{x}{a} + \frac{\sqrt{x^2+a^2}}{a}\right| + C_1 \\
&= \ln\left|\frac{x+\sqrt{x^2+a^2}}{a}\right| + C_1 = \ln\left|x+\sqrt{x^2+a^2}\right| - \ln a + C_1 \\
&= \ln\left|x+\sqrt{x^2+a^2}\right| + C \quad (C = C_1 - \ln a).
\end{aligned}$$

五、分部积分法

前面在复合函数求导法则的基础上，得到了换元积分法. 下面利用两个函数乘积的求导法则，来推导另一种求不定积分的常用方法——分部积分法（integration by parts）.

设 $u = u(x)$ 与 $v = v(x)$ 具有连续导数，则两个函数乘积的导数公式为

$$(uv)' = u'v + uv',$$

移项后得

$$uv' = (uv)' - u'v,$$

对等式两边求不定积分，有

$$\int uv' \, \mathrm{d}x = uv - \int u'v \, \mathrm{d}x.$$

该式称为分部积分公式，或写成

$$\int u \, \mathrm{d}v = uv - \int v \, \mathrm{d}u.$$

如果求 $\int uv' \, \mathrm{d}x$ 有困难，而求 $\int u'v \, \mathrm{d}x$ 容易，就可以利用分部积分法求积分.

例 3.24　求 $\int x \cos x \, \mathrm{d}x$.

解　如果设 $u = x$，$\mathrm{d}v = \cos x \, \mathrm{d}x$，那么 $v = \sin x$，于是

$$\int x \cos x \, \mathrm{d}x = \int x \, \mathrm{d}\sin x = x \sin x - \int \sin x \, \mathrm{d}x$$
$$= x \sin x - \cos x + C.$$

若设 $u = \cos x$，$\mathrm{d}v = x \, \mathrm{d}x$，则 $v = \dfrac{x^2}{2}$，就有

$$\int x \cos x \, \mathrm{d}x = \int \cos x \cdot \mathrm{d}\left(\frac{x^2}{2}\right) = \frac{x^2}{2} \cos x + \int \frac{x^2}{2} \sin x \, \mathrm{d}x.$$

此时，不定积分 $\int \dfrac{x^2}{2} \sin x \, \mathrm{d}x$ 比原来的积分 $\int x \cos x \, \mathrm{d}x$ 更难求. 由此可见，如果 u 和 $\mathrm{d}v$ 选取不当，就求不出结果，因此应用分部积分法时，恰当地选择 u 和 $\mathrm{d}v$ 是关键.

选择 u 和 $\mathrm{d}v$ 一般要考虑下面两点：

（1）v 要容易求得；

（2）$\int v \, \mathrm{d}u$ 要比 $\int u \, \mathrm{d}v$ 容易积出.

例 3.25　求 $\int x \mathrm{e}^x \, \mathrm{d}x$.

解　令 $u = x$，$\mathrm{d}v = \mathrm{e}^x \, \mathrm{d}x$，那么 $v = \mathrm{e}^x$，则

$$\int x \mathrm{e}^x \, \mathrm{d}x = \int x \, \mathrm{d}\mathrm{e}^x = x \mathrm{e}^x - \int \mathrm{e}^x \, \mathrm{d}x = x \mathrm{e}^x - \mathrm{e}^x + C.$$

例 3.26　求 $\int x \ln x \, \mathrm{d}x$.

解　设 $u = \ln x$，$\mathrm{d}v = x \, \mathrm{d}x$，那么 $v = \dfrac{1}{2} x^2$，则

$$\int x \ln x \, \mathrm{d}x = \int \ln x \, \mathrm{d}\left(\frac{1}{2} x^2\right) = \frac{1}{2} x^2 \ln x - \frac{1}{2} \int x^2 \cdot \frac{1}{x} \, \mathrm{d}x$$
$$= \frac{1}{2} x^2 \ln x - \frac{1}{2} \int x \, \mathrm{d}x$$

$$=\frac{1}{2}x^2\ln x-\frac{1}{4}x^2+C.$$

熟练以后，不必表明 u 和 $\mathrm{d}v$ 的取法，直接运用分部积分公式求解即可.

例 3.27   求 $\int x\arctan x\,\mathrm{d}x$.

解 $\displaystyle\int x\arctan x\,\mathrm{d}x=\frac{1}{2}\int\arctan x\,\mathrm{d}x^2=\frac{1}{2}x^2\arctan x-\frac{1}{2}\int x^2\cdot\frac{1}{1+x^2}\mathrm{d}x$

$$=\frac{1}{2}x^2\arctan x-\frac{1}{2}\int\Big(1-\frac{1}{1+x^2}\Big)\mathrm{d}x$$

$$=\frac{1}{2}x^2\arctan x-\frac{1}{2}x+\frac{1}{2}\arctan x+C$$

$$=\frac{1}{2}(x^2+1)\arctan x-\frac{1}{2}x+C.$$

分部积分法除了适用于被积函数为两类不同类型的函数乘积的形式外，也适用于被积函数是单个函数的积分.

例 3.28   求 $\int\ln x\,\mathrm{d}x$.

解 $\displaystyle\int\ln x\,\mathrm{d}x=x\ln x-\int x\cdot\frac{1}{x}\mathrm{d}x=x\ln x-\int\mathrm{d}x=x\ln x-x+C.$

例 3.29   求 $\int\arctan x\,\mathrm{d}x$.

解 $\displaystyle\int\arctan x\,\mathrm{d}x=x\arctan x-\int x\cdot\frac{1}{1+x^2}\mathrm{d}x$

$$=x\arctan x-\frac{1}{2}\int\frac{\mathrm{d}(1+x^2)}{1+x^2}$$

$$=x\arctan x-\frac{1}{2}\ln(1+x^2)+C.$$

在求不定积分时，有时需要连续使用两次或多次分部积分法.

例 3.30   求 $\int x^2\mathrm{e}^x\,\mathrm{d}x$.

解 $\displaystyle\int x^2\mathrm{e}^x\,\mathrm{d}x=\int x^2\mathrm{d}\mathrm{e}^x=x^2\mathrm{e}^x-\int\mathrm{e}^x\mathrm{d}x^2$

$$=x^2\mathrm{e}^x-2\int x\mathrm{e}^x\,\mathrm{d}x=x^2\mathrm{e}^x-2\int x\mathrm{d}\mathrm{e}^x$$

$$=x^2\mathrm{e}^x-2\Big(x\mathrm{e}^x-\int\mathrm{e}^x\mathrm{d}x\Big)$$

$$=x^2\mathrm{e}^x-2x\mathrm{e}^x+2\mathrm{e}^x+C.$$

例 3.31   求 $\int\mathrm{e}^x\sin x\,\mathrm{d}x$.

解 $\displaystyle\int\mathrm{e}^x\sin x\,\mathrm{d}x=\int\sin x\,\mathrm{d}\mathrm{e}^x=\mathrm{e}^x\sin x-\int\mathrm{e}^x\mathrm{d}\sin x$

$$= e^x \sin x - \int e^x \cos x \, dx = e^x \sin x - \int \cos x \, de^x$$

$$= e^x \sin x - e^x \cos x + \int e^x \, d\cos x$$

$$= e^x \sin x - e^x \cos x - \int e^x \sin x \, dx,$$

移项后得

$$\int e^x \sin x \, dx = \frac{1}{2} e^x (\sin x - \cos x) + C.$$

本题若选取 $u = e^x$, $dv = \sin x \, dx$, 也会得到相同的结果.

有时需要将分部积分法和换元积分法结合起来使用.

例 3.32　求 $\int e^{\sqrt{x}} \, dx$.

解　令 $t = \sqrt{x}$, 则 $x = t^2$, $dx = 2t \, dt$. 于是

$$\int e^{\sqrt{x}} \, dx = 2\int t e^t \, dt \quad (先用换元积分法)$$

$$= 2\int t \, de^t = 2\left(t e^t - \int e^t \, dt\right) \quad (再用分部积分法)$$

$$= 2(t e^t - e^t) + C = 2e^t(t-1) + C$$

$$= 2e^{\sqrt{x}}(\sqrt{x} - 1) + C.$$

下面列出适用分部积分法求不定积分的被积函数类型及 u 和 dv 的选择法（下列各式中的 $P(x)$ 为多项式函数）:

类型 I: $\int P(x) e^x \, dx$, 　　　　　　　$u = P(x)$, $dv = e^x \, dx$;

$\qquad \int P(x) \sin x \, dx$, 　　　　　　$u = P(x)$, $dv = \sin x \, dx$;

$\qquad \int P(x) \cos x \, dx$, 　　　　　　$u = P(x)$, $dv = \cos x \, dx$.

如例 3.24、例 3.25、例 3.30.

类型 II: $\int P(x) \ln x \, dx$, 　　　　　　$u = \ln x$, $dv = P(x) \, dx$;

$\qquad \int P(x) \arcsin x \, dx$, 　　　　$u = \arcsin x$, $dv = P(x) \, dx$;

$\qquad \int P(x) \arctan x \, dx$, 　　　　$u = \arctan x$, $dv = P(x) \, dx$.

如例 3.26、例 3.27.

类型 III: $\int e^{ax} \sin bx \, dx$, 　　　　　u 和 dv 任意选取;

$\qquad \int e^{ax} \cos bx \, dx$, 　　　　　u 和 dv 任意选取.

如例 3.31.

最后需指出的是，因为初等函数在其定义域上都是连续的，所以其原函数一定存在，但其原函数不一定都是初等函数. 例如：

$$\int e^{x^2} dx, \quad \int \frac{1}{\ln x} dx, \quad \int \frac{e^x}{x} dx, \quad \int \frac{\sin x}{x} dx$$

等，它们的原函数都存在，但都不是初等函数，也就是说它们的不定积分不能用初等函数表示，用现在所学的积分方法是"积不出来"的.

习题 3.1

1. 试验证 $y = 2 + \sin^2 x$ 与 $y = -\frac{1}{2} \cos 2x$ 是同一个函数的原函数.

2. 若函数 $f(x)$ 的一个原函数是 e^{2x}，求 $f'(x)$ 及 $\int f(x) dx$.

3. 求下列不定积分：

(1) $\int x^2 (\sqrt{x} - 1) dx$；

(2) $\int (2^x e^x + \sin x) dx$；

(3) $\int \frac{x^3 - 8}{x - 2} dx$；

(4) $\int \frac{3 \cdot 2^x - 2 \cdot 3^x}{2^x} dx$；

(5) $\int \frac{1}{x^2 (1 + x^2)} dx$；

(6) $\int \frac{2x^2 + 5}{1 + x^2} dx$；

(7) $\int \sin^2 \frac{x}{2} dx$；

(8) $\int \frac{\cos 2x}{\cos x - \sin x} dx$；

(9) $\int \frac{\sqrt{1 + x^2}}{\sqrt{1 - x^4}} dx$；

(10) $\int \sec x (\sec x - \cos x) dx$.

4. 用换元积分法计算下列不定积分：

(1) $\int (2x + 3)^3 dx$；

(2) $\int \frac{dx}{1 - 2x}$；

(3) $\int 4e^{-2x} dx$；

(4) $\int \frac{2x - 4}{x^2 - 4x + 6} dx$；

(5) $\int \frac{\arcsin x}{\sqrt{1 - x^2}} dx$；

(6) $\int \frac{dx}{x \ln x}$；

(7) $\int \frac{2x}{\sqrt{2 - x^2}} dx$；

(8) $\int \frac{1}{4 - x^2} dx$；

(9) $\int \sin^2 x \, dx$；

(10) $\int \sin^2 x \cos x \, dx$；

(11) $\int \frac{x}{\sqrt{x - 5}} dx$；

(12) $\int x \sqrt{x + 3} \, dx$；

(13) $\int \frac{dx}{\sqrt{x} + \sqrt[4]{x}}$；

(14) $\int \frac{\arctan \sqrt{x}}{\sqrt{x} (1 + x)} dx$；

(15) $\displaystyle\int \sqrt{9-x^2}\,\mathrm{d}x$;　　　　　(16) $\displaystyle\int \frac{2}{\sqrt{x^2+4}}\,\mathrm{d}x$.

5. 用分部积分法求下列不定积分:

(1) $\displaystyle\int x\sin x\,\mathrm{d}x$;　　　　　(2) $\displaystyle\int x\,\mathrm{e}^{-2x}\,\mathrm{d}x$;

(3) $\displaystyle\int \arcsin x\,\mathrm{d}x$;　　　　　(4) $\displaystyle\int 3x^2\ln(x-1)\,\mathrm{d}x$;

(5) $\displaystyle\int \mathrm{e}^x\cos x\,\mathrm{d}x$;　　　　　(6) $\displaystyle\int x^2\cos x\,\mathrm{d}x$;

(7) $\displaystyle\int x\,\sec^2 x\,\mathrm{d}x$;　　　　　(8) $\displaystyle\int \ln^2 x\,\mathrm{d}x$.

第二节　定积分

定积分产生于求几何体的面积和体积等实际问题的过程中. 古希腊数学家阿基米德（Archimedes，公元前 287—212）用"穷竭法"，我国古代数学家刘徽用"割圆术"，都曾计算过一些几何体的面积和体积，这些均为定积分的雏形. 直到 17 世纪中叶，牛顿和莱布尼茨先后提出了定积分的概念，并发现了积分和微分之间的内在联系，给出了计算定积分的一般方法，定积分才成为解决实际问题的有力工具，各自独立的微分学与积分学才联系在一起，构成了完整的理论体系——微积分学.

本节从两个实例出发介绍定积分的概念、性质和微积分基本定理.

一、定积分的概念

1. 两个引例

引例 1　求曲边梯形的面积.

假设函数 $y=f(x)\geqslant 0$ 在区间 $[a,b]$ 上连续. 由曲线 $y=f(x)$，直线 $x=a$、$x=b$ 及 x 轴所围成的图形称为曲边梯形，如图 3.4 所示，其中 x 轴上的区间 $[a,b]$ 称为底边，曲线弧 $y=f(x)$ 称为曲边.

下面来分析如何计算该曲边梯形的面积 A.

已知:

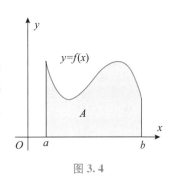

图 3.4

$$矩形面积＝底\times 高.$$

曲边梯形在底边上各点处的高 $f(x)$ 是变动的，因此其面积不能按矩形面积公式来计算. 如果把区间 $[a,b]$ 划分为若干个小区间, 则所求的曲边梯形可分割成若干个以小区间为底边的小曲边梯形. 由于 $y=f(x)$ 在 $[a,b]$ 上连续, 因此在此小区间上 $f(x)$ 的变化很小, 故每个小曲边梯形的面积可用小矩形的面积来近似代替. 图 3.5 分别表示小区间个数为 $n=5,10,20$ 的近似代替的展示.

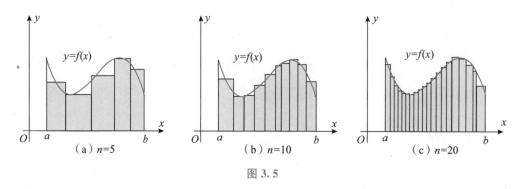

图 3.5

显然, 区间 $[a,b]$ 划分得越细, 近似程度就越高. 当每个小区间长度都趋于零时, 所有小矩形面积之和的极限值就是曲边梯形面积的精确值.

具体做法如下:

(1) 分割. 在区间 $[a,b]$ 内任意插入 $n-1$ 个分点

$$a=x_0 < x_1 < x_2 < \cdots < x_{n-1} < x_n=b,$$

把区间 $[a,b]$ 分割成 n 个小区间 $[x_{i-1},x_i]$, 每个小区间的长度为 $\Delta x_i=x_i-x_{i-1}$ ($i=1,2,\cdots,n$).

用直线 $x=x_i$ ($i=1,2,\cdots,n-1$) 把曲边梯形分成 n 个小曲边梯形, 如图 3.6 所示, 每个小曲边梯形的面积记为

$$\Delta A_i(i=1,2,\cdots,n).$$

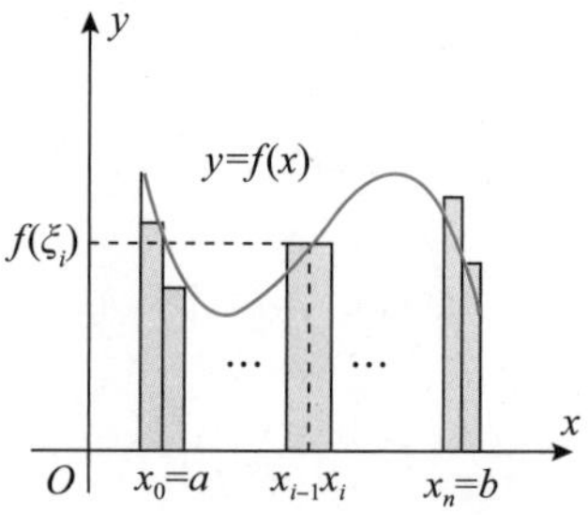

(2) 近似. 在每个小区间 $[x_{i-1},x_i]$ 上任取一点 ξ_i ($x_{i-1} \leqslant \xi_i \leqslant x_i$), 用以 $f(\xi_i)$ 为高, 以 $[x_{i-1},x_i]$ 为底的小矩形面积来近似代替同底的小曲边梯形的面积 ΔA_i, 即

$$\Delta A_i \approx f(\xi_i)\Delta x_i(i=1,2,\cdots,n).$$

图 3.6

(3) 求和. 将 n 个小矩形的面积加起来, 就得到了所求曲边梯形面积 A 的近似值, 即

$$A=\sum_{i=1}^{n}\Delta A_i \approx \sum_{i=1}^{n}f(\xi_i)\Delta x_i.$$

(4) 取极限. 记 $\lambda=\max_{1 \leqslant i \leqslant n}\{\Delta x_i\}$, 当 $\lambda \to 0$ 时, 取 (3) 中和式的极限, 便得曲边梯形面积 A 的精确值, 即

$$A=\lim_{\lambda \to 0}\sum_{i=1}^{n}f(\xi_i)\Delta x_i.$$

引例 2　求变速直线运动的路程.

设一质点做变速直线运动，已知速度 $v=v(t)\geqslant 0$ 是时间区间 $[T_1，T_2]$ 上 t 的连续函数，计算质点在这个时间区间内所经过的路程 s.

已知匀速直线运动的路程可按下列公式计算：

$$路程＝速度×时间.$$

现在，速度不是常量而是变量，就不能再用上述公式来计算路程了. 但是，因为速度 $v=v(t)$ 在 $[T_1，T_2]$ 上连续，所以当时间变化很小时，速度变化也很小，在这个很小的时间区间内可以近似地看作匀速直线运动. 因此，可以用类似引例 1 的方法来计算路程 s.

步骤如下：

(1) 分割. 在时间区间 $[T_1，T_2]$ 内任意插入 $n-1$ 个分点

$$T_1=t_0<t_1<t_2<\cdots<t_{n-1}<t_n=T_2，$$

把 $[T_1，T_2]$ 分成 n 个小区间 $[t_{i-1}，t_i]$，各小区间的长度为

$$\Delta t_i=t_i-t_{i-1}\quad(i=1，2，\cdots，n)，$$

各小区间内质点经过的路程记为 $\Delta s_i\ (i=1，2，\cdots，n)$.

(2) 近似. 在小段时间 $[t_{i-1}，t_i]$ 上任取时刻 $\tau_i\ (t_{i-1}\leqslant\tau_i\leqslant t_i)$，以 τ_i 时刻的速度 $v(\tau_i)$ 来代替 $[t_{i-1}，t_i]$ 上各个时刻的速度，即在时间间隔 $[t_{i-1}，t_i]$ 上可视物体做速度为 $v(\tau_i)$ 的匀速直线运动，得到 Δs_i 的近似值为

$$\Delta s_i\approx v(\tau_i)\Delta t_i\quad(i=1，2，\cdots，n).$$

(3) 求和. 将各小时间段上的路程近似值相加，得总路程 s 的近似值，即

$$s=\sum_{i=1}^{n}\Delta s_i\approx\sum_{i=1}^{n}v(\tau_i)\Delta t_i.$$

(4) 取极限. 记 $\lambda=\max\limits_{1\leqslant i\leqslant n}\{\Delta t_i\}$，当 $\lambda\to 0$ 时，取 (3) 中和式的极限，得所求路程的精确值，即

$$s=\lim_{\lambda\to 0}\sum_{i=1}^{n}v(\tau_i)\Delta t_i.$$

2. 定积分的定义

以上两个引例虽然属于不同学科，实际意义不同，但在解决问题的过程中却用了相同的思想和方法，都是通过"分割、近似、求和、取极限"这四个步骤，将所求的量归结为具有相同结构的一种和式的极限. 实际上，许多问题都可以归结为求这种和式的极限. 抛开这些问题的具体意义，抓住它们在数量关系上的共同本质与特性加以概括，即可得到定积分的概念.

定义 1 设函数 $f(x)$ 在区间 $[a, b]$ 上有定义，在 $[a, b]$ 内任意插入 $n-1$ 个分点

$$a = x_0 < x_1 < x_2 < \cdots < x_{n-1} < x_n = b,$$

把区间 $[a, b]$ 分成 n 个小区间

$$[x_0, x_1], [x_1, x_2], \cdots, [x_{i-1}, x_i], \cdots, [x_{n-1}, x_n],$$

各小区间的长度为

$$\Delta x_i = x_i - x_{i-1} \quad (i = 1, 2, \cdots, n).$$

在每个小区间 $[x_{i-1}, x_i]$ 上任取一点 ξ_i $(x_{i-1} \leqslant \xi_i \leqslant x_i)$，作和式

$$\sum_{i=1}^{n} \Delta A_i \approx \sum_{i=1}^{n} f(\xi_i) \Delta x_i \quad (i = 1, 2, \cdots, n).$$

记 $\lambda = \max\limits_{1 \leqslant i \leqslant n} \{\Delta x_i\}$，如果不论对区间 $[a, b]$ 怎样划分，也不论在小区间 $[x_{i-1}, x_i]$ 上点 ξ_i 怎样取得，只要当 $\lambda \to 0$ 时，极限

$$\lim_{\lambda \to 0} \sum_{i=1}^{n} f(\xi_i) \Delta x_i$$

总存在，且都为 I，就称此极限值 I 为函数 $f(x)$ 在区间 $[a, b]$ 上的定积分 (definite integral)，记为 $\int_a^b f(x)\mathrm{d}x$，即

$$\int_a^b f(x)\mathrm{d}x = I = \lim_{\lambda \to 0} \sum_{i=1}^{n} f(\xi_i) \Delta x_i,$$

其中 $f(x)$ 称为被积函数，$f(x)\mathrm{d}x$ 称为被积表达式，x 称为积分变量，a 称为积分下限，b 称为积分上限，$[a, b]$ 称为积分区间，$\sum\limits_{i=1}^{n} f(\xi_i) \Delta x_i$ 称为积分和.

定积分 $\int_a^b f(x)\mathrm{d}x$ 是一个和式的极限，是一个数值，它只与被积函数 $f(x)$ 和积分区间 $[a, b]$ 有关，而与积分变量选用什么字母无关，即有

$$\int_a^b f(x)\mathrm{d}x = \int_a^b f(t)\mathrm{d}t = \int_a^b f(u)\mathrm{d}u.$$

根据定积分的定义，前面两个引例中的曲边梯形的面积和变速直线运动的路程都可以用定积分表示.

曲边梯形的面积可表示为

$$A = \int_a^b f(x)\mathrm{d}x.$$

变速直线运动的路程可表示为

$$s = \int_a^b v(t) \mathrm{d}t.$$

按照定积分的定义，记号 $\int_a^b f(x)\mathrm{d}x$ 中的 a，b 应满足关系 $a < b$，为了方便计算与应用，对定积分做以下两点补充规定：

(1) 当 $a = b$ 时，$\int_a^a f(x)\mathrm{d}x = 0$；

(2) 当 $a > b$ 时，$\int_a^b f(x)\mathrm{d}x = -\int_b^a f(x)\mathrm{d}x$.

如果函数 $y = f(x)$ 在区间 $[a, b]$ 上的定积分存在，则称 $y = f(x)$ 在 $[a, b]$ 上可积. 可以证明，若 $f(x)$ 在区间 $[a, b]$ 上连续，则一定可积.

3. 定积分的几何意义

(1) 在 $[a, b]$ 上，当 $f(x) \geqslant 0$ 时，即为引例 1 的情形. 定积分 $\int_a^b f(x)\mathrm{d}x$ 表示由曲线 $y = f(x)$ 和直线 $x = a$、$x = b$ 及 x 轴所围成的曲边梯形的面积 A（见图 3.7），即

$$A = \int_a^b f(x)\mathrm{d}x = \lim_{\lambda \to 0} \sum_{i=1}^n f(\xi_i) \Delta x_i.$$

(2) 在 $[a, b]$ 上，当 $f(x) \leqslant 0$ 时，有 $-f(x) \geqslant 0$，设以 $y = f(x)$ 为曲边的曲边梯形的面积为 A（见图 3.8），则

$$A = \lim_{\lambda \to 0} \sum_{i=1}^n \left[-f(\xi_i)\right] \Delta x_i = -\lim_{\lambda \to 0} \sum_{i=1}^n f(\xi_i) \Delta x_i = -\int_a^b f(x)\mathrm{d}x,$$

从而

$$\int_a^b f(x)\mathrm{d}x = -A.$$

因此，当 $f(x) \leqslant 0$ 时，$\int_a^b f(x)\mathrm{d}x$ 是曲边梯形的面积的负值.

(3) 在 $[a, b]$ 上，当 $f(x)$ 有正有负时，定积分 $\int_a^b f(x)\mathrm{d}x$ 表示由曲线 $y = f(x)$，直线 $x = a$、$x = b$ 及 x 轴所围成的图形各部分面积的代数和（在 x 轴上方的面积取正号，在 x 轴下方的面积取负号），见图 3.9，即

$$\int_a^b f(x)\mathrm{d}x = A_1 - A_2 + A_3.$$

特别地，在 $[a, b]$ 上，当 $f(x) \equiv 1$ 时，有 $\int_a^b \mathrm{d}x = b - a$.

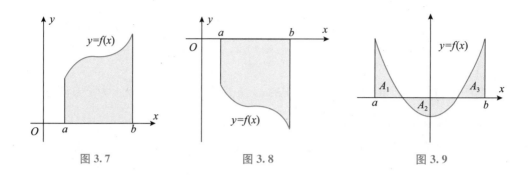

图 3.7　　　　　　　　　　图 3.8　　　　　　　　　　图 3.9

二、定积分的性质

下列各性质中出现的函数在所讨论的区间上都是可积的；各性质中积分上、下限的大小，如无特别指明，均不加限制.

性质 1　　$\displaystyle\int_a^b kf(x)\mathrm{d}x = k\int_a^b f(x)\mathrm{d}x$　（k 为常数）.

性质 2　　$\displaystyle\int_a^b [f_1(x)\pm f_2(x)]\mathrm{d}x = \int_a^b f_1(x)\mathrm{d}x \pm \int_a^b f_2(x)\mathrm{d}x$.

这一结论可以推广到任意有限多个函数和差的情形.

性质 3　　设 a，b，c 是三个任意实数，则

$$\int_a^b f(x)\mathrm{d}x = \int_a^c f(x)\mathrm{d}x + \int_c^b f(x)\mathrm{d}x.$$

这个性质表明定积分对于积分区间具有可加性.

性质 4　　如果在区间 $[a,b]$ 上有 $f(x)\leqslant g(x)$，则

$$\int_a^b f(x)\mathrm{d}x \leqslant \int_a^b g(x)\mathrm{d}x.$$

性质 5　　当 $a<b$ 时，恒有

$$\left|\int_a^b f(x)\mathrm{d}x\right| \leqslant \int_a^b |f(x)|\,\mathrm{d}x.$$

性质 6　设 M 和 m 分别是函数 $f(x)$ 在区间 $[a, b]$ 上的最大值和最小值，则

$$m(b-a) \leqslant \int_a^b f(x)\mathrm{d}x \leqslant M(b-a).$$

证　因为 $m \leqslant f(x) \leqslant M$，由性质 4 得

$$\int_a^b m\mathrm{d}x \leqslant \int_a^b f(x)\mathrm{d}x \leqslant \int_a^b M\mathrm{d}x.$$

再由定积分定义，得

$$m(b-a) \leqslant \int_a^b f(x)\mathrm{d}x \leqslant M(b-a).$$

其余证明略.

性质 7（定积分中值定理）　若函数 $f(x)$ 在区间 $[a, b]$ 上连续，则在区间 $[a, b]$ 上至少存在一点 ξ，使得

$$\int_a^b f(x)\mathrm{d}x = f(\xi)(b-a) \quad (a \leqslant \xi \leqslant b).$$

积分中值定理的几何意义是：如果函数 $f(x)$ 在区间 $[a, b]$ 上非负、连续，则在 $[a, b]$ 上至少存在一点 ξ，使得以区间 $[a, b]$ 为底边、曲线 $y = f(x)$ 为曲边的曲边梯形的面积等于底边相同而高为 $f(\xi)$ 的矩形的面积，如图 3.10 所示.

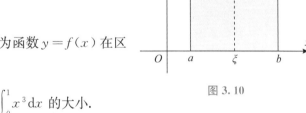

图 3.10

通常称 $f(\xi) = \dfrac{1}{b-a} \int_a^b f(x)\mathrm{d}x$ 为函数 $y = f(x)$ 在区间 $[a, b]$ 上的平均值.

例 3.33　比较定积分 $\displaystyle\int_0^1 x^2 \mathrm{d}x$ 与 $\displaystyle\int_0^1 x^3 \mathrm{d}x$ 的大小.

解　因为在区间 $[0, 1]$ 上，有 $x^2 \geqslant x^3$，由定积分的性质 4，得

$$\int_0^1 x^2 \mathrm{d}x \geqslant \int_0^1 x^3 \mathrm{d}x.$$

三、微积分基本公式

用定积分的定义计算定积分是非常复杂的，有时甚至是不可能的. 因此，需要解决定积分的计算问题. 牛顿和莱布尼茨把定积分的计算归结为求原函数，这就是下面要介绍的微积分基本定理. 为此，先介绍积分上限函数.

1. 积分上限函数

设函数 $f(x)$ 在区间 $[a, b]$ 上连续, 并且设 x 为 $[a, b]$ 上的一点. 下面来考察 $f(x)$ 在部分区间 $[a, x]$ 上的定积分

$$\int_a^x f(x)\mathrm{d}x,$$

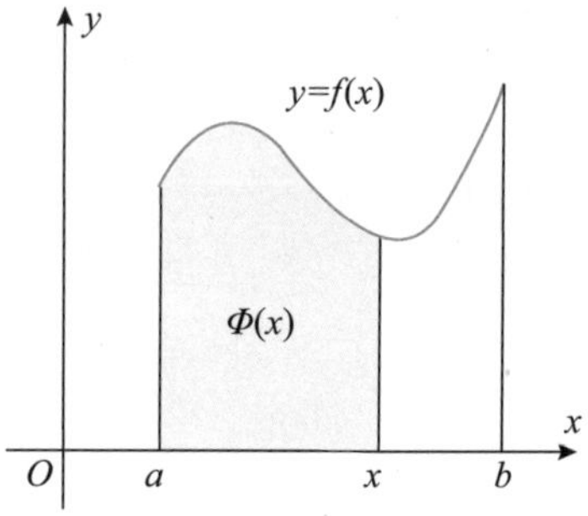

见图 3.11. 显然, $f(x)$ 在 $[a, x]$ 上连续. 因此, $f(x)$ 在 $[a, x]$ 上可积. 这里 x 既表示积分上限又表示积分变量. 由于定积分与积分变量的记法无关, 为了将积分变量与积分上限区分开, 可以把积分变量改用其他符号, 例如用 t 表示, 则上面的定积分可以写成

$$\int_a^x f(t)\mathrm{d}t.$$

图 3.11

如果上限 x 在区间 $[a, b]$ 上任意变动, 那么对于每一个取定的 x 值, 必有唯一确定的值 $y = \int_a^x f(t)\mathrm{d}t$ 与之对应, 这样通过变上限的定积分定义了一个函数, 记作 $\Phi(x)$:

$$\Phi(x) = \int_a^x f(t)\mathrm{d}t,$$

式中, $x \in [a, b]$. 这个函数称为积分上限函数, 又称为可变上限函数.

积分上限函数 $\Phi(x)$ 有如下定理所指出的重要性质.

定理 1　如果函数 $f(x)$ 在区间 $[a, b]$ 上连续, 则积分上限函数 $\Phi(x) = \int_a^x f(t)\mathrm{d}t$ 在区间 $[a, b]$ 上可导, 且有

$$\Phi'(x) = \frac{\mathrm{d}}{\mathrm{d}x} \int_a^x f(t)\mathrm{d}t = f(x).$$

证　若 $x \in (a, b)$, 给 x 一个改变量 Δx $(x + \Delta x \in (a, b))$, 则 $\Phi(x)$ 在 $x + \Delta x$ 处的函数值为

$$\Phi(x + \Delta x) = \int_a^{x+\Delta x} f(t)\mathrm{d}t.$$

因此函数 $\Phi(x)$ 的增量为

$$\Delta\Phi(x) = \Phi(x + \Delta x) - \Phi(x) = \int_a^{x+\Delta x} f(t)\mathrm{d}t - \int_a^x f(t)\mathrm{d}t.$$

由定积分的区间可加性, 得

$$\int_a^{x+\Delta x} f(t)\mathrm{d}t = \int_a^x f(t)\mathrm{d}t + \int_x^{x+\Delta x} f(t)\mathrm{d}t.$$

故

$$\Delta \Phi(x) = \int_x^{x+\Delta x} f(t)\mathrm{d}t.$$

再利用积分中值定理，得

$$\Delta \Phi(x) = f(\xi)\Delta x \quad (\xi\ 在\ x\ 与\ x+\Delta x\ 之间).$$

由于函数 $f(x)$ 在点 x 处连续，且当 $\Delta x \to 0$ 时，$\xi \to x$，因此

$$\Phi'(x) = \lim_{\Delta x \to 0} \frac{\Delta \Phi(x)}{\Delta x} = \lim_{\Delta x \to 0} \frac{f(\xi)\Delta x}{\Delta x} = \lim_{\xi \to x} f(\xi) = f(x).$$

若 $x=a$，取 $\Delta x>0$，则类似可得 $\Phi'_+(x)=f(a)$；若 $x=b$，取 $\Delta x<0$，则同理可得

$$\Phi'_-(x) = f(b).$$

这就证明了 $\Phi(x)$ 在区间 $[a,b]$ 上可导，且 $\Phi'(x)=f(x)$.

这个定理表明，若函数 $f(x)$ 连续，则积分上限函数 $\Phi(x)=\int_a^x f(t)\mathrm{d}t$ 就是 $f(x)$ 的一个原函数，即连续函数一定存在原函数，从而给出了第一节中原函数存在定理的证明.

例 3.34 设 $\Phi(x)=\int_0^x t\mathrm{e}^{-t^2}\mathrm{d}t$，求 $\Phi'(x)$.

解 $\Phi'(x)=\dfrac{\mathrm{d}}{\mathrm{d}x}\left[\int_0^x t\mathrm{e}^{-t^2}\mathrm{d}t\right]=\left[\int_0^x t\mathrm{e}^{-t^2}\mathrm{d}t\right]'=x\mathrm{e}^{-x^2}$.

例 3.35 计算 $\dfrac{\mathrm{d}}{\mathrm{d}x}\left[\int_x^2 \ln(1+t^2)\mathrm{d}t\right]$.

解 $\dfrac{\mathrm{d}}{\mathrm{d}x}\left[\int_x^2 \ln(1+t^2)\mathrm{d}t\right]=\dfrac{\mathrm{d}}{\mathrm{d}x}\left[-\int_2^x \ln(1+t^2)\mathrm{d}t\right]=-\ln(1+x^2)$.

例 3.36 求 $\dfrac{\mathrm{d}}{\mathrm{d}x}\left[\int_0^{x^2} \cos t\,\mathrm{d}t\right]$.

解 $\int_0^{x^2} \cos t\,\mathrm{d}t$ 是 x^2 的函数，因而是 x 的复合函数，令 $x^2=u$，则有

$$\Phi(u)=\int_0^u \cos t\,\mathrm{d}t, \quad u=x^2.$$

根据复合函数求导公式，得

$$\frac{\mathrm{d}}{\mathrm{d}x}\left[\int_0^{x^2} \cos t\,\mathrm{d}t\right]=\frac{\mathrm{d}}{\mathrm{d}x}\left[\Phi(u(x))\right]=\frac{\mathrm{d}\Phi}{\mathrm{d}u}\cdot\frac{\mathrm{d}u}{\mathrm{d}x}=(\cos u)\cdot 2x=2x\cos x^2.$$

2. 牛顿-莱布尼茨公式

定理 2（微积分基本定理）　设函数 $f(x)$ 在区间 $[a,b]$ 上连续，$F(x)$ 是 $f(x)$ 的一个原函数，则

$$\int_a^b f(x)\mathrm{d}x = F(x)\Big|_a^b = F(b)-F(a). \tag{3.1}$$

　　证　已知 $F(x)$ 是 $f(x)$ 的一个原函数，又由定理 1 知，积分上限函数 $\Phi(x)=\int_a^x f(t)\mathrm{d}t$ 也是 $f(x)$ 的一个原函数，所以

$$F(x)=\Phi(x)+C=\int_a^x f(t)\mathrm{d}t+C.$$

若令 $x=a$，并注意到 $\int_a^a f(t)\mathrm{d}t=0$，便得 $C=F(a)$，因此

$$F(x)=\int_a^x f(t)\mathrm{d}t+F(a).$$

再令 $x=b$，则得

$$F(b)=\int_a^b f(t)\mathrm{d}t+F(a).$$

从而得到

$$\int_a^b f(t)\mathrm{d}t=F(b)-F(a),$$

或

$$\int_a^b f(x)\mathrm{d}x=F(b)-F(a).$$

为了方便起见，$F(b)-F(a)$ 常记为 $F(x)\Big|_a^b$ 或 $\Big[F(x)\Big]_a^b$，于是上述公式又可写成

$$\int_a^b f(x)\mathrm{d}x=F(x)\Big|_a^b=F(b)-F(a),$$

或

$$\int_a^b f(x)\mathrm{d}x=\Big[F(x)\Big]_a^b=F(b)-F(a).$$

　　因为公式（3.1）先后由牛顿与莱布尼茨建立，所以该公式称为牛顿-莱布尼茨公式（Newton-Leibniz formula），也称为微积分基本公式. 由于 $f(x)$ 的原函数 $F(x)$ 一般可用求不定积分的方法求得，因此这个公式把定积分的计算问题与不定积分联系起来，转化为求被积函数的一个原函数在积分上、下限的函数值之差的问题，并给出了计算定积分的简

单有效的方法.

例 3.37　$\displaystyle\int_0^1 x^2 \mathrm{d}x$.

解　由于 $\dfrac{1}{3}x^3$ 是 x^2 的一个原函数，因此

$$\int_0^1 x^2 \mathrm{d}x = \frac{1}{3}x^3 \Big|_0^1 = \frac{1}{3} - 0 = \frac{1}{3}.$$

例 3.38　设 $f(x) = \begin{cases} 2x, & 0 \leqslant x \leqslant 1, \\ x^2, & 1 < x \leqslant 2. \end{cases}$ 求 $\displaystyle\int_0^2 f(x)\mathrm{d}x$.

解　$\displaystyle\int_0^2 f(x)\mathrm{d}x = \int_0^1 f(x)\mathrm{d}x + \int_1^2 f(x)\mathrm{d}x = \int_0^1 2x\,\mathrm{d}x + \int_1^2 x^2 \mathrm{d}x$

$$= x^2 \Big|_0^1 + \frac{1}{3}x^3 \Big|_1^2 = 1 + \frac{1}{3}(8-1) = 3\frac{1}{3}.$$

四、定积分的换元积分法和分部积分法

微积分基本定理说明定积分的计算可归结为不定积分的计算. 而在不定积分的计算中有换元积分法和分部积分法. 因此，在一定条件下，可以在定积分计算中应用换元积分法和分部积分法. 下面来讨论定积分的这两种计算方法.

1. 定积分的换元积分法

定理 3　假设函数 $f(x)$ 在区间 $[a, b]$ 上连续，函数 $x = \varphi(t)$ 满足条件：

(1) $\varphi(\alpha) = a$，$\varphi(\beta) = b$，且 $a \leqslant \varphi(t) \leqslant b$；

(2) $x = \varphi(t)$ 在 $[\alpha, \beta]$ 或 $[\beta, \alpha]$ 上单调，且具有连续的导数，则有

$$\int_a^b f(x)\mathrm{d}x = \int_\alpha^\beta f[\varphi(t)]\varphi'(t)\mathrm{d}t. \tag{3.2}$$

公式（3.2）称为定积分的换元积分公式.

应用定积分的换元积分公式时，需要注意以下两点：

(1) 用 $x = \varphi(t)$ 把原变量 x 代换成新变量 t 时，积分限也要换成相应于新变量 t 的积分限；

(2) 换元后关于新变量 t 的积分直接计算出结果就行，不必像不定积分那样换回原变量.

例 3.39　求 $\displaystyle\int_0^3 \frac{x}{\sqrt{1+x}}\mathrm{d}x$.

解　令 $\sqrt{1+x} = t$，则 $x = t^2 - 1$，$\mathrm{d}x = 2t\mathrm{d}t$. 当 $x = 0$ 时，$t = 1$；当 $x = 3$ 时，$t = 2$. 于是

$$\int_0^3 \frac{x}{\sqrt{1+x}} \mathrm{d}x = \int_1^2 \frac{t^2-1}{t} \cdot 2t\,\mathrm{d}t = 2\int_1^2 (t^2-1)\,\mathrm{d}t$$

$$= 2\left(\frac{1}{3}t^3 - t\right)\Big|_1^2 = \frac{8}{3}.$$

例 3.40　求 $\displaystyle\int_0^a \sqrt{a^2-x^2}\,\mathrm{d}x$ $(a>0)$.

解　设 $x=a\sin t$，则 $\mathrm{d}x=a\cos t\,\mathrm{d}t$. 当 $x=0$ 时，$t=0$；当 $x=a$ 时，$t=\dfrac{\pi}{2}$. 于是

$$\int_0^a \sqrt{a^2-x^2}\,\mathrm{d}x = \int_0^{\frac{\pi}{2}} \sqrt{a^2-a^2\sin^2 t} \cdot a\cos t\,\mathrm{d}t$$

$$= a^2\int_0^{\frac{\pi}{2}} \cos^2 t\,\mathrm{d}t = \frac{a^2}{2}\int_0^{\frac{\pi}{2}} (1+\cos 2t)\,\mathrm{d}t$$

$$= \frac{a^2}{2}\left(t+\frac{1}{2}\sin 2t\right)\Big|_0^{\frac{\pi}{2}} = \frac{a^2}{2} \cdot \frac{\pi}{2} = \frac{\pi}{4}a^2.$$

例 3.41　设 $f(x)$ 在 $[-a, a]$ 上连续，证明

$$\int_{-a}^a f(x)\,\mathrm{d}x = \begin{cases} 2\displaystyle\int_0^a f(x)\,\mathrm{d}x, & \text{当 } f(x) \text{ 为偶函数时,} \\ 0, & \text{当 } f(x) \text{ 为奇函数时.} \end{cases}$$

证　因为 $\displaystyle\int_{-a}^a f(x)\,\mathrm{d}x = \int_{-a}^0 f(x)\,\mathrm{d}x + \int_0^a f(x)\,\mathrm{d}x$，对积分 $\displaystyle\int_{-a}^0 f(x)\,\mathrm{d}x$ 做代换 $x=-t$，则 $\mathrm{d}x=-\mathrm{d}t$. 当 $x=-a$ 时，$t=a$；当 $x=0$ 时，$t=0$. 于是

$$\int_{-a}^0 f(x)\,\mathrm{d}x = -\int_a^0 f(-t)\,\mathrm{d}t = \int_0^a f(-t)\,\mathrm{d}t = \int_0^a f(-x)\,\mathrm{d}x,$$

从而

$$\int_{-a}^a f(x)\,\mathrm{d}x = \int_0^a f(-x)\,\mathrm{d}x + \int_0^a f(x)\,\mathrm{d}x = \int_0^a [f(x)+f(-x)]\,\mathrm{d}x.$$

当 $f(x)$ 为偶函数时，有

$$f(x)+f(-x)=2f(x),$$

因此

$$\int_{-a}^a f(x)\,\mathrm{d}x = 2\int_0^a f(x)\,\mathrm{d}x.$$

当 $f(x)$ 为奇函数时，有

$$f(x)+f(-x)=0,$$

故

$$\int_{-a}^a f(x)\,\mathrm{d}x = 0.$$

即得证.

利用例 3.41 的结论,可简化计算奇函数和偶函数在关于原点对称的区间上的定积分.

例如,$\int_{-1}^{1} x^6 \sin x \, \mathrm{d}x = 0$,$\int_{-1}^{1} \dfrac{1}{1+x^2} \mathrm{d}x = 2\int_{0}^{1} \dfrac{1}{1+x^2} \mathrm{d}x = 2\arctan x \Big|_{0}^{1} = \dfrac{\pi}{2}$.

2. 定积分的分部积分法

定理 4 设函数 $u = u(x)$ 与 $v = v(x)$ 在区间 $[a, b]$ 上具有连续的导数,则

$$\int_{a}^{b} u \, \mathrm{d}v = uv \Big|_{a}^{b} - \int_{a}^{b} v \, \mathrm{d}u. \tag{3.3}$$

公式 (3.3) 称为定积分的分部积分公式.

证 由两个函数乘积的求导法则,有

$$(uv)' = u'v + uv',$$

移项,得

$$uv' = (uv)' - u'v,$$

在区间 $[a, b]$ 上对上式两边积分,有

$$\int_{a}^{b} uv' \mathrm{d}x = \int_{a}^{b} (uv)' \mathrm{d}x - \int_{a}^{b} u'v \mathrm{d}x = uv \Big|_{a}^{b} - \int_{a}^{b} u'v \mathrm{d}x,$$

或

$$\int_{a}^{b} uv' \mathrm{d}x = uv \Big|_{a}^{b} - \int_{a}^{b} v \mathrm{d}u.$$

例 3.42 求 $\int_{0}^{\pi} x \sin x \, \mathrm{d}x$.

解 $\int_{0}^{\pi} x \sin x \, \mathrm{d}x = -\int_{0}^{\pi} x \, \mathrm{d}\cos x = -x\cos x \Big|_{0}^{\pi} + \int_{0}^{\pi} \cos x \, \mathrm{d}x$

$$= \pi + \sin x \Big|_{0}^{\pi} = \pi.$$

例 3.43 求 $\int_{1}^{e} \ln x \, \mathrm{d}x$.

解 $\int_{1}^{e} \ln x \, \mathrm{d}x = x\ln x \Big|_{1}^{e} - \int_{1}^{e} x \, \mathrm{d}\ln x = \mathrm{e} - \int_{1}^{e} x \cdot \dfrac{1}{x} \mathrm{d}x = \mathrm{e} - x \Big|_{1}^{e} = \mathrm{e} - (\mathrm{e} - 1) = 1$.

习题 3.2

1. 利用定积分的几何意义判断下列定积分的值是正还是负:

(1) $\int_{0}^{\frac{3\pi}{2}} \sin x \, \mathrm{d}x$;

(2) $\int_{1}^{2} \mathrm{e}^x \, \mathrm{d}x$;

(3) $\int_0^1 (x^2-1)\mathrm{d}x$; 　　　　　　　　(4) $\int_{\frac{1}{2}}^1 \ln x\,\mathrm{d}x$.

2. 利用定积分的性质，比较下列积分值的大小：

(1) $\int_0^1 x\,\mathrm{d}x$ 与 $\int_0^1 x^2\,\mathrm{d}x$; 　　　　(2) $\int_1^2 x\,\mathrm{d}x$ 与 $\int_1^2 x^2\,\mathrm{d}x$;

(3) $\int_1^2 \ln x\,\mathrm{d}x$ 与 $\int_1^2 \ln^2 x\,\mathrm{d}x$; 　　(4) $\int_3^4 \ln x\,\mathrm{d}x$ 与 $\int_3^4 \ln^2 x\,\mathrm{d}x$.

3. 求下列导数：

(1) $\dfrac{\mathrm{d}}{\mathrm{d}x}\int_0^x t\sqrt{2+t^2}\,\mathrm{d}t$; 　　(2) $\dfrac{\mathrm{d}}{\mathrm{d}x}\int_x^{\ln 2} \mathrm{e}^{-t^2}\,\mathrm{d}t$;

(3) $\dfrac{\mathrm{d}}{\mathrm{d}x}\int_0^{2x} \ln(t^2+1)\,\mathrm{d}t$; 　　(4) $\dfrac{\mathrm{d}}{\mathrm{d}x}\int_x^{\pi} t\sin t\,\mathrm{d}t$.

4. 计算下列定积分：

(1) $\int_0^{\frac{\pi}{2}} \sin^2 x\cos x\,\mathrm{d}x$; 　　(2) $\int_1^{\mathrm{e}} \dfrac{\ln x}{2x}\,\mathrm{d}x$;

(3) $\int_0^1 \dfrac{x^2}{x^2+1}\,\mathrm{d}x$; 　　(4) $\int_0^1 \dfrac{1}{x^2-9}\,\mathrm{d}x$;

(5) $\int_0^{\ln 3} \dfrac{\mathrm{e}^x}{1+\mathrm{e}^x}\,\mathrm{d}x$; 　　(6) $\int_1^4 \dfrac{1}{1+\sqrt{x}}\,\mathrm{d}x$;

(7) $\int_{-1}^1 \dfrac{x\,\mathrm{d}x}{\sqrt{5-4x}}$; 　　(8) $\int_0^2 \sqrt{4-x^2}\,\mathrm{d}x$;

(9) $\int_0^{\mathrm{e}-1} \ln(x+1)\,\mathrm{d}x$; 　　(10) $\int_0^1 \mathrm{e}^{\sqrt{x}}\,\mathrm{d}x$.

5. 设 $f(x)=\begin{cases} x^2, & x\leqslant 1,\\ \mathrm{e}^{-x}, & x>1. \end{cases}$ 求 $\int_0^2 f(x)\,\mathrm{d}x$, $\int_2^3 f(x)\,\mathrm{d}x$.

第三节　定积分的应用

定积分在科学研究、工程技术、经济管理等各个领域都有广泛的应用. 下面先介绍运用定积分解决实际问题的常用方法——微元法，然后讨论定积分的一些简单应用.

一、定积分的微元法

由定积分的定义

$$\int_a^b f(x)\mathrm{d}x = \lim_{\lambda\to 0}\sum_{i=1}^n f(\xi_i)\Delta x_i,$$

可以发现：被积表达式 $f(x)\mathrm{d}x$ 与 $f(\xi_i)\Delta x_i$ 类似. 实际上，定积分是无限细分后再累加的过程.

从几何上看，在本章第一节引例 1 求曲边梯形的面积中，我们用"分割、近似、求和、取极限"四步把曲边梯形的面积 A 表示成积分和的极限.上述四步可以简化为以下过程：在区间 $[a,b]$ 上任取小区间 $[x,x+\mathrm{d}x]$，则区间 $[x,x+\mathrm{d}x]$ 上的小曲边梯形的面积 ΔA 可用以 x 处的函数值 $f(x)$ 为高、$\mathrm{d}x$ 为底的小矩形的面积 $f(x)\mathrm{d}x$ 作为其近似值，即 $\Delta A\approx f(x)\mathrm{d}x$.将该式右端记作 $\mathrm{d}A=f(x)\mathrm{d}x$，并称为所求面积 A 的面积微元.将面积微元在 $[a,b]$ 上求定积分，得曲边梯形的面积为 $A=\displaystyle\int_a^b f(x)\mathrm{d}x$.

这种方法通常称为微元法.微元法是高等数学中非常重要的思想方法.用微元法解决实际问题的过程如下：

（1）根据问题的具体情况，选取一个变量（例如 x）作为积分变量，并确定它的变化区间 $[a,b]$；

（2）如图 3.12 所示，在区间 $[a,b]$ 上任取小区间 $[x,x+\mathrm{d}x]$，列出所求量的元素（或微元），即

$$\mathrm{d}A=f(x)\mathrm{d}x;$$

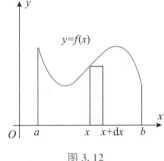

图 3.12

（3）以元素 $\mathrm{d}A$ 的表达式 $f(x)\mathrm{d}x$ 在 $[a,b]$ 上作定积分，得

$$A=\int_a^b f(x)\mathrm{d}x.$$

这就是所求量 A 的积分表达式.

以上三步中，关键是第二步，即要正确地列出所求量的元素 $\mathrm{d}A=f(x)\mathrm{d}x$.应当注意，在用微元法解决问题的过程中，是把所求量当作变量来处理的.下面就如何应用微元法解决实际问题举例说明.

二、平面图形的面积

设平面图形 D 是由两条连续曲线 $y=f(x)$，$y=g(x)(f(x)>g(x),x\in[a,b])$ 及直线 $x=a$，$x=b$ 所围成的，如图 3.13 所示.下面用微元法求出它的面积 A.

取 x 为积分变量，它的变化区间为 $[a,b]$.设想把 $[a,b]$ 分成若干小区间，取有代表性的小区间记作 $[x,x+\mathrm{d}x]$，与这个小区间相对应的窄条面积近似地等于高为 $f(x)-g(x)$、底为 $\mathrm{d}x$ 的窄矩形面积 $[f(x)-g(x)]\mathrm{d}x$，因此所求面积的元素为

$$\mathrm{d}A=[f(x)-g(x)]\mathrm{d}x.$$

于是，图 3.13 所示平面图形 D 的面积为

$$A=\int_a^b [f(x)-g(x)]\mathrm{d}x.$$

特别地，当 $g(x)=0$ 时，$A=\displaystyle\int_a^b f(x)\mathrm{d}x$，即本章开始讨论的曲边梯形的面积.

同理，由连续曲线 $x=\varphi(y)$，$x=\psi(y)$（$\psi(y)<\varphi(y)$）及直线 $y=c$，$y=d$ 所围成的平面图形，如图 3.14 所示，其面积为

$$A=\int_c^d [\varphi(y)-\psi(y)]\mathrm{d}y.$$

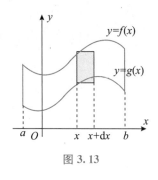

图 3.13

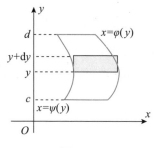

图 3.14

例 3.44　求由曲线 $y=x^2$ 与 $y=2x-x^2$ 所围图形（见图 3.15）的面积.

解　先求出两曲线的交点. 由方程组

$$\begin{cases} y=x^2, \\ y=2x-x^2 \end{cases}$$

解得交点为 $(0,0)$ 及 $(1,1)$.

取 x 为积分变量，$x\in[0,1]$. 由平面图形面积公式，得

$$A=\int_0^1 (2x-x^2-x^2)\mathrm{d}x=\left[x^2-\frac{2}{3}x^3\right]_0^1=\frac{1}{3}.$$

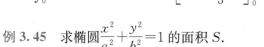

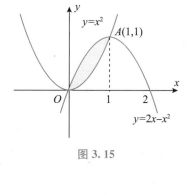

图 3.15

例 3.45　求椭圆 $\dfrac{x^2}{a^2}+\dfrac{y^2}{b^2}=1$ 的面积 S.

解　所求面积如图 3.16 所示. 由对称性知，椭圆的面积等于第一象限部分面积的 4 倍. 因此

$$S=4\int_0^a \frac{b}{a}\sqrt{a^2-x^2}\,\mathrm{d}x$$

$$\xlongequal{x=a\sin t} 4ab\int_0^{\frac{\pi}{2}} \sqrt{1-\sin^2 t}\cdot \cos t\,\mathrm{d}t$$

$$=4ab\int_0^{\frac{\pi}{2}} \cos^2 t\,\mathrm{d}t=4ab\left(\frac{t}{2}+\frac{\sin 2t}{4}\right)\Bigg|_0^{\frac{\pi}{2}}$$

$$=\pi ab.$$

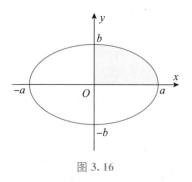

图 3.16

当 $a=b$ 时，就得到圆的面积公式 $S=\pi a^2$.

例 3.46 求曲线 $y^2 = 2x$ 与 $y = x - 4$ 所围图形的面积.

解 先求出两曲线的交点. 由 $y^2 = 2x$ 和 $y = x - 4$ 解得交点为 $(2, -2)$ 和 $(8, 4)$, 见图 3.17.

取 y 为积分变量, $y \in [-2, 4]$. 将两曲线方程分别改写为 $x = \dfrac{1}{2} y^2$ 及 $x = y + 4$, 因此所求面积为

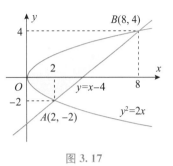

图 3.17

$$A = \int_{-2}^{4} \left(y + 4 - \frac{1}{2} y^2 \right) \mathrm{d}y$$
$$= \left(\frac{1}{2} y^2 + 4y - \frac{1}{6} y^3 \right) \bigg|_{-2}^{4} = 18.$$

本题若以 x 为积分变量, 由于图形在 $[0, 2]$ 和 $[2, 8]$ 两个区间上的构成情况不同, 因此需要分成两部分来计算, 其结果应为

$$A = 2 \int_{0}^{2} \sqrt{2x} \, \mathrm{d}x + \int_{2}^{8} \left[\sqrt{2x} - (x - 4) \right] \mathrm{d}x$$
$$= \left(\frac{4\sqrt{2}}{3} x^{\frac{3}{2}} \right) \bigg|_{0}^{2} + \left(\frac{2\sqrt{2}}{3} x^{\frac{3}{2}} - \frac{1}{2} x^2 + 4x \right) \bigg|_{2}^{8} = 18.$$

显然, 对于例 3.46, 选取 x 作为积分变量不如选取 y 作为积分变量计算简便. 可见, 如果积分变量选取恰当, 不仅方便表示出面积的积分表达式, 而且会使计算简便.

三、旋转体的体积

旋转体是由一个平面图形绕此平面内一条直线旋转一周而形成的立体图形. 这条直线称为旋转轴. 例如, 矩形绕它的一条边旋转便得圆柱体, 直角三角形绕它的一条直角边旋转便得圆锥体等.

下面讨论如何求曲线 $y = f(x)$ 与直线 $x = a$、$x = b$ 及 x 轴所围成的平面图形绕 x 轴旋转一周而成的旋转体的体积, 如图 3.18 所示.

以 x 为积分变量, 在区间 $[a, b]$ 上任取一小区间 $[x, x + \mathrm{d}x]$, 由于体积是由平面图形旋转一周生成的, 所以这个小区间上所对应的旋转体的体积可近似地用底面积为 $\pi y^2 = \pi f^2(x)$、高为 $\mathrm{d}x$ 的小圆柱体的体积来代替, 从而得体积元素为

$$\mathrm{d}V = \pi y^2 \mathrm{d}x = \pi \left[f(x) \right]^2 \mathrm{d}x.$$

在 $[a, b]$ 上作定积分, 得到旋转体的体积为

$$V = \int_{a}^{b} \pi \left[f(x) \right]^2 \mathrm{d}x.$$

类似地, 见图 3.19, 由平面曲线 $x = \varphi(y)$ 与直线 $y = c$, $y = d$ 及 y 轴围成的平面图形绕 y 轴旋转所得旋转体的体积为

$$V = \int_c^d \pi \left[\varphi(y) \right]^2 \mathrm{d}y.$$

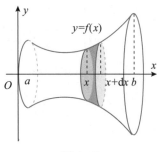

图 3.18

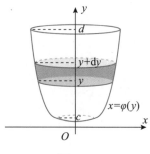

图 3.19

例 3.47　计算由椭圆 $\dfrac{x^2}{a^2} + \dfrac{y^2}{b^2} = 1$ 围成的图形绕 x 轴及 y 轴旋转一周所成的旋转体的体积.

解　这样的立体称为旋转椭球体. 绕 x 轴旋转所成的旋转椭球体可以看作由上半椭圆 $y = \dfrac{b}{a}\sqrt{a^2 - x^2}$ 与 x 轴围成的图形绕 x 轴旋转一周所成的旋转体，如图 3.20 所示，则其体积为

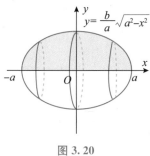

图 3.20

$$V_x = \int_{-a}^{a} \pi y^2 \mathrm{d}x = \pi \int_{-a}^{a} \frac{b^2}{a^2}(a^2 - x^2)\mathrm{d}x$$

$$= \frac{2\pi b^2}{a^2} \int_0^a (a^2 - x^2)\mathrm{d}x = \frac{2\pi b^2}{a^2}\left(a^2 x - \frac{1}{3}x^3\right)\Big|_0^a = \frac{4}{3}\pi a b^2 \text{（体积单位）}.$$

绕 y 轴旋转所成的旋转椭球体可以看作由 $x = \dfrac{a}{b}\sqrt{b^2 - y^2}$ 与 y 轴围成的图形绕 y 轴旋转一周所成的旋转体，则其体积为

$$V_y = \int_{-b}^{b} \pi x^2 \mathrm{d}y = \pi \int_{-b}^{b} \frac{a^2}{b^2}(b^2 - y^2)\mathrm{d}y = \frac{4}{3}\pi a^2 b.$$

当 $a = b$ 时，旋转椭球体变为半径是 a 的球体，其体积为 $V = \dfrac{4}{3}\pi a^3$.

例 3.48　计算由 $y = x^2$ 和 $y^2 = x$ 所围成的平面图形绕 y 轴旋转而成的旋转体的体积（见图 3.21）.

解　以 y 为积分变量，解方程组

$$\begin{cases} y = x^2, \\ y^2 = x, \end{cases}$$

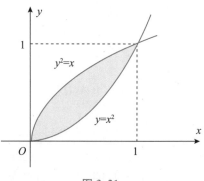

图 3.21

得交点 $(0,0)$ 和 $(1,1)$，于是

$$V = \pi \int_0^1 (y - y^4)\, \mathrm{d}y = \pi \left(\frac{1}{2} y^2 - \frac{1}{5} y^5 \right) \Big|_0^1$$

$$= \frac{3\pi}{10}\ （体积单位）.$$

四、连续函数在已知区间上的平均值

"平均"这个概念经常出现在生产实践和科学实验中，例如，平均速度、平均浓度等. 积分中值定理给出了计算连续函数 $y = f(x)$ 在区间 $[a,b]$ 上的平均值的计算公式（通常用 $\bar{x}$ 表示变量 x 的平均值）：

$$\overline{y} = \frac{1}{b-a} \int_a^b f(x)\, \mathrm{d}x.$$

例 3.49 求函数 $y = x^2 + 2x$ 在区间 $[-1,1]$ 上的平均值.

解 $\overline{y} = \dfrac{1}{1-(-1)} \displaystyle\int_{-1}^1 (x^2 + 2x)\, \mathrm{d}x$

$= \dfrac{1}{2} \left(\dfrac{1}{3} x^3 + x^2 \right) \Big|_{-1}^1 = \dfrac{1}{3}.$

例 3.50 假定在一项实验中测得某病人血液中胰岛素浓度 $C(t)$（单位/毫升）符合下列函数：

$$C(t) = \begin{cases} 10t - t^2, & 0 \leqslant t \leqslant 5, \\ 25\mathrm{e}^{-k(t-5)}, & t > 5, \end{cases}$$

式中 $k = \dfrac{1}{20}\ln 2$，时间 t 的单位为分钟，求 1 小时内血液中胰岛素的平均浓度.

解 $\overline{C}(t) = \dfrac{1}{60} \displaystyle\int_0^{60} C(t)\, \mathrm{d}t$

$= \dfrac{1}{60} \left[\displaystyle\int_0^5 (10t - t^2)\, \mathrm{d}t + \int_5^{60} 25\mathrm{e}^{-k(t-5)}\, \mathrm{d}t \right]$

$= \dfrac{1}{60} \left(5t^2 - \dfrac{1}{3} t^3 \right) \Big|_0^5 + \dfrac{5}{12} \left(-\dfrac{1}{k} \mathrm{e}^{-k(t-5)} \right) \Big|_5^{60}$

$= \dfrac{1}{60} \left(125 - \dfrac{125}{3} \right) - \dfrac{5}{12k} (\mathrm{e}^{-55k} - 1),$

因此

$$\overline{C}(t) \approx 11.63（单位／毫升）.$$

习题 **3. 3**

1. 求由下列曲线所围成的平面图形的面积：

(1) $y=x^2$ 与 $y=2-x^2$；

(2) $y=e^x$ 与 $x=0$ 及 $y=e$；

(3) $y=4-x^2$ 与 $y=0$；

(4) $y=x^2$ 与 $y=x$ 及 $y=2x$；

(5) $y=\dfrac{1}{x}$ 与 $y=x$ 及 $x=2$；

(6) $y^2=x$ 与 $y=x-2$；

(7) $y=e^x$，$y=e^{-x}$ 与 $x=1$；

(8) $y=\sin x\left(0\leqslant x\leqslant\dfrac{\pi}{2}\right)$ 与 $x=0$，$y=1$.

2. 求下列曲线围成的图形绕指定轴旋转所成的旋转体的体积：

(1) $y=x^2$，$x=2$ 及 x 轴，绕 x 轴；

(2) $y=x^2$，$y=x$，绕 x 轴；

(3) $y=\dfrac{r}{h}x$，$x=h$ 及 x 轴，绕 x 轴 $(r, h>0)$；

(4) $x^2+(y-5)^2=16$ 绕 x 轴；

(5) $y=\sqrt{x}$，$x=1$，$x=4$，$y=0$，绕 x 轴；

(6) $y=x^3$，$x=2$，x 轴，分别绕 x 轴与 y 轴.

知识导图

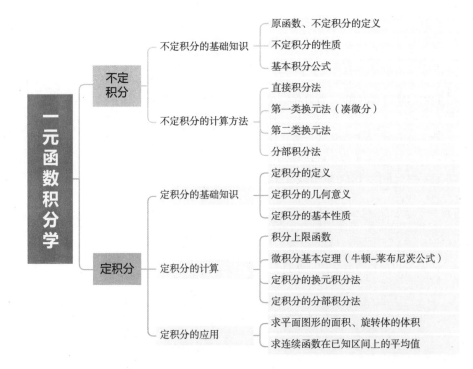

第四章　常微分方程简介

右图：港珠澳大桥.

我国著名数学家冯康（1920—1993）独立于西方创造了一整套解微分方程问题的系统化、现代化的计算方法，即现时国际通称的有限元方法. 当今，桥隧大坝（如港珠澳大桥）等复杂工程的建设都离不开有限元方法的支撑.

常微分方程是伴随着微积分一起发展起来的. 牛顿和莱布尼茨在他们的著作中都处理过与常微分方程有关的问题. 从 17 世纪末开始，从天体力学等很多物理问题的研究中引出了一系列常微分方程. 到 18 世纪，常微分方程已经成长为一个独立的有完整理论体系的新的数学分支. 如今，科学研究和实际生活中的许多问题都可以归结为用常微分方程表示的数学模型来解决. 本章将介绍常微分方程的基本概念和几种常用的常微分方程的解法，并给出应用举例.

第一节   微分方程的基本概念

> 微积分研究的对象是函数关系，利用函数关系可以探讨客观事物的变化规律. 因此如何寻求函数关系，在实践中具有重要意义. 但在许多实际问题中，往往不能直接得到变量之间的函数关系，却能比较容易地建立起这些变量与它们的导数或微分之间的关系式，这样的关系式就是所谓的微分方程. 微分方程建立以后，对它进行讨论，求出未知数函数，这就是解微分方程.

下面通过具体例子来说明微分方程的基本概念.

例 4.1   设一曲线过点 $(1,2)$，且在曲线上任意点处的切线斜率为 $2x$，求该曲线方程.

解   设所求曲线方程为 $y=f(x)$，由导数的几何意义知，$y=f(x)$ 应满足方程

$$\frac{\mathrm{d}y}{\mathrm{d}x}=2x, \tag{4.1}$$

或

$$\mathrm{d}y=2x\,\mathrm{d}x, \tag{4.2}$$

对式（4.2）两边积分

$$\int \mathrm{d}y=\int 2x\,\mathrm{d}x,$$

得

$$y=x^2+C,$$

其中 C 是任意常数. 因曲线过点 $(1,2)$，把 $x=1$，$y=2$ 代入上式，可得 $C=1$. 因此曲线方程为

$$y=x^2+1.$$

上述例子中的关系式（4.1）和式（4.2）含有未知函数的导数或微分，这样的方程称为微分方程.

定义 1   含有未知函数的导数或微分的方程称为微分方程（differential equation）. 未知函数是一元函数的微分方程称为常微分方程；未知函数是多元函数的微分方程称为偏微分方程.

本章只讨论常微分方程.

定义 2 微分方程中出现的未知函数的导数或微分的最高阶数，叫作微分方程的阶.

定义 3 如果某个函数代入微分方程后，能使该微分方程成为恒等式，则称此函数为微分方程的解. 如果微分方程的解中含有任意常数，且所含独立的任意常数的个数与微分方程的阶数相同，则称该解为微分方程的通解. 在通解中通过给予任意常数确定的数值，所得到的解叫作微分方程的特解. 由通解确定特解的条件称为初值条件. 求微分方程的解的过程称为解微分方程.

根据微分方程的解的概念，要验证某函数是否为微分方程的解，只要把该函数代入微分方程中检验就可以了.

例 4.2 验证 $s=-\dfrac{1}{2}gt^2+C_1t+C_2$ 为二阶微分方程 $s''=-g$ 的通解，并求方程满足初值条件 $s|_{t=0}=s_0$，$s'|_{t=0}=v_0$ 的特解.

解 因为 $s'=-gt+C_1$，$s''=-g$，所以 $s=-\dfrac{1}{2}gt^2+C_1t+C_2$ 是微分方程 $s''=-g$ 的解. 又因为 $s=-\dfrac{1}{2}gt^2+C_1t+C_2$ 中含有两个独立的任意常数，从而

$$s=-\frac{1}{2}gt^2+C_1t+C_2$$

是微分方程 $s''=-g$ 的通解.

由初值条件 $s|_{t=0}=s_0$，$s'|_{t=0}=v_0$，得 $C_2=s_0$，$C_1=v_0$. 所以

$$s=-\frac{1}{2}gt^2+v_0t+s_0$$

为满足初值条件的特解.

习题 4.1

1. 判断下列等式中哪些是微分方程，并指出微分方程的阶数.

(1) $y^2-y'+1=0$；

(2) $y^2-y+x=0$；

(3) $x^2-y'+1=0$；

(4) $\mathrm{d}y=(\tan x+x)\mathrm{d}x$；

(5) $y''+4y'-3y=0$；

(6) $y''+(y')^4+2y=0$.

2. 下列函数是否为微分方程 $\dfrac{\mathrm{d}y}{\mathrm{d}x}-3x^2y=0$ 的解？若是，是通解还是特解（C 是任意常数）？

(1) $y=Ce^{x^3}$；

(2) $y=Ce^{3x}$；

(3) $y=3e^{x^3}$;   (4) $y=e^{x^3}+C$.

3. 验证 $y=(C_1+C_2x)e^{2x}$（其中 C_1，C_2 是独立的任意常数）是微分方程 $y''-4y'+4y=0$ 的通解，并求方程满足初值条件 $y|_{x=0}=0$，$y'|_{x=0}=1$ 的特解.

4. 设曲线在点 $(x，y)$ 处的切线斜率等于该点横坐标的平方，试建立曲线所满足的微分方程.

第二节   一阶微分方程

一阶微分方程的一般形式为

$$F(x，y，y')=0.$$

本节主要讨论如下形式的简单的一阶微分方程：

$$y'=f(x，y).$$

下面给出四种常见类型的一阶微分方程的解法.

一、可分离变量的微分方程

形如

$$\frac{dy}{dx}=f(x)\cdot g(y) \tag{4.3}$$

的微分方程，称为可分离变量的微分方程.

这类微分方程的求解通常采用以下两步：

(1) 当 $g(y)\neq0$ 时，分离变量，得

$$\frac{dy}{g(y)}=f(x)dx，$$

这时，方程两边分别只含 x 或只含 y.

(2) 两边积分，有

$$\int\frac{dy}{g(y)}=\int f(x)dx，$$

即可求得微分方程的通解.

应该注意，使 $g(y)=0$ 的解 $y=y_0$ 也是方程（4.3）的解.

例 4.3   求微分方程 $\frac{dy}{dx}=2xy$ 的通解.

解   若 $y\neq0$，分离变量，得

$$\frac{\mathrm{d}y}{y}=2x\,\mathrm{d}x,$$

两边积分

$$\int\frac{\mathrm{d}y}{y}=\int 2x\,\mathrm{d}x,$$

得

$$\ln|y|=x^2+C_1,$$

从而

$$\mathrm{e}^{\ln|y|}=\mathrm{e}^{x^2+C_1},\quad |y|=\mathrm{e}^{C_1}\,\mathrm{e}^{x^2},$$

其中 C_1 是任意常数，于是

$$y=\pm\,\mathrm{e}^{C_1}\,\mathrm{e}^{x^2}=C\mathrm{e}^{x^2},$$

这里 $C=\pm\mathrm{e}^{C_1}\neq 0$，是不为零的任意常数. 显然 $y=0$ 也是方程的解，它可认为是 $C=0$ 的情形，故方程的通解为

$$y=C\mathrm{e}^{x^2}\quad（C\text{ 为任意常数}）.$$

例 4.4 求微分方程 $\dfrac{x}{1+y}\mathrm{d}x-\dfrac{y}{1+x}\mathrm{d}y=0$ 满足初值条件 $y\,|_{x=0}=1$ 的特解.

解 将方程变形为 $\dfrac{x}{1+y}\mathrm{d}x=\dfrac{y}{1+x}\mathrm{d}y$，这是一个可分离变量的微分方程. 分离变量，得

$$(y+y^2)\mathrm{d}y=(x+x^2)\mathrm{d}x,$$

两边积分

$$\int(y+y^2)\mathrm{d}y=\int(x+x^2)\mathrm{d}x,$$

得

$$\frac{1}{2}y^2+\frac{1}{3}y^3=\frac{1}{2}x^2+\frac{1}{3}x^3+C.$$

将 $x=0$，$y=1$ 代入其中，得 $C=\dfrac{5}{6}$，于是所求特解为

$$\frac{1}{2}y^2+\frac{1}{3}y^3=\frac{1}{2}x^2+\frac{1}{3}x^3+\frac{5}{6}.$$

二、齐次微分方程

形如

$$\frac{dy}{dx} = f\left(\frac{y}{x}\right) \tag{4.4}$$

的微分方程，称为齐次微分方程.

解齐次微分方程的常用方法是通过变量代换将其化为可分离变量的微分方程，然后求解，具体做法如下.

令 $u = \dfrac{y}{x}$，于是 $y = ux$，$\dfrac{dy}{dx} = x\dfrac{du}{dx} + u$，将其代入方程（4.4），得

$$x\frac{du}{dx} + u = f(u),$$

这是一个关于新的未知函数 $u = u(x)$ 的可分离变量的微分方程. 分离变量，得

$$\frac{du}{f(u) - u} = \frac{dx}{x},$$

两边积分，有

$$\int \frac{du}{f(u) - u} = \int \frac{dx}{x},$$

求出积分后，再用 $\dfrac{y}{x}$ 代替 u，便得所给齐次方程的通解.

例 4.5   求微分方程 $\dfrac{dy}{dx} = \dfrac{y}{x} + \dfrac{x}{2y}$ 的通解.

解   令 $u = \dfrac{y}{x}$，于是 $y = ux$，$\dfrac{dy}{dx} = x\dfrac{du}{dx} + u$，将其代入方程，得

$$x\frac{du}{dx} + u = u + \frac{1}{2u}.$$

化简并分离变量，得

$$2u\,du = \frac{dx}{x},$$

两边积分，得

$$u^2 = \ln|x| + C.$$

把 $u = \dfrac{y}{x}$ 代入上式，得原方程的通解为

$$\frac{y^2}{x^2} = \ln|x| + C \quad \text{或} \quad y^2 = x^2(\ln|x| + C).$$

三、一阶线性微分方程

形如

$$y' + P(x)y = Q(x) \tag{4.5}$$

的微分方程，称为一阶线性微分方程. 其中 $P(x)$，$Q(x)$ 均为 x 的已知函数. 这类方程的特点是未知函数 y 及其导数 y' 都是一次的，如

$$y' - \frac{1}{x}y = x^2.$$

当 $Q(x) = 0$ 时，方程（4.5）称为一阶线性齐次微分方程；当 $Q(x) \neq 0$ 时，方程（4.5）称为一阶线性非齐次微分方程.

1. 一阶线性齐次微分方程

先来讨论一阶线性齐次微分方程 $y' + P(x)y = 0$ 的通解. 显然，这也是一个可分离变量的方程. 若 $y \neq 0$，分离变量，得

$$\frac{\mathrm{d}y}{y} = -P(x)\mathrm{d}x,$$

两边积分，得

$$\ln|y| = -\int P(x)\mathrm{d}x + C_1,$$

即

$$|y| = \mathrm{e}^{C_1}\mathrm{e}^{-\int P(x)\mathrm{d}x}, \quad y = \pm \mathrm{e}^{C_1}\mathrm{e}^{-\int P(x)\mathrm{d}x},$$

取 $C = \pm \mathrm{e}^{C_1}$，上式可表示为

$$y = C\mathrm{e}^{-\int P(x)\mathrm{d}x} \quad (C \neq 0).$$

注意到，$y = 0$ 也是方程 $y' + P(x)y = 0$ 的解，可以看作 $C = 0$ 时 $y = C\mathrm{e}^{-\int P(x)\mathrm{d}x}$ 的情形，所以一阶线性齐次方程的通解为

$$y = C\mathrm{e}^{-\int P(x)\mathrm{d}x}, \tag{4.6}$$

式中，C 为任意常数.

注：（1）在 $\ln|y| = -\int P(x)\mathrm{d}x + C_1$ 中，将积分 $\int P(x)\mathrm{d}x$ 视为 $P(x)$ 的一个原函数，积分常数 C_1 是单独写出来的. 因此，齐次方程的通解 $y = C\mathrm{e}^{-\int P(x)\mathrm{d}x}$ 中的积分 $\int P(x)\mathrm{d}x$ 求出原函数后，不需要再加任意常数.

（2）若积分 $\int P(x)\mathrm{d}x$ 的原函数是对数函数"ln"的情形，可以不加绝对值号，因为在这种情形下，不加绝对值号与加绝对值号的最终结果是完全一样的，见例 4.6 的解法 2.

例 4.6　求微分方程 $y' - \dfrac{1}{x}y = 0$ 的通解.

解法 1　这是一阶线性齐次微分方程，也是可分离变量的微分方程. 若 $y \neq 0$，分离变量，得

$$\frac{\mathrm{d}y}{y} = \frac{\mathrm{d}x}{x},$$

两边积分，得

$$\ln|y| = \ln|x| + C_1,$$
$$|y| = \mathrm{e}^{\ln|x| + C_1} = \mathrm{e}^{\ln|x|}\,\mathrm{e}^{C_1} = \mathrm{e}^{C_1}|x|,$$

所以

$$y = \pm \mathrm{e}^{C_1} x,$$

即

$$y = Cx \ (C = \pm \mathrm{e}^{C_1}).$$

$y = 0$ 也是方程的解，包含在上式中（$C = 0$）.

解法 2　直接应用一阶线性齐次微分方程的通解公式，有

$$y = C\mathrm{e}^{\int \frac{1}{x}\mathrm{d}x} = C\mathrm{e}^{\ln x} = Cx.$$

显然，解法 2 里 $\mathrm{e}^{\int \frac{1}{x}\mathrm{d}x}$ 指数的积分的原函数是对数函数"ln"，没有加绝对值号的结果与解法 1 里积分出的对数函数加绝对值号的最终结果是完全一样的.

2. 一阶线性非齐次微分方程

现在利用一阶线性齐次方程的通解，通过常数变易法求其相应的一阶线性非齐次方程的通解.

这种方法是将 $y' + P(x)y = Q(x)$ 对应的齐次方程的通解 $y = C\mathrm{e}^{-\int P(x)\mathrm{d}x}$ 中的任意常数 C 换为待定函数 $C(x)$，即设

$$y = C(x)\mathrm{e}^{-\int P(x)\mathrm{d}x}$$

是方程 $y' + P(x)y = Q(x)$ 的解.

下面来确定 $C(x)$. 因为

$$y' = C'(x) \cdot \mathrm{e}^{-\int P(x)\mathrm{d}x} + C(x) \cdot (\mathrm{e}^{-\int P(x)\mathrm{d}x})'$$
$$= C'(x) \cdot \mathrm{e}^{-\int P(x)\mathrm{d}x} + C(x) \cdot \mathrm{e}^{-\int P(x)\mathrm{d}x} \cdot [-P(x)],$$

将 $y = C(x)\mathrm{e}^{-\int P(x)\mathrm{d}x}$ 及 y' 代入方程 $y' + P(x)y = Q(x)$，得

$$C'(x) \cdot \mathrm{e}^{-\int P(x)\mathrm{d}x} + C(x) \cdot \mathrm{e}^{-\int P(x)\mathrm{d}x} \cdot [-P(x)] + P(x) \cdot C(x) \cdot \mathrm{e}^{-\int P(x)\mathrm{d}x} = Q(x).$$

于是

$$C'(x) \cdot \mathrm{e}^{-\int P(x)\mathrm{d}x} = Q(x),$$

即

$$C'(x) = Q(x)\mathrm{e}^{\int P(x)\mathrm{d}x},$$

两边积分，得

$$C(x) = \int Q(x) \cdot \mathrm{e}^{\int P(x)\mathrm{d}x}\mathrm{d}x + C,$$

式中，C 是任意常数.

将上式代入 $y = C(x)\mathrm{e}^{-\int P(x)\mathrm{d}x}$，得

$$y = \mathrm{e}^{-\int P(x)\mathrm{d}x}\left[\int Q(x) \cdot \mathrm{e}^{\int P(x)\mathrm{d}x}\mathrm{d}x + C\right]. \tag{4.7}$$

不难验证，式（4.7）就是方程 $y' + P(x)y = Q(x)$ 的通解.

对于方程 $y' + P(x)y = Q(x)$，可直接利用通解公式（4.7）求其通解. 先将要求解的方程化为形如 $y' + P(x)y = Q(x)$ 的标准形式，确定 $P(x)$，$Q(x)$，再代入公式（4.7）求解. 公式（4.7）中的 $\mathrm{e}^{-\int P(x)\mathrm{d}x}$ 与 $\mathrm{e}^{\int P(x)\mathrm{d}x}$ 的指数都有积分 $\int P(x)\mathrm{d}x$（与齐次微分方程通解公式（4.6）后面的"注"类似），由积分 $\int P(x)\mathrm{d}x$ 求出原函数后，若原函数是对数函数 "ln" 的情形，可不加绝对值号；公式（4.7）中的三个不定积分在计算时均不需要再加任意常数.

方程 $y' + P(x)y = Q(x)$ 也可以用常数变易法求解，具体步骤如下：

(1) 先求出 $y' + P(x)y = Q(x)$ 对应的齐次方程 $y' + P(x)y = 0$ 的通解 $y = C\mathrm{e}^{-\int P(x)\mathrm{d}x}$；

(2) 将上式中的任意常数 C 变易为 x 的待定函数 $C(x)$，把 $y = C(x)\mathrm{e}^{-\int P(x)\mathrm{d}x}$ 代入非齐次方程 $y' + P(x)y = Q(x)$，确定出 $C(x)$，最后写出非齐次方程的通解.

例 4.7 求微分方程 $y' - \dfrac{1}{x}y = x^2$ 的通解.

解法 1 这是 $P(x) = -\dfrac{1}{x}$，$Q(x) = x^2$ 的一阶线性非齐次微分方程.

直接应用通解公式（4.7），有

$$y = \mathrm{e}^{\int \frac{1}{x}\mathrm{d}x}\left(\int x^2 \cdot \mathrm{e}^{\int -\frac{1}{x}\mathrm{d}x}\mathrm{d}x + C\right) = \mathrm{e}^{\ln x}\left(\int x^2 \cdot \mathrm{e}^{-\ln x}\mathrm{d}x + C\right)$$

$$=x\left(\int x^2\cdot\frac{1}{x}\mathrm{d}x+C\right)=x\left(\frac{1}{2}x^2+C\right).$$

解法 2 用常数变易法.

(1) 原方程对应的齐次方程为

$$y'-\frac{1}{x}y=0,$$

其通解是

$$y=C\mathrm{e}^{\int\frac{1}{x}\mathrm{d}x}=C\mathrm{e}^{\ln x}=Cx.$$

(2) 令上式中的 $C=C(x)$，将 $y=C(x)\cdot x$ 代入原方程，得

$$C'(x)\cdot x+C(x)-\frac{1}{x}C(x)\cdot x=x^2,$$

即 $C'(x)=x$，积分，得

$$C(x)=\frac{1}{2}x^2+C,$$

故原方程的通解为

$$y=x\left(\frac{1}{2}x^2+C\right).$$

四、伯努利方程

伯努利方程是以瑞士数学家雅各布·伯努利（Jacob Bernoulli，1654—1705）的名字命名的. 他在数学的很多方面都有极大的贡献，数学中的伯努利数、伯努利实验、伯努利定理都是以他的名字命名的. 伯努利家族产生过许多卓越的数学家，在历史上这是一个对数学、物理等多个学科都有巨大贡献的最著名的家族.

【人物小传】
伯努利家族

形如

$$y'+P(x)y=Q(x)\cdot y^n\quad(n\neq0,1)\tag{4.8}$$

的微分方程，称为伯努利方程（Bernoulli equation）. 当 $n=0$ 和 $n=1$ 时，该方程是一阶线性微分方程.

对于伯努利方程，可以借助变量代换将其化为线性方程求解. 一般地，将方程两边同时除以 y^n，得

$$y^{-n}y'+P(x)y^{1-n}=Q(x),$$

于是

$$\frac{1}{1-n}(y^{1-n})' + P(x)y^{1-n} = Q(x),$$

从而

$$(y^{1-n})' + (1-n)P(x)y^{1-n} = (1-n)Q(x),$$

令 $u = y^{1-n}$，将其化为关于新的未知函数 $u = u(x)$ 的一阶线性微分方程

$$u' + (1-n)P(x)u = (1-n)Q(x).$$

求出通解后，再以 y^{1-n} 代替 u，就可得到方程（4.8）的解.

例 4.8 求微分方程 $y' - 2xy = xy^2$ 的通解.

解 这是 $n = 2$ 的伯努利方程，两边除以 y^2，得

$$y^{-2}y' - 2xy^{-1} = x,$$

令 $u = y^{-1}$，得

$$u' + 2xu = -x,$$

该方程是一阶线性非齐次微分方程，其通解为

$$u = e^{-\int 2x\,dx}\left(\int -x \cdot e^{\int 2x\,dx}\,dx + C\right) = e^{-x^2}\left(\int -x \cdot e^{x^2}\,dx + C\right)$$

$$= e^{-x^2}\left(-\frac{1}{2}e^{x^2} + C\right) = -\frac{1}{2} + Ce^{-x^2}.$$

将 $u = y^{-1}$ 代入其中，得 $y^{-1} = -\frac{1}{2} + Ce^{-x^2}$，因此原方程的通解为

$$\left(\frac{1}{2} + \frac{1}{y}\right)e^{x^2} = C.$$

习题 4.2

1. 求下列微分方程的通解：

(1) $\dfrac{dy}{x} - (1 + y^2)\,dx = 0$；

(2) $y'\cos^2 x = y\ln y$；

(3) $\cos y \sin x\,dy = \sin y \cos x\,dx$；

(4) $2yy' + x\sqrt{1 - y^2} = 0$；

(5) $(e^{x+y} - e^x)\,dx + (e^{x+y} + e^y)\,dy = 0$；

(6) $x\dfrac{dy}{dx} = y\ln\dfrac{y}{x}$.

2. 解下列微分方程：

(1) $y' + y\sin x = e^{\cos x}$；

(2) $\dfrac{dy}{dx} + y = e^{-x}$；

(3) $y' + y\tan x = \cos x$；

(4) $2xy' = y - x^3$；

(5) $x^2 y' + xy = y^2$.

3. 求下列微分方程满足初值条件的特解：

(1) $1 + y^2 - xyy' = 0$，$y\big|_{x=1} = 1$；

(2) $\dfrac{\mathrm{d}y}{\mathrm{d}x} = \mathrm{e}^{2x-y}$，$y\big|_{x=0} = 0$；

(3) $\dfrac{\mathrm{d}y}{\mathrm{d}x} + \dfrac{y}{x} = \dfrac{\sin x}{x}$，$y\big|_{x=\pi} = 1$；

(4) $\dfrac{\mathrm{d}y}{\mathrm{d}x} + \dfrac{2 - 3x^2}{x^3} y = 1$，$y\big|_{x=1} = 0$.

第三节　二阶微分方程

二阶及二阶以上的微分方程称为高阶微分方程. 高阶微分方程的一般形式为

$$F(x,\ y,\ y',\ \cdots,\ y^{(n)}) = 0 \quad (n \geqslant 2).$$

本节主要讨论几种常见类型的二阶微分方程

$$F(x,\ y,\ y',\ y'') = 0$$

的求解方法.

一、可降阶的二阶微分方程

对于有些二阶微分方程，可以通过适当的变量代换，化为一阶微分方程来求解，这种类型的二阶方程称为可降阶的二阶微分方程. 下面讨论三种容易降阶的二阶微分方程.

1. $y'' = f(x)$ 型微分方程

这类方程的特点是右端仅含有自变量 x，方程中不显含未知函数 y 及其导数 y'.

若把 y' 作为新的未知函数，那么方程就变为

$$(y')' = f(x),$$

两端积分，得

$$y' = \int f(x)\mathrm{d}x + C_1,$$

上式两端再次积分就得方程的通解

$$y = \int \left[\int f(x)\mathrm{d}x \right] + C_1 x + C_2.$$

例 4.9　求微分方程 $y'' = \mathrm{e}^{2x} - \cos x$ 的通解.

解　对所给方程连续积分两次，得

$$y' = \int (e^{2x} - \cos x) \, dx = \frac{1}{2} e^{2x} - \sin x + C_1,$$

$$y = \int \left(\frac{1}{2} e^{2x} - \sin x + C_1 \right) dx = \frac{1}{4} e^{2x} + \cos x + C_1 x + C_2.$$

这就是所求微分方程的通解.

2. $y'' = f(x, y')$ 型微分方程

这类方程的特点是方程中不显含未知函数 y.

设 $y' = p(x)$，那么 $y'' = \dfrac{dp}{dx} = p'(x)$，方程 $y'' = f(x, y')$ 变为

$$p' = f(x, p),$$

这是一个关于变量 x 和 p 的一阶微分方程. 解此一阶微分方程，若求得通解为

$$p = \varphi(x, C_1), \quad \text{即} \quad y' = \varphi(x, C_1),$$

对上式积分，便可得原方程的通解

$$y = \int \varphi(x, C_1) \, dx + C_2.$$

例 4.10　求微分方程 $\begin{cases} (1+x^2) y'' = 2xy', \\ y\big|_{x=0} = 1, \ y'\big|_{x=0} = 3 \end{cases}$ 的特解.

解　设 $y' = p(x)$，则 $y'' = p'(x)$，将其代入原方程，得

$$(1+x^2) p' = 2xp,$$

这是可分离变量的一阶微分方程，分离变量，得

$$\frac{dp}{p} = \frac{2x}{1+x^2} \, dx,$$

两边积分，得

$$\ln |p| = \ln(1+x^2) + C,$$

所以

$$p = \pm e^C (1+x^2),$$

即

$$y' = C_1(1+x^2), \quad C_1 = \pm e^C.$$

由条件 $y'\big|_{x=0} = 3$，得 $C_1 = 3$，所以

$$y' = 3(1+x^2),$$

两边再积分，得

$$y = x^3 + 3x + C_2.$$

又由条件 $y|_{x=0}=1$，得 $C_2=1$，于是所求特解为

$$y = x^3 + 3x + 1.$$

3. $y''=f(y, y')$ 型微分方程

这类方程的特点是方程中不显含自变量 x.

令 $y'=p(y)$，$p(y)$ 是以 y 为中间变量的 x 的复合函数. 利用复合函数的求导法则把 y'' 化为对 y 求导数，即

$$y'' = \frac{\mathrm{d}y'}{\mathrm{d}x} = \frac{\mathrm{d}p}{\mathrm{d}y} \cdot \frac{\mathrm{d}y}{\mathrm{d}x} = p \frac{\mathrm{d}p}{\mathrm{d}y},$$

于是，方程 $y''=f(y, y')$ 化为

$$p \frac{\mathrm{d}p}{\mathrm{d}y} = f(y, p).$$

这是一个关于 y 和 p 的一阶微分方程. 解此一阶微分方程，若求得通解为

$$p = \varphi(y, C_1), \quad 即 \frac{\mathrm{d}y}{\mathrm{d}x} = \varphi(y, C_1),$$

对上式分离变量并积分，便得原方程的通解为

$$\int \frac{\mathrm{d}y}{\varphi(y, C_1)} = x + C_2.$$

例 4.11　求微分方程 $y''=\dfrac{y'^2}{y}$ 的通解.

解　令 $y'=p(y)$，则 $y''=\dfrac{\mathrm{d}p}{\mathrm{d}y} \cdot \dfrac{\mathrm{d}y}{\mathrm{d}x} = p \dfrac{\mathrm{d}p}{\mathrm{d}y}$，将其代入方程，得

$$p \frac{\mathrm{d}p}{\mathrm{d}y} = \frac{p^2}{y},$$

如果 $p \neq 0$，可约去 p，即

$$\frac{\mathrm{d}p}{\mathrm{d}y} = \frac{p}{y},$$

分离变量，得

$$\frac{\mathrm{d}p}{p} = \frac{\mathrm{d}y}{y},$$

两边积分，得

$$\ln|p| = \ln|y| + C,$$

因此

$$p = \pm e^C y，\text{即 } y' = C_1 y \ (C_1 = \pm e^C),$$

分离变量并积分

$$\int \frac{\mathrm{d}y}{y} = \int C_1 \mathrm{d}x,$$

得

$$\ln|y| = C_1 x + C_0，\text{即 } y = \pm e^{C_0} e^{C_1 x} = C_2 e^{C_1 x} \ (C_2 = \pm e^{C_0}).$$

如果 $p = y' = 0$，可得 $y = C$，为上式中 $C_1 = 0$ 的情形.

因此，原方程的通解为

$$y = C_2 e^{C_1 x}.$$

二、二阶常系数线性齐次微分方程

形如

$$y'' + p(x)y' + q(x)y = f(x) \tag{4.9}$$

的微分方程，称为二阶线性微分方程，其中 $p(x)$，$q(x)$，$f(x)$ 为 x 的已知函数. 当 $f(x) \equiv 0$ 时，称方程（4.9）为齐次的；否则称为非齐次的.

若式（4.9）中的 $f(x) \equiv 0$，且 $p(x)$，$q(x)$ 均为常数，即式（4.9）变为

$$y'' + py' + qy = 0, \tag{4.10}$$

其中 p，q 是已知常数，则称方程（4.10）为二阶常系数线性齐次微分方程.

本节只讨论二阶常系数线性齐次微分方程的解法. 为此，先讨论这种方程解的结构.

定理 1　设 $y_1(x)$ 与 $y_2(x)$ 是微分方程（4.10）的两个解，那么

$$y = C_1 y_1(x) + C_2 y_2(x)$$

也是方程（4.10）的解，其中 C_1，C_2 是任意常数.

证　因为 $y_1(x)$ 与 $y_2(x)$ 都是方程（4.10）的解，所以有

$$y_1'' + py_1' + qy_1 = 0 \quad \text{及} \quad y_2'' + py_2' + qy_2 = 0,$$

将 $y = C_1 y_1 + C_2 y_2$ 代入方程（4.10），得

$$(C_1 y_1'' + C_2 y_2'') + p(C_1 y_1' + C_2 y_2') + q(C_1 y_1 + C_2 y_2)$$
$$= C_1(y_1'' + py_1' + qy_1) + C_2(y_2'' + py_2' + qy_2)$$

$$=C_1 \cdot 0 + C_2 \cdot 0 = 0.$$

因此 $y = C_1 y_1(x) + C_2 y_2(x)$ 是方程 (4.10) 的解.

注意, $y = C_1 y_1(x) + C_2 y_2(x)$ 中含有两个任意常数, 且微分方程 (4.10) 是二阶的, 那么它是否为该方程的通解呢? 不一定. 这还要看这两个任意常数是否互相独立, 也就是要看它们能否合并成一个任意常数.

例如, 函数 $y_1 = e^x$ 和 $y_2 = 2e^x$ 都是方程 $y'' - 3y' + 2y = 0$ 的解, 由定理 1 知 $y = C_1 e^x + C_2 \cdot 2e^x$ 也是方程的解. 但由于

$$y = C_1 e^x + C_2 \cdot 2e^x = (C_1 + 2C_2) e^x = Ce^x \quad (C = C_1 + 2C_2),$$

即两个任意常数 C_1, C_2 不是互相独立的, 而是可以合并成一个任意常数 C, 因此

$$y = C_1 e^x + C_2 \cdot 2e^x$$

不是二阶方程 $y'' - 3y' + 2y = 0$ 的通解.

为了解决方程 $y'' + py' + qy = 0$ 的解的问题, 引入线性无关与线性相关的概念. 如果函数 $y_1(x)$ 与 $y_2(x)$ 满足 $\dfrac{y_1(x)}{y_2(x)} \neq$ 常数, 则称 $y_1(x)$ 与 $y_2(x)$ 线性无关. 否则, 即 $\dfrac{y_1(x)}{y_2(x)} =$ 常数, 则称它们线性相关.

例如, 对于函数 $\sin x$ 与 $\cos x$, 因为 $\dfrac{\sin x}{\cos x} = \tan x \neq$ 常数, 所以函数 $\sin x$ 与 $\cos x$ 是线性无关的. 对于函数 e^x 与 $2e^x$, 因为 $\dfrac{e^x}{2e^x} = \dfrac{1}{2}$ 是常数, 所以 e^x 与 $2e^x$ 是线性相关的.

定理 2   若 $y_1(x)$ 与 $y_2(x)$ 是微分方程 (4.10) 的两个线性无关的特解, 那么

$$y = C_1 y_1(x) + C_2 y_2(x)$$

就是方程 (4.10) 的通解, 其中 C_1, C_2 是任意常数.

证明略.

例如, 容易验证函数 $y_1 = e^x$ 与 $y_2 = e^{2x}$ 是微分方程 $y'' - 3y' + 2y = 0$ 的两个特解, 且 $\dfrac{y_1(x)}{y_2(x)} = \dfrac{e^x}{e^{2x}} = e^{-x} \neq$ 常数, 即 $y_1 = e^x$ 与 $y_2 = e^{2x}$ 是微分方程的两个线性无关的特解, 因此, $y = C_1 e^x + C_2 e^{2x}$ 就是方程 $y'' - 3y' + 2y = 0$ 的通解.

由定理 2 知, 要求方程 (4.10) 的通解, 只需求出它的两个线性无关的特解. 由于 p, q 均为常数, 若函数 $y(x) \neq 0$, 且 $y(x)$ 与它的一阶导数 y' 和二阶导数 y'' 之间都相差一个常数因子, 那么这种类型的函数有可能是方程 (4.10) 的解. 指数函数 $y = e^{\lambda x}$ 及各阶导数都相差一个常数因子. 因此, 我们用函数 $y = e^{\lambda x}$ 来尝试, 看能否选取适当的常数 λ, 使 $y = e^{\lambda x}$ 满足方程 (4.10).

将 $y = e^{\lambda x}$, $y' = \lambda e^{\lambda x}$, $y'' = \lambda^2 e^{\lambda x}$ 代入方程 (4.10), 得

$$(\lambda^2 + p\lambda + q)e^{\lambda x} = 0.$$

由于 $e^{\lambda x} \neq 0$，要想使 $y = e^{\lambda x}$ 成为方程（4.10）的解，只要 λ 满足

$$\lambda^2 + p\lambda + q = 0 \qquad\qquad (4.11)$$

即可. 代数方程（4.11）叫作微分方程（4.10）的特征方程. 特征方程的根

$$\lambda_1 = \frac{-p + \sqrt{p^2 - 4q}}{2}, \quad \lambda_2 = \frac{-p - \sqrt{p^2 - 4q}}{2}$$

称为特征根.

特征根有三种不同的情形：

（1）$p^2 - 4q > 0$. 当 $p^2 - 4q > 0$ 时，特征方程（4.11）有两个不同的实根 λ_1，λ_2（$\lambda_1 \neq \lambda_2$）. 这时微分方程（4.10）有两个解 $y_1 = e^{\lambda_1 x}$ 和 $y_2 = e^{\lambda_2 x}$.

由于 $\dfrac{y_1}{y_2} = e^{(\lambda_1 - \lambda_2)x} \neq$ 常数，因此 y_1 与 y_2 线性无关，从而方程（4.10）的通解为

$$y = C_1 e^{\lambda_1 x} + C_2 e^{\lambda_2 x}.$$

（2）$p^2 - 4q = 0$. 当 $p^2 - 4q = 0$ 时，特征方程有两个相同的根 $\lambda_1 = \lambda_2 = -\dfrac{p}{2}$，这时只能得到微分方程（4.10）的一个特解 $y_1 = e^{\lambda_1 x}$. 为求另一个特解 y_2，且与 y_1 线性无关，即 $\dfrac{y_1(x)}{y_2(x)} \neq$ 常数，设 $\dfrac{y_2}{y_1} = u(x)$（待定函数），即 $y_2 = u(x)y_1 = u(x)e^{\lambda_1 x}$. 下面求 $u(x)$.

由于

$$y_2' = u'e^{\lambda_1 x} + u \cdot \lambda_1 e^{\lambda_1 x} = e^{\lambda_1 x}(u' + \lambda_1 u),$$
$$y_2'' = \lambda_1 e^{\lambda_1 x}(u' + \lambda_1 u) + e^{\lambda_1 x}(u'' + \lambda_1 u') = e^{\lambda_1 x}(u'' + 2\lambda_1 u' + \lambda_1^2 u),$$

将 y_2，y_2' 及 y_2'' 代入微分方程（4.10），得

$$e^{\lambda_1 x}\left[(u'' + 2\lambda_1 u' + \lambda_1^2 u) + p(u' + \lambda_1 u) + qu\right] = 0.$$

因为 $e^{\lambda_1 x} \neq 0$，所以

$$u'' + (p + 2\lambda_1)u' + (\lambda_1^2 + p\lambda_1 + q)u = 0,$$

因为 λ_1 是特征方程 $\lambda^2 + p\lambda + q = 0$ 的根，所以有 $\lambda_1^2 + p\lambda_1 + q = 0$ 及 $p + 2\lambda_1 = 0$，因此得

$$u'' = 0,$$

将它积分两次，得

$$u = C_1 x + C_2.$$

因为我们只需要找一个与 $y_1 = e^{\lambda_1 x}$ 线性无关的特解，所以不妨选取 $u = x$，从而得到

微分方程（4.10）的另一个特解

$$y = x\,\mathrm{e}^{\lambda_1 x}.$$

故方程（4.10）的通解为

$$y = C_1 \mathrm{e}^{\lambda_1 x} + C_2 x\,\mathrm{e}^{\lambda_1 x}$$

或

$$y = (C_1 + C_2 x)\mathrm{e}^{\lambda_1 x}.$$

（3） $p^2 - 4q < 0$. 当 $p^2 - 4q < 0$ 时，特征方程（4.11）有一对共轭复根

$$\lambda_1 = \frac{-p + \mathrm{i}\sqrt{4q - p^2}}{2} = \alpha + \mathrm{i}\beta, \quad \lambda_2 = \frac{-p - \mathrm{i}\sqrt{4q - p^2}}{2} = \alpha - \mathrm{i}\beta.$$

因此方程（4.10）的两个复数形式的特解为

$$y_1 = \mathrm{e}^{(\alpha + \mathrm{i}\beta)x}, \quad y_2 = \mathrm{e}^{(\alpha - \mathrm{i}\beta)x}.$$

因为 $\dfrac{y_1}{y_2} = \mathrm{e}^{2\mathrm{i}\beta x} \neq$ 常数，所以 y_1 与 y_2 是线性无关的，这时，方程（4.10）的通解可表示为

$$y_1 = C_1 \mathrm{e}^{(\alpha + \mathrm{i}\beta)x} + C_2 \mathrm{e}^{(\alpha - \mathrm{i}\beta)x}.$$

但是，人们习惯上希望能得到实数形式的解. 根据欧拉公式

$$\mathrm{e}^{\mathrm{i}\theta} = \cos\theta + \mathrm{i}\sin\theta,$$

上述两个复数特解可表示为

$$y_1 = \mathrm{e}^{(\alpha + \mathrm{i}\beta)x} = \mathrm{e}^{\alpha x} \cdot \mathrm{e}^{\mathrm{i}\beta x} = \mathrm{e}^{\alpha x}(\cos\beta x + \mathrm{i}\sin\beta x),$$
$$y_2 = \mathrm{e}^{(\alpha - \mathrm{i}\beta)x} = \mathrm{e}^{\alpha x} \cdot \mathrm{e}^{-\mathrm{i}\beta x} = \mathrm{e}^{\alpha x}(\cos\beta x - \mathrm{i}\sin\beta x).$$

由定理 1 知，下面的两个实数函数

$$\overline{y}_1 = \frac{1}{2}y_1 + \frac{1}{2}y_2 = \mathrm{e}^{\alpha x}\cos\beta x, \quad \overline{y}_2 = \frac{1}{2\mathrm{i}}y_1 - \frac{1}{2\mathrm{i}}y_2 = \mathrm{e}^{\alpha x}\sin\beta x$$

仍为微分方程（4.10）的解，且 $\dfrac{\overline{y}_1}{\overline{y}_2} = \cot\beta x \neq$ 常数，即 $\overline{y}_1$ 与 $\overline{y}_2$ 线性无关，由定理 2 便可得方程（4.10）的通解为

$$y = \mathrm{e}^{\alpha x}(C_1 \cos\beta x + C_2 \sin\beta x).$$

综上所述，二阶常系数线性齐次微分方程的通解可归结为表 4.1.

表 4.1

特征方程 $\lambda^2+p\lambda+q=0$ 的根	方程 $y''+py'+qy=0$ 的通解
两个不等实根 $\lambda_1\neq\lambda_2$	$y=C_1\mathrm{e}^{\lambda_1 x}+C_2\mathrm{e}^{\lambda_2 x}$
两个相等实根 $\lambda_1=\lambda_2$	$y=(C_1+C_2 x)\mathrm{e}^{\lambda_1 x}$
一对共轭复根 $\lambda_{1,2}=\alpha\pm\mathrm{i}\beta$	$y=\mathrm{e}^{\alpha x}(C_1\cos\beta x+C_2\sin\beta x)$

例 4.12　求方程 $y''+2y'-3y=0$ 的通解.

解　特征方程为

$$\lambda^2+2\lambda-3=0,$$

解得

$$\lambda_1=1,\ \lambda_2=-3,$$

因此所求方程的通解为

$$y=C_1\mathrm{e}^x+C_2\mathrm{e}^{-3x}.$$

例 4.13　求方程 $y''-4y'+4y=0$ 满足初值条件 $y(0)=1$，$y'(0)=3$ 的特解.

解　特征方程为

$$\lambda^2-4\lambda+4=0,$$

解得

$$\lambda_1=\lambda_2=2,$$

因此所求方程的通解为

$$y=(C_1+C_2 x)\mathrm{e}^{2x}.$$

由初值条件 $y(0)=1$，$y'(0)=3$，得

$$\begin{cases}1=C_1,\\ \dfrac{3}{2}=C_1+C_2,\end{cases}\quad 即 \quad \begin{cases}C_1=1,\\ C_2=\dfrac{1}{2},\end{cases}$$

于是所求特解为

$$y=\left(1+\frac{1}{2}x\right)\mathrm{e}^{2x}.$$

例 4.14　求方程 $y''-2y'+5y=0$ 的通解.

解　特征方程为

$$\lambda^2-2\lambda+5=0,$$

解得

$$\lambda_{1,2} = 1 \pm 2\mathrm{i},$$

因此所求方程的通解为

$$y = \mathrm{e}^x (C_1 \cos 2x + C_2 \sin 2x).$$

例 4.15　求方程 $y'' - 9y = 0$ 的通解.

解　特征方程为

$$\lambda^2 - 9 = 0,$$

解得

$$\lambda_1 = 3, \ \lambda_2 = -3,$$

因此所求方程的通解为

$$y = C_1 \mathrm{e}^{3x} + C_2 \mathrm{e}^{-3x}.$$

习题 4.3

1. 求下列微分方程的通解:

(1) $y'' = y' + x^2$;

(2) $(1 - x^2) y'' = xy'$;

(3) $y'' + y' \tan x = \sin 2x$;

(4) $2yy'' + (y')^2 = 0$.

2. 求下列微分方程满足初值条件的特解:

(1) $y'' - (\cot t) y' = \sin x$, $y\big|_{x = \frac{\pi}{2}} = 1$, $y'\big|_{x = \frac{\pi}{2}} = 0$;

(2) $y'' - 2yy' = 0$, $y(0) = 1$, $y'(0) = 1$;

(3) $y'' - \mathrm{e}^{2y} y' = 0$, $y(0) = 0$, $y'(0) = \dfrac{1}{2}$;

(4) $(1 - y) y'' = 2 (y')^2$, $y(1) = 0$, $y'(1) = 1$.

3. 求下列微分方程的通解:

(1) $y'' + 5y' + 6y = 0$;

(2) $y'' - 6y' + 9y = 0$;

(3) $y'' - 2y' + 2y = 0$;

(4) $y'' + 2y' = 0$;

(5) $y'' + 25y = 0$;

(6) $4y'' - 4y' + y = 0$;

4. 求下列微分方程满足初值条件的特解:

(1) $y'' - 3y' + 2y = 0$, $y\big|_{x = 0} = 1$, $y'\big|_{x = 0} = 2$;

(2) $y'' + 2y' + 5y = 0$, $y\big|_{x = 0} = 0$, $y'\big|_{x = 0} = 1$.

第四节 常微分方程的应用

在经济管理、技术应用等方面经常需要研究变量之间的关系及其变化的内在规律. 为此，需要把实际问题抽象为数学问题，用一个简明的数学结构来表示所观察变量之间的关系，即通常所说的建立数学模型. 微分方程是建立数学模型时应用最广泛的工具之一. 这里，列举几个简单的例子来说明微分方程模型在实际中的应用.

一、逻辑斯蒂方程

逻辑斯蒂（logistic）方程是一种在许多领域都有广泛应用的数学模型，它可以用来描述人口增长、市场占有率、流行病传播等现象.

例 4.16 设有某项新技术需要推广，在 t 时刻已掌握该项技术的人数为 $x(t)$，推广速度 $\dfrac{\mathrm{d}x}{\mathrm{d}t}$ 与 $x(t)$ 成正比，同时新技术也存在一定的市场容量 N，即该新技术需要的总人数为 N，那么 $\dfrac{\mathrm{d}x}{\mathrm{d}t}$ 与尚未掌握的人数 $N-x(t)$ 也成正比，且已知初始时刻已掌握该技术的人数为 $\dfrac{1}{4}N$. 求：

（1）已掌握新技术的人数 $x(t)$ 的表达式；

（2）$x(t)$ 增长最快的时刻 T.

解 （1）由题意知，$x(t)$ 随时间 t 的变化规律的数学模型为

$$\begin{cases} \dfrac{\mathrm{d}x}{\mathrm{d}t}=kx(N-x), \\ x(0)=\dfrac{1}{4}N, \end{cases}$$

其中 k 为常数.

将微分方程 $\dfrac{\mathrm{d}x}{\mathrm{d}t}=kx(N-x)$ 分离变量并积分，有

$$\int \frac{\mathrm{d}x}{x(N-x)}=\int k\,\mathrm{d}t,$$

得

$$\frac{1}{N}\ln\frac{x}{N-x}=kt+C,$$

代入初值条件 $x(0)=\dfrac{1}{4}N$，可得

$$C=-\frac{1}{N}\ln 3,$$

故有

$$x=\frac{N}{1+3e^{-kNt}}.$$

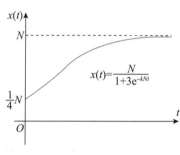

图 4.1

其图像称为逻辑斯蒂曲线，见图 4.1.

（2）由上式可知

$$\frac{\mathrm{d}x}{\mathrm{d}t}=\frac{3N^2 k\,e^{-kNt}}{(1+3e^{-kNt})^2},$$

于是

$$\frac{\mathrm{d}^2 x}{\mathrm{d}t^2}=\frac{-3N^3 k^2 e^{-kNt}(1-3e^{-kNt})}{(1+3e^{-kNt})^3}.$$

令 $\dfrac{\mathrm{d}^2 x}{\mathrm{d}t^2}=0$，得 $T=\dfrac{\ln 3}{kN}$.

当 $t<T$ 时，$\dfrac{\mathrm{d}^2 x}{\mathrm{d}t^2}>0$；当 $t>T$ 时，$\dfrac{\mathrm{d}^2 x}{\mathrm{d}t^2}<0$. 故当 $T=\dfrac{\ln 3}{kN}$ 时，$\dfrac{\mathrm{d}x}{\mathrm{d}t}$ 取得最大值，即此时 $x(t)$ 的增长速度最快.

例 4.17　设某地区的人口增长满足逻辑斯蒂方程

$$\begin{cases}\dfrac{\mathrm{d}N}{\mathrm{d}t}=(\beta-\delta N)N,\\[2mm] N(0)=N_0,\end{cases}$$

其中 β,δ 都是正常数. 试求人口总数 N 与时间 t 的函数关系式.

解　对微分方程分离变量并积分，有

$$\int\frac{\mathrm{d}N}{(\beta-\delta N)N}=\int\mathrm{d}t,$$

得

$$\ln N-\ln(\beta-\delta N)=\beta t+\ln C,$$

即

$$\frac{N}{\beta-\delta N}=Ce^{\beta t}.$$

由初值条件 $N(0)=N_0$，解得 $C=\dfrac{N_0}{\beta-\delta N_0}$. 于是方程的特解为

$$N = \frac{\beta}{\left(\dfrac{\beta}{N_0} - \delta\right) \mathrm{e}^{-\beta t} + \delta}.$$

这就是该地区人口总数 N 与时间 t 的函数关系式. 由这个关系式可知, 当 $t \to +\infty$ 时, N 的极限为 $\dfrac{\beta}{\delta}$, 这是该地区所能承载的人口最大容量.

例 4.18 (流行病数学模型) 这里只列举最简单的一类流行病模型——无移除的流行病模型. 假定: ①设某种流行病感染通过某易感性相同的团体成员之间的接触而传播, 感染者不因死亡、痊愈或隔离而被移除; ②团体是封闭性的, 总人数为 N, 假设开始时只有一个感染者; ③团体内各成员之间的接触机会均等, 因此易感者转为感染者的变化率与当时的易感人数和感染人数的乘积成正比 (比例系数设为 $k > 0$, 即感染率). 试确定易感人数随时间变化的动态关系.

解 记时刻 t 的易感人数为 S, 感染人数为 I, 根据以上假设即可建立以下微分方程模型:

$$\begin{cases} \dfrac{\mathrm{d}S}{\mathrm{d}t} = -\beta SI, \\ S + I = N, \\ I(0) = 1. \end{cases}$$

将 $S + I = N$, 代入 $\dfrac{\mathrm{d}S}{\mathrm{d}t} = -\beta SI$, 得

$$\frac{\mathrm{d}S}{\mathrm{d}t} = -\beta S(N - S),$$

分离变量并积分, 有

$$\int \frac{\mathrm{d}S}{S(N - S)} = -\int \beta \, \mathrm{d}t,$$

得

$$\frac{1}{N} \ln \frac{S}{N - S} = -\beta t + C,$$

将初始条件代入其中, 可得 $C = \dfrac{1}{N} \ln(N - 1)$, 故有

$$\frac{1}{N} \ln \frac{S}{N - S} = -\beta t + \frac{1}{N} \ln(N - 1),$$

即

$$S = \frac{N(N - 1)}{(N - 1) + \mathrm{e}^{\beta N t}}.$$

此式描述了易感人数随时间变化的动态关系.

从上式可以看出：当 $t \to +\infty$ 时，$S(t) \to 0$，从而 $I(t) \to N$. 这一结果预示：无移除类的流行病最终将导致团体全部成员都被感染.

二、供给与需求模型

例 4.19 设某商品的供给函数与需求函数分别为

$$S(t) = 30 + p + 3 \frac{\mathrm{d}p}{\mathrm{d}t},$$

$$D(t) = 50 - p + 2 \frac{\mathrm{d}p}{\mathrm{d}t},$$

其中 $p(t)$ 表示时间 t 的价格，$\dfrac{\mathrm{d}p}{\mathrm{d}t}$ 表示价格关于时间 t 的变化率，且 $p(0)=16$. 假定市场上的价格是由供给与需求确定的，那么市场均衡价格应为 $S(t)=D(t)$. 试将市场均衡价格表示为时间的函数.

解 市场均衡价格应有 $S(t)=D(t)$，即

$$30 + p + 3 \frac{\mathrm{d}p}{\mathrm{d}t} = 50 - p + 2 \frac{\mathrm{d}p}{\mathrm{d}t},$$

整理得

$$\frac{\mathrm{d}p}{\mathrm{d}t} + 2p = 20,$$

分离变量并积分，有

$$\int \frac{\mathrm{d}p}{20 - 2p} = \int \mathrm{d}t,$$

由此得

$$-\frac{1}{2} \ln |20 - 2p| = t + C,$$

于是

$$p(t) = 10 + C\mathrm{e}^{-2t},$$

将 $p(0)=16$ 代入其中，得 $C=6$，因此

$$p(t) = 10 + 6\mathrm{e}^{-2t},$$

该式即为均衡价格关于时间的函数.

由于

$$\lim_{t \to \infty} p(t) = \lim_{t \to \infty} (10 + 6e^{-2t}) = 10,$$

这意味着这个市场对于这种商品的结果稳定，且可以认为此商品的价格趋向于 10.

三、储蓄、投资与国民收入关系模型

例 4. 20 在宏观经济研究中，发现某地区的国民收入 Y、国民储蓄 S 和投资 I 均为时间 t 的函数，且在任意时刻 t，储蓄 $S(t)$ 为国民收入的 $\frac{1}{8}$，投资额 $I(t)$ 是国民收入增长率的 $\frac{1}{4}$. 当 $t=0$ 时，国民收入为 30 亿元，设在时刻 t 的储蓄全部用于投资. 试求国民收入函数.

解 根据题意，可建立关于储蓄、投资和国民收入关系问题的数学模型：

$$\begin{cases} S = \dfrac{1}{8}Y, \\ I = \dfrac{1}{4}\dfrac{dY}{dt}, \\ S = I, \\ Y|_{t=0} = 30, \end{cases}$$

整理得

$$\begin{cases} \dfrac{dY}{dt} = \dfrac{1}{2}Y, \\ Y|_{t=0} = 30, \end{cases}$$

分离变量并积分，有

$$\int \frac{dY}{Y} = \int \frac{1}{2} dt,$$

得

$$\ln Y = \frac{1}{2}t + C,$$

将初值条件 $Y|_{t=0} = 30$ 代入其中，可得 $C = \ln 30$. 求解得到的国民收入函数为

$$Y(t) = 30e^{\frac{1}{2}t},$$

因此储蓄函数和投资函数为

$$S(t) = I(t) = \frac{15}{4}e^{\frac{1}{2}t}.$$

四、肿瘤生长的数学模型

例 4.21（肿瘤生长模型） 对于肿瘤的生长过程，可以认为肿瘤的体积增长率与当时的肿瘤体积 $V(t)$ 成正比. 假设速率常数为 λ，则肿瘤的生长遵循下面的微分方程和初始条件：

$$\begin{cases} \dfrac{\mathrm{d}V(t)}{\mathrm{d}t} = \lambda V(t), \\ V(0) = V_0. \end{cases}$$

解 $\dfrac{\mathrm{d}V(t)}{\mathrm{d}t} = \lambda V(t)$ 是可分离变量的微分方程，分离变量，得

$$\frac{\mathrm{d}V(t)}{V(t)} = \lambda\,\mathrm{d}t,$$

两边积分，得

$$V(t) = C\mathrm{e}^{\lambda t}.$$

把 $V(0) = V_0$ 代入上式，得 $C = V_0$，因此肿瘤生长的函数为

$$V(t) = V_0 \mathrm{e}^{\lambda t}.$$

λ 是常数的指数模型在描述时间比较长的肿瘤体积的增长时有比较大的偏差，为此，人们提出 λ 是随时间指数衰减的模型，也就是说肿瘤体积的增长率常数随时间而减小. 假设比例常数为 α，此时微分方程和初始条件为

$$\begin{cases} \dfrac{\mathrm{d}V(t)}{\mathrm{d}t} = \lambda V(t), \\ \dfrac{\mathrm{d}\lambda}{\mathrm{d}t} = -\alpha\lambda, \\ V(0) = V_0. \end{cases}$$

由 $\dfrac{\mathrm{d}\lambda}{\mathrm{d}t} = -\alpha\lambda$，得

$$\lambda = \lambda_0 \mathrm{e}^{-\alpha t} \quad (\text{当 } t = 0 \text{ 时}, \lambda = \lambda_0),$$

将 $\lambda = \lambda_0 \mathrm{e}^{-\alpha t}$ 代入方程 $\dfrac{\mathrm{d}V(t)}{V(t)} = \lambda\,\mathrm{d}t$ 并分离变量，得

$$\frac{\mathrm{d}V(t)}{V(t)} = \lambda_0 \mathrm{e}^{-\alpha t}\,\mathrm{d}t,$$

两边积分，得通解为

$$V(t) = C\mathrm{e}^{-\frac{\lambda_0}{\alpha}\mathrm{e}^{-\alpha t}}.$$

由初始条件 $V(0)=V_0$，得 $C=V_0 \mathrm{e}^{\frac{\lambda_0}{\alpha}}$，因此特解为

$$V(t)=V_0 \mathrm{e}^{\frac{\lambda_0}{\alpha}(1-\mathrm{e}^{-at})}.$$

此函数称为高姆帕茨函数（Gompertz function）.

习题 4.4

1. 已知某商品的净利润 p 与广告支出 x 有如下关系：$\dfrac{\mathrm{d}p}{\mathrm{d}x}=b-a(x+p)$，其中 a，b 为已知常数，且 $p(0)=p_0 \geqslant 0$，求 $p=p(x)$.

2. 设某商品的供给函数、需求函数分别为 $S(t)=36+p+2\dfrac{\mathrm{d}p}{\mathrm{d}t}$，$D(t)=60-p+\dfrac{\mathrm{d}p}{\mathrm{d}t}$，其中 $p(t)$ 表示时间 t 的价格，$\dfrac{\mathrm{d}p}{\mathrm{d}t}$ 表示价格关于时间 t 的变化率，且 $p(0)=18$. 假定市场上的价格是由供给与需求确定的，那么市场均衡价格应为 $S(t)=D(t)$. 试将市场均衡价格表示为时间的函数.

3. 设 $D=D(t)$ 为国民债务，$Y=Y(t)$ 为国民收入，它们满足如下经济关系：

$$\frac{\mathrm{d}D}{\mathrm{d}t}=\alpha Y+\beta,\ \frac{\mathrm{d}Y}{\mathrm{d}t}=\gamma Y,$$

其中 α，β，γ 为已知常数. 若 $D(0)=D_0$，$Y(0)=Y_0$，求 $D(t)$，$Y(t)$.

4. 牛顿冷却定律指出：物体的冷却速度与物体本身温度和环境温度之差成正比，即有

$$\frac{\mathrm{d}T}{\mathrm{d}t}=-k(T-T_0),$$

其中 T 为物体温度，T_0 为环境温度，t 为时间，$T=T(t)$ 为物体在时刻 t 的温度，k 为散热系数（散热系数只与系统本身的性质有关）. 若室内温度为 $20℃$，现有一杯刚烧开的 $100℃$ 的热水，经过 $20\mathrm{min}$ 后，水的温度降至 $60℃$. 求水温 $T(t)$ 随时间的变化规律，并计算还需要多长时间水温能降至 $30℃$.

知识导图

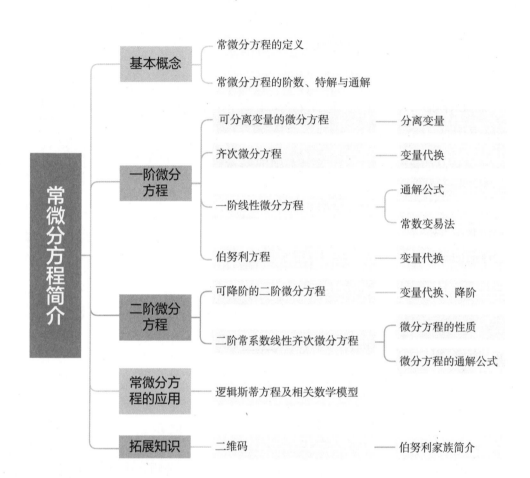

第五章　线性代数基础

右图：是用特殊三对角矩阵构建电阻网络模型后得到的等效电阻分布图.（见参考文献［21］）

（三对角矩阵的定义见本章例 13）

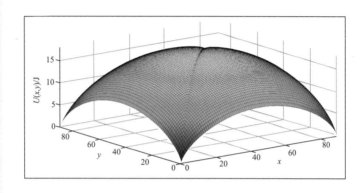

　　线性代数源于求解线性方程组. 由于解线性方程组的需要而产生的矩阵与行列式，经历 19 世纪的独立发展，形成了系统而完整的理论. 矩阵、行列式与线性方程组的理论一起构成了线性代数的主要内容. 尽管线性代数作为数学的一个独立分支在 20 世纪才形成，但是它的历史却很悠久，至少可以追溯到汉代，那个时期成书的《九章算术》中已经出现了比较完整的线性方程组的解法. 现今，线性代数广泛地应用于自然科学、工程技术和社会科学等许多领域. 本章主要介绍线性代数的基础知识.

第一节　矩阵及其运算

　　矩阵（matrix）这一数学术语是英国数学家詹姆斯·约瑟夫·西尔维斯特（James Joseph Sylvester，1814—1897）于 1850 年首次引进的，但当时他关心的只是与矩阵相关的行列式的值. 首先将矩阵作为独立研究对象的是英国数学家亚瑟·凯莱（Arthur Cayley，1821—1895）. 自 1855 年起，凯莱发表了一系列矩阵研究论文，奠定了矩阵论的基础. 1858 年，凯莱在《矩阵论的研究报告》中给出了各种类型的矩阵的定义，建立了矩阵的基本运算，同时推导了许多关于矩阵的性质及定理. "矩阵"这个术语是 19 世纪才给出的，但矩阵的思想很早就有，《九章算术》中适用于求解线性方程组的"方程"就相当于现在解线性方程组时所用的增广矩阵.

【人物小传】凯莱　　　　【人物小传】西尔维斯特

一、矩阵的概念

　　矩阵实质上是一张长方形（或矩形）数表. 无论是在日常生活中还是在科学研究中，矩阵都是一种十分常见的数学现象，例如火车时刻表和价格表、银行存款利率表、疫情统计表及科研领域中的数据分析表等. 矩阵是表述或处理这类问题的一种非常有力的工具. 下面从实际问题出发，引出矩阵的概念.

　　例 5.1　将某类物资从三个产地运往五个销地，某月的调运方案见表 5.1.

表 5.1

产地	销地Ⅰ	销地Ⅱ	销地Ⅲ	销地Ⅳ	销地Ⅴ
产地Ⅰ	8	5	7	6	9
产地Ⅱ	20	24	23	25	26
产地Ⅲ	13	16	15	17	12

表 5.1 可简记为

$$\begin{pmatrix} 8 & 5 & 7 & 6 & 9 \\ 20 & 24 & 23 & 25 & 26 \\ 13 & 16 & 15 & 17 & 12 \end{pmatrix}.$$

用这个数表就可以表示调运情况. 这种矩形数表称为矩阵.

下面给出矩阵的定义.

定义 1　由 $m \times n$ 个数排成的一张 m 行 n 列的矩形数表，两边用圆括号或方括号括起来，即

$$\begin{pmatrix} a_{11} & a_{12} & \cdots & a_{1n} \\ a_{21} & a_{22} & \cdots & a_{2n} \\ \vdots & \vdots & & \vdots \\ a_{m1} & a_{m2} & \cdots & a_{mn} \end{pmatrix} \text{ 或 } \begin{bmatrix} a_{11} & a_{12} & \cdots & a_{1n} \\ a_{21} & a_{22} & \cdots & a_{2n} \\ \vdots & \vdots & & \vdots \\ a_{m1} & a_{m2} & \cdots & a_{mn} \end{bmatrix}$$

称为 $m \times n$（m 行 n 列）**矩阵**（**matrix**），简称**矩阵**. 其中 a_{ij} 称为矩阵的第 i 行第 j 列的元素（$i = 1, 2, \cdots, m$；$j = 1, 2, \cdots, n$）.

矩阵通常用大写黑体字母 $\boldsymbol{A}$，$\boldsymbol{B}$，$\boldsymbol{C}$ 等表示，若要指明矩阵的行数和列数，上述 $m \times n$ 矩阵可记为 $\boldsymbol{A}_{m \times n}$. 这个 $m \times n$ 矩阵也可简记为 $\boldsymbol{A} = (a_{ij})_{m \times n}$，即

$$\boldsymbol{A} = (a_{ij})_{m \times n} = \begin{pmatrix} a_{11} & a_{12} & \cdots & a_{1n} \\ a_{21} & a_{22} & \cdots & a_{2n} \\ \vdots & \vdots & & \vdots \\ a_{m1} & a_{m2} & \cdots & a_{mn} \end{pmatrix}.$$

所有元素均为零的矩阵称为**零矩阵**，记作 $\boldsymbol{O}_{m \times n}$ 或 $\boldsymbol{O}$.

特别地，当 $m = n$ 时，称 $\boldsymbol{A}$ 为 n 阶方阵，可记为 $\boldsymbol{A}_n$. 在 n 阶方阵 $\boldsymbol{A}$ 中，从左上角到右下角的元素 a_{11}，a_{22}，$\cdots$，a_{nn} 排成的对角线称为方阵 $\boldsymbol{A}$ 的**主对角线**.

当 $m = 1$ 时，即只有一行的 $1 \times n$ 矩阵，称为**行矩阵**，又称行向量.

当 $n = 1$ 时，即只有 1 列的 $m \times 1$ 矩阵，称为**列矩阵**，又称列向量.

若在 n 阶方阵 $\boldsymbol{A}$ 中，主对角线以外的元素全为零，即

$$\boldsymbol{A} = \begin{pmatrix} a_{11} & 0 & \cdots & 0 \\ 0 & a_{22} & \ddots & \vdots \\ \vdots & \ddots & \ddots & 0 \\ 0 & \cdots & 0 & a_{nn} \end{pmatrix},$$

则称矩阵 $\boldsymbol{A}$ 为**对角矩阵**，简称**对角阵**.

主对角线上元素全为 1 的对角阵，称为**单位矩阵**或**单位阵**，记作 $\boldsymbol{I}_n$ 或 $\boldsymbol{E}_n$，也可简记为 $\boldsymbol{I}$ 或 $\boldsymbol{E}$，即

$$I_n = \begin{pmatrix} 1 & 0 & \cdots & 0 \\ 0 & 1 & \ddots & \vdots \\ \vdots & \ddots & \ddots & 0 \\ 0 & \cdots & 0 & 1 \end{pmatrix}.$$

二、矩阵的运算

在介绍矩阵的运算之前，先介绍同型矩阵和矩阵相等的概念.

定义 2　若矩阵 A 与 B 的行数和列数分别相等，则称矩阵 A 与 B 是同型矩阵；若 A 与 B 是同型矩阵且对应元素都相同，则称矩阵 A 与 B 相等，记为 $A = B$.

定义 2 还可表述为：

设 $A = (a_{ij})_{m \times n}$ 和 $B = (b_{ij})_{m \times n}$，则 A 与 B 为同型矩阵；若还有 $a_{ij} = b_{ij}$（$i = 1, 2, \cdots, m$；$j = 1, 2, \cdots, n$），则 $A = B$.

1. 矩阵的加减法

定义 3　设两个同型矩阵

$$A = \begin{pmatrix} a_{11} & a_{12} & \cdots & a_{1n} \\ a_{21} & a_{22} & \cdots & a_{2n} \\ \vdots & \vdots & & \vdots \\ a_{m1} & a_{m2} & \cdots & a_{mn} \end{pmatrix}, \quad B = \begin{pmatrix} b_{11} & b_{12} & \cdots & b_{1n} \\ b_{21} & b_{22} & \cdots & b_{2n} \\ \vdots & \vdots & & \vdots \\ b_{m1} & b_{m2} & \cdots & b_{mn} \end{pmatrix},$$

那么矩阵 A 与 B 的和记作 $A + B$，规定为

$$A + B = \begin{pmatrix} a_{11} + b_{11} & a_{12} + b_{12} & \cdots & a_{1n} + b_{1n} \\ a_{21} + b_{21} & a_{22} + b_{22} & \cdots & a_{2n} + b_{2n} \\ \vdots & \vdots & & \vdots \\ a_{m1} + b_{m1} & a_{m2} + b_{m2} & \cdots & a_{mn} + b_{mn} \end{pmatrix}.$$

若在 A 的每个元素的前面都加上负号，得到矩阵 $(-a_{ij})_{m \times n}$，称之为矩阵 A 的负矩阵，记作 $-A$，即 $-A = (-a_{ij})_{m \times n}$.

两个同型矩阵 A 与 B 的差规定为

$$A - B = A + (-B).$$

值得注意的是，只有同型矩阵才能相加减，且同型矩阵的和差仍为同型矩阵.

例 5.2　设矩阵 $A = \begin{pmatrix} 4 & 3 \\ 2 & -1 \end{pmatrix}$，$B = \begin{pmatrix} 1 & -1 \\ 3 & 2 \end{pmatrix}$，$C = \begin{pmatrix} 0 & 2 \\ -1 & 6 \\ 3 & 1 \end{pmatrix}$，求 $A + B$，$A - B$ 及 $A + C$.

解 由矩阵的加减法的定义知

$$A+B=\begin{pmatrix}4+1 & 3-1\\2+3 & -1+2\end{pmatrix}=\begin{pmatrix}5 & 2\\5 & 1\end{pmatrix},$$

$$A-B=\begin{pmatrix}4-1 & 3+1\\2-3 & -1-2\end{pmatrix}=\begin{pmatrix}3 & 4\\-1 & -3\end{pmatrix}.$$

因为矩阵 A 与 C 不是同型矩阵，所以不能相加.

不难验证，矩阵的加减法满足下列运算性质：

性质 1 设 A，B，C，O 为同型矩阵（其中 O 是零矩阵），则有

(1) $A+B=B+A$ （交换律）；

(2) $(A+B)+C=A+(B+C)$ （结合律）；

(3) $A+O=O+A=A$；

(4) $A+(-A)=O.$

2. 矩阵的数量乘法

定义 4 设矩阵 $A=(a_{ij})_{m\times n}$，λ 是一实数，用 λ 乘矩阵 A 的每个元素得矩阵

$$\begin{pmatrix}\lambda a_{11} & \lambda a_{12} & \cdots & \lambda a_{1n}\\\lambda a_{21} & \lambda a_{22} & \cdots & \lambda a_{2n}\\\vdots & \vdots & & \vdots\\\lambda a_{m1} & \lambda a_{m2} & \cdots & \lambda a_{mn}\end{pmatrix},$$

称它为数 λ 与矩阵 A 的数量乘积，简称数乘，记为 $\lambda A.$

例如，若 $A=\begin{pmatrix}-1 & 2 & -4\\3 & -5 & 2\end{pmatrix}$，则 $2A=\begin{pmatrix}-2 & 4 & -8\\6 & -10 & 4\end{pmatrix}.$

性质 2 设 A，B，O 为同型矩阵，λ，μ 为任意实数，则矩阵数乘具有下列运算性质：

(1) $\lambda(A+B)=\lambda A+\lambda B$ （数对矩阵的分配律）；

(2) $(\lambda+\mu)A=\lambda A+\mu A$ （矩阵对数的分配律）；

(3) $(\lambda\mu)A=\lambda(\mu A)$ （数与矩阵的结合律）；

(4) $1A=A$，$0A=O.$

3. 矩阵的乘法

矩阵的乘法比较复杂，也是使用较多的一种运算. 在定义矩阵乘法之前，先观察一个

例子.

例 5.3　设甲、乙两所学校分别计划购买三种型号的书桌, 计划购买的各种型号的书桌数量见表 5.2. 每种型号的书桌报价见表 5.3.

表 5.2　计划购买数量表　　单位: 张

学校	书桌Ⅰ	书桌Ⅱ	书桌Ⅲ
甲学校	60	50	80
乙学校	90	80	100

表 5.3　报价表　　单位: 元

书桌	价格
书桌Ⅰ	350
书桌Ⅱ	380
书桌Ⅲ	290

则这两所学校的预算（单位: 元）可用矩阵表示为

$$\begin{pmatrix} 60 \times 350 + 50 \times 380 + 80 \times 290 \\ 90 \times 350 + 80 \times 380 + 100 \times 290 \end{pmatrix} = \begin{pmatrix} 63\ 200 \\ 90\ 900 \end{pmatrix} = C,$$

总价见表 5.4.

表 5.4　预算表

学校	书桌Ⅰ（张）	书桌Ⅱ（张）	书桌Ⅲ（张）	总价（元）
甲学校	60	50	80	63 200
乙学校	90	80	100	90 900

设

$$A = \begin{pmatrix} 60 & 50 & 80 \\ 90 & 80 & 100 \end{pmatrix}, \quad B = \begin{pmatrix} 350 \\ 380 \\ 290 \end{pmatrix}.$$

显然, 矩阵 C 是由矩阵 A 的每一行的各元素与矩阵 B 的列元素对应相乘后, 各项相加之和. 这种运算称为矩阵的乘法运算. 下面给出矩阵乘法的定义.

定义 5　设矩阵 $A = (a_{ij})_{m \times s}$, $B = (b_{ij})_{s \times n}$, 则由元素

$$c_{ij} = a_{i1}b_{1j} + a_{i2}b_{2j} + \cdots + a_{is}b_{sj} = \sum_{k=1}^{s} a_{ik}b_{kj} \quad (i = 1, 2, \cdots, m; \ j = 1, 2, \cdots, n)$$

组成的矩阵 $C = (c_{ij})_{m \times n}$, 称为矩阵 A 与 B 的乘积, 记为 $C = AB$.

由矩阵乘法的定义可知, 做矩阵的乘法时必须注意下列几点:

（1）左矩阵 A 的列数必须等于右矩阵 B 的行数, 否则 A 与 B 不能相乘;

（2）乘积矩阵 C 的元素 c_{ij} 是左矩阵 A 的第 i 行每个元素与右矩阵 B 的第 j 列的对应元素乘积之和, c_{ij} 的特征可表示为

$$\begin{pmatrix} \vdots & \vdots & \vdots \\ \cdots & c_{ij} & \cdots \\ \vdots & \vdots & \vdots \end{pmatrix} = \begin{pmatrix} \vdots & \vdots & \cdots & \vdots \\ a_{i1} & a_{i2} & \cdots & a_{is} \\ \vdots & \vdots & \cdots & \vdots \end{pmatrix} \begin{pmatrix} \cdots & b_{1j} & \cdots \\ \cdots & b_{2j} & \cdots \\ \vdots & \vdots & \vdots \\ \cdots & b_{sj} & \cdots \end{pmatrix};$$

(3) 乘积矩阵 C 的行数等于左矩阵 A 的行数，列数等于右矩阵 B 的列数.

有了矩阵乘法的定义后，例 5.3 中的矩阵 C 可表示为矩阵 A 与 B 的乘积，即

$$C = AB = \begin{pmatrix} 60 & 50 & 80 \\ 90 & 80 & 100 \end{pmatrix} \begin{pmatrix} 350 \\ 380 \\ 290 \end{pmatrix} = \begin{pmatrix} 63\,200 \\ 90\,900 \end{pmatrix}.$$

例 5.4　设矩阵 $A = \begin{pmatrix} 2 & 2 \\ -2 & -2 \end{pmatrix}$，$B = \begin{pmatrix} 1 & -1 \\ -1 & 1 \end{pmatrix}$，$C = \begin{pmatrix} 2 \\ 3 \\ 5 \end{pmatrix}$，求 AB，BA 与 BC.

解　由矩阵的乘法定义知

$$AB = \begin{pmatrix} 2 & 2 \\ -2 & -2 \end{pmatrix} \begin{pmatrix} 1 & -1 \\ -1 & 1 \end{pmatrix} = \begin{pmatrix} 0 & 0 \\ 0 & 0 \end{pmatrix}.$$

$$BA = \begin{pmatrix} 1 & -1 \\ -1 & 1 \end{pmatrix} \begin{pmatrix} 2 & 2 \\ -2 & -2 \end{pmatrix} = \begin{pmatrix} 4 & 4 \\ -4 & -4 \end{pmatrix}.$$

BC 无意义. 因为矩阵 B 的列数 2 不等于矩阵 C 的行数 3，所以不能相乘.

由例 5.4 可得如下结论：

(1) 矩阵的乘法一般不满足交换律，即一般 $AB \neq BA$；

(2) 由 $AB = O$ 不能推出矩阵 $A = O$ 或 $B = O$，即两个非零矩阵的乘积可以是零矩阵.

性质 3　矩阵的乘法具有下列运算性质：

(1) $(AB)C = A(BC)$　（结合律）；

(2) $A(B+C) = AB + AC$　（左乘分配律）；

(3) $(A+B)C = AC + BC$　（右乘分配律）；

(4) $\lambda(AB) = (\lambda A)B = A(\lambda B)$　（数乘结合律）；

(5) $I_m A_{m \times n} = A_{m \times n} I_n = A_{m \times n}$.

运算性质（5）说明单位矩阵在矩阵乘法中的作用与数"1"在数的乘法中的作用类似.

例 5.5　设

$$A = \begin{pmatrix} 2 & 1 & 1 & 1 \\ 1 & 2 & 1 & 1 \\ 1 & 1 & 2 & 1 \\ 1 & 1 & 1 & 2 \end{pmatrix}, \quad B = \begin{pmatrix} 1 \\ 1 \\ 1 \\ 1 \end{pmatrix}, \quad C = (1 \quad 1 \quad 1 \quad 1),$$

求 AB，BA 与 CA．

解 $\quad AB = \begin{pmatrix} 2 & 1 & 1 & 1 \\ 1 & 2 & 1 & 1 \\ 1 & 1 & 2 & 1 \\ 1 & 1 & 1 & 2 \end{pmatrix} \begin{pmatrix} 1 \\ 1 \\ 1 \\ 1 \end{pmatrix} = (5 \quad 5 \quad 5 \quad 5)$．

BA 无意义．因为左矩阵 B 的列数 1 不等于右矩阵 A 的行数 4，所以不能相乘．

$$CA = (1 \quad 1 \quad 1 \quad 1) \begin{pmatrix} 2 & 1 & 1 & 1 \\ 1 & 2 & 1 & 1 \\ 1 & 1 & 2 & 1 \\ 1 & 1 & 1 & 2 \end{pmatrix} = \begin{pmatrix} 5 \\ 5 \\ 5 \\ 5 \end{pmatrix}.$$

注：例 5.5 中矩阵 A 是一个 **Toeplitz 矩阵**（其特点是：矩阵的每条自左上至右下的斜线上的元素都相同）．它还是一个 循环矩阵（循环矩阵是一种特殊的 Toeplitz 矩阵．循环矩阵的行向量都是前一个行向量各元素依次右移一个位置得到的结果）．Toeplitz 矩阵在信号处理、图像处理、数据计算与压缩及统计学等领域有广泛的应用．

4. 矩阵的转置

定义 6 将矩阵 A 的行与列互换后所得的矩阵，称为矩阵 A 的 **转置矩阵**，记作 A^T 或

A'，即若 $A = \begin{pmatrix} a_{11} & a_{12} & \cdots & a_{1n} \\ a_{21} & a_{22} & \cdots & a_{2n} \\ \vdots & \vdots & & \vdots \\ a_{m1} & a_{m2} & \cdots & a_{mn} \end{pmatrix}$，则 $A^T = \begin{pmatrix} a_{11} & a_{21} & \cdots & a_{m1} \\ a_{12} & a_{22} & \cdots & a_{m2} \\ \vdots & \vdots & & \vdots \\ a_{1n} & a_{2n} & \cdots & a_{mn} \end{pmatrix}$．

例如，矩阵 $A = \begin{pmatrix} 1 & 0 \\ 2 & 3 \\ 4 & 5 \end{pmatrix}$ 的转置矩阵为 $A^T = \begin{pmatrix} 1 & 2 & 4 \\ 0 & 3 & 5 \end{pmatrix}$．

性质 4 矩阵的转置运算具有以下性质：

(1) $(A^T)^T = A$；

(2) $(A + B)^T = A^T + B^T$；

(3) $(\lambda A)^T = \lambda A^T$（其中 λ 是实数）；

(4) $(AB)^T = B^T A^T$．

例 5.6 已知 $A = \begin{pmatrix} 1 & 0 \\ 2 & 3 \\ 4 & 5 \end{pmatrix}$，$B = \begin{pmatrix} 2 & 1 \\ 4 & 3 \end{pmatrix}$，验证 $(AB)^T = B^T A^T$．

解

$$AB = \begin{pmatrix} 1 & 0 \\ 2 & 3 \\ 4 & 5 \end{pmatrix} \begin{pmatrix} 2 & 1 \\ 4 & 3 \end{pmatrix} = \begin{pmatrix} 2 & 1 \\ 16 & 11 \\ 28 & 19 \end{pmatrix},$$

$$(AB)^{\mathrm{T}} = \begin{pmatrix} 2 & 16 & 28 \\ 1 & 11 & 19 \end{pmatrix},$$

$$B^{\mathrm{T}}A^{\mathrm{T}} = \begin{pmatrix} 2 & 4 \\ 1 & 3 \end{pmatrix} \begin{pmatrix} 1 & 2 & 4 \\ 0 & 3 & 5 \end{pmatrix} = \begin{pmatrix} 2 & 16 & 28 \\ 1 & 11 & 19 \end{pmatrix}.$$

故验证了 $(AB)^{\mathrm{T}} = B^{\mathrm{T}}A^{\mathrm{T}}$.

三、矩阵的简单应用

矩阵是数学中的一个重要概念，广泛应用于各个领域. 下面介绍几个矩阵的简单应用的例子.

例 5.7　设甲、乙两位股民同时买进价格相同的 A、B、C 三种股票，他们买入的股票数量见表 5.5，股票的成本价及盈亏情况见表 5.6.

表 5.5　甲、乙股民买入的股票数量　单位：股

	股票 A	股票 B	股票 C
甲股民	3 000	2 000	1 000
乙股民	1 000	2 000	3 000

表 5.6　股票成本价与盈亏表　单位：元

	成本价	盈亏
股票 A	13.2	2.0
股票 B	23.6	−3.3
股票 C	11.8	3.4

甲、乙两位股民拥有股票的总成本和总盈亏可以用矩阵的乘法计算：

$$\begin{pmatrix} 3\,000 & 2\,000 & 1\,000 \\ 1\,000 & 2\,000 & 3\,000 \end{pmatrix} \begin{pmatrix} 13.2 & 2.0 \\ 23.6 & -3.3 \\ 11.8 & 3.4 \end{pmatrix} = \begin{pmatrix} 98\,600 & 2\,800 \\ 95\,800 & 5\,600 \end{pmatrix}.$$

甲、乙股民股票情况汇总见表 5.7.

表 5.7　甲、乙股民股票情况汇总表

	股票 A（股）	股票 B（股）	股票 C（股）	总成本（元）	总盈亏（元）
甲股民	3 000	2 000	1 000	98 600	2 800
乙股民	1 000	2 000	3 000	95 800	5 600

例 5.8　用矩阵形式表示方程组

$$\begin{cases} a_{11}x_1 + a_{12}x_2 + \cdots + a_{1n}x_n = b_1, \\ a_{21}x_1 + a_{22}x_2 + \cdots + a_{2n}x_n = b_2, \\ \cdots\cdots \\ a_{m1}x_1 + a_{m2}x_2 + \cdots + a_{mn}x_n = b_m. \end{cases}$$

解　显然 $a_{i1}x_1 + a_{i2}x_2 + \cdots + a_{in}x_n = b_i$ 可以写成

$$(a_{i1} \quad a_{i2} \quad \cdots \quad a_{in}) \begin{pmatrix} x_1 \\ x_2 \\ \vdots \\ x_n \end{pmatrix} = b_i \quad (i = 1, 2, \cdots, m).$$

设

$$A = \begin{pmatrix} a_{11} & a_{12} & \cdots & a_{1n} \\ a_{21} & a_{22} & \cdots & a_{2n} \\ \vdots & \vdots & & \vdots \\ a_{m1} & a_{m2} & \cdots & a_{mn} \end{pmatrix}, \quad X = \begin{pmatrix} x_1 \\ x_2 \\ \vdots \\ x_n \end{pmatrix}, \quad b = \begin{pmatrix} b_1 \\ b_2 \\ \vdots \\ b_m \end{pmatrix},$$

则上述方程组可表示为 $AX = b$.

方程组的未知量的系数组成的矩阵 A 称为方程组的**系数矩阵**. 将方程组表示为矩阵方程的形式, 不仅使方程组的表示更加简洁, 而且有利于研究方程组解的情况. 后面将利用矩阵这一工具来研究方程组的解.

n 个变量 $x_1, x_2, \cdots, x_n$ 与 m 个变量 $y_1, y_2, \cdots, y_m$ 之间的关系式

$$\begin{cases} y_1 = a_{11}x_1 + a_{12}x_2 + \cdots + a_{1n}x_n, \\ y_2 = a_{21}x_1 + a_{22}x_2 + \cdots + a_{2n}x_n, \\ \cdots\cdots \\ y_m = a_{m1}x_1 + a_{m2}x_2 + \cdots + a_{mn}x_n, \end{cases}$$

称为从变量 $x_1, x_2, \cdots, x_n$ 到变量 $y_1, y_2, \cdots, y_m$ 的**线性变换**, 其中 a_{ij} 为常数. 上述变换可写为矩阵形式 $Y = AX$, 其中

$$A = \begin{pmatrix} a_{11} & a_{12} & \cdots & a_{1n} \\ a_{21} & a_{22} & \cdots & a_{2n} \\ \vdots & \vdots & & \vdots \\ a_{m1} & a_{m2} & \cdots & a_{mn} \end{pmatrix}, \quad X = \begin{pmatrix} x_1 \\ x_2 \\ \vdots \\ x_n \end{pmatrix}, \quad Y = \begin{pmatrix} y_1 \\ y_2 \\ \vdots \\ y_m \end{pmatrix}.$$

当 A 是单位矩阵 I_n 时, $AX = I_n X = X$, 即用单位矩阵对 X 进行线性变换时, 变量 $x_1, x_2, \cdots, x_n$ 在变换前后的数值大小保持不变, 这种变换称为**恒等变换**.

若将平面直角坐标系内的一个点 $P(x, y)$ 的坐标表示为列矩阵的形式 $Z = \begin{pmatrix} x \\ y \end{pmatrix}$, I

是一个二阶单位方阵，则

$$IZ = \begin{pmatrix} 1 & 0 \\ 0 & 1 \end{pmatrix} \begin{pmatrix} x \\ y \end{pmatrix} = \begin{pmatrix} x \\ y \end{pmatrix},$$

这是一个从矩阵 $\begin{bmatrix} x \\ y \end{bmatrix}$ 到矩阵 $\begin{bmatrix} x \\ y \end{bmatrix}$ 的恒等变换.

矩阵 I 与 Z 的乘积可以理解为：将图 5.1 左图中二维空间的点 $P(x, y)$ 变换为图 5.1 右图中二维空间的点 IZ，因为 I 是单位矩阵，故

$$IZ = Z,$$

即图 5.2 左图中矩形内的每个点 $P(x, y)$ 经过恒等变换后，两个坐标轴的坐标均保持不变. 因此，矩形内的点经过恒等变换后也保持不变，如图 5.1 右图所示.

例 5.9 设矩阵 $A = \begin{pmatrix} 1 & 0 \\ 0 & 0.5 \end{pmatrix}$，$B = \begin{pmatrix} -1 & 0 \\ 0 & 1 \end{pmatrix}$，$C = \begin{pmatrix} 0 & -1 \\ 1 & 0 \end{pmatrix}$，$Z = \begin{pmatrix} x \\ y \end{pmatrix}$，求 AZ，BZ 与 CZ，并说明一个平面图形经过矩阵 A，B 与 C 的线性变换后的变化情况.

解 $AZ = \begin{pmatrix} 1 & 0 \\ 0 & 0.5 \end{pmatrix} \begin{pmatrix} x \\ y \end{pmatrix} = \begin{pmatrix} x \\ 0.5y \end{pmatrix}$.

矩阵 A 与 Z 的乘积将二维空间的点 $P(x, y)$ 变换为二维空间的点 $P_1(x, 0.5y)$，即 x 轴坐标保持不变，y 轴坐标缩小一半. 这种变换是沿 y 轴方向的压缩变换，如图 5.2 所示.

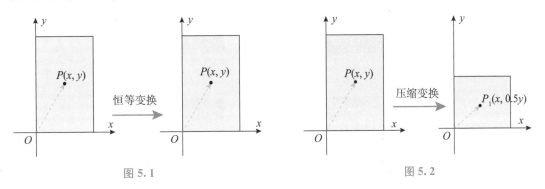

图 5.1   图 5.2

$$BZ = \begin{pmatrix} -1 & 0 \\ 0 & 1 \end{pmatrix} \begin{pmatrix} x \\ y \end{pmatrix} = \begin{pmatrix} -x \\ y \end{pmatrix}.$$

矩阵 B 与 Z 的乘积将二维空间的点 $P(x, y)$ 变换为二维空间的点 $P_2(-x, y)$，即 x 轴坐标是将原 x 轴坐标关于 y 轴取对称所得，y 轴坐标保持不变. 这种变换为关于 y 轴的镜像变换，如图 5.3 所示.

$$CZ = \begin{pmatrix} 0 & -1 \\ 1 & 0 \end{pmatrix} \begin{pmatrix} x \\ y \end{pmatrix} = \begin{pmatrix} -y \\ x \end{pmatrix}.$$

矩阵 C 与 Z 的乘积将二维空间的点 $P(x, y)$ 变换为二维空间的点 $P_3(-y, x)$，即 x 轴坐标是原 y 轴坐标的负值，y 轴坐标是原 x 轴坐标. 这种变换为旋转变换，如图 5.4 所示.

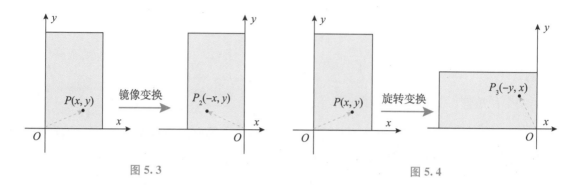

图 5.3　　　　　　　　　　　图 5.4

　　矩阵常常用来表示数字图像. 生活中的黑白电子照片（灰度图像）和彩色（四色）照片都可以用矩阵表示. 黑白照片是用一个 $0\sim255$ 的整数构成的矩阵存储的，其中 0 代表纯黑色，255 代表纯白色，中间的整数从小到大表示由黑色到白色的过渡色. 彩色照片是用黄、品红、青三原色及黑色表示的，表示方法与黑白照片的表示方法类似. 在图像处理中，可以使用矩阵乘法进行图像变换. 图 5.5、图 5.6 和图 5.7 分别是对图像进行压缩变换、镜像变换和旋转变换后的效果图.

压缩变换

图 5.5

镜像变换

图 5.6

旋转变换

图 5.7

习题 5.1

1. 设矩阵

$$A = \begin{pmatrix} 1 & -3 & 4 \\ 2 & 6 & -2 \end{pmatrix}, \qquad B = \begin{pmatrix} -2 & 1 & 3 \\ 1 & 4 & -5 \end{pmatrix},$$

(1) 求 $A-B$ 与 $2A+3B$；　　　　　(2) 已知 $A+2X=B$，求 X.

2. 计算：

(1) $\begin{pmatrix} 0 & 1 & 0 & 0 \\ 2 & 0 & 1 & 0 \\ 0 & 1 & 0 & 2 \\ 0 & 0 & 1 & 0 \end{pmatrix}\begin{pmatrix} 1 \\ 2 \\ 3 \\ 4 \end{pmatrix};$　　　　(2) $(1 \ \ 1 \ \ 1 \ \ 1)\begin{pmatrix} 4 & 3 & 0 & 0 \\ 1 & 4 & 2 & 0 \\ 0 & 2 & 4 & 1 \\ 0 & 0 & 3 & 4 \end{pmatrix};$

(3) $\begin{pmatrix} 0 & 0 & 0 & 1 \\ 1 & 0 & 0 & 0 \\ 0 & 1 & 0 & 0 \\ 0 & 0 & 1 & 0 \end{pmatrix}\begin{pmatrix} 1 \\ -1 \\ 1 \\ -1 \end{pmatrix};$　　　　(4) $\begin{pmatrix} 1 & -1 & -1 & -1 \\ -1 & 1 & -1 & -1 \\ -1 & -1 & 1 & -1 \\ -1 & -1 & -1 & 1 \end{pmatrix}\begin{pmatrix} 1 & 1 \\ 1 & 2 \\ 1 & 3 \\ 1 & 4 \end{pmatrix};$

(5) $\begin{pmatrix} 1 & 1 \\ 1 & 2 \\ 1 & 3 \\ 1 & 4 \end{pmatrix}\begin{pmatrix} 1 & -1 & -1 & -1 \\ -1 & 1 & -1 & -1 \\ -1 & -1 & 1 & -1 \\ -1 & -1 & -1 & 1 \end{pmatrix};$　　(6) $\begin{pmatrix} 1 & 1 & 2 & 3 \\ -1 & 1 & 1 & 2 \\ 2 & -1 & 1 & 1 \\ -3 & 2 & -1 & 1 \end{pmatrix}\begin{pmatrix} 0 & 1 & 0 & 0 \\ 0 & 0 & 1 & 0 \\ 0 & 0 & 0 & 1 \\ 1 & -1 & 0 & 0 \end{pmatrix}.$

3. 设 $A=\begin{pmatrix} 1 & 2 & -1 \\ 2 & 3 & 2 \\ -1 & 0 & 2 \end{pmatrix}$, $B=\begin{pmatrix} 0 & 1 & 2 \\ 2 & -1 & 0 \\ -1 & -1 & 3 \end{pmatrix}$, 求 A^{T}, B^{T}, $A^{\mathrm{T}}+B^{\mathrm{T}}$, $A^{\mathrm{T}}B^{\mathrm{T}}$, $B^{\mathrm{T}}A^{\mathrm{T}}$.

4. 设有甲、乙、丙三名学生的考试成绩如表 5.8 所示.

表 5.8　　　　　　　　　　　单位：分

学生	语文	数学	英语	政治	历史	地理
甲	85	92	87	86	90	87
乙	79	91	93	85	78	79
丙	83	86	75	87	83	80

试用矩阵的运算计算这三名同学的总成绩和平均成绩.

5. 写出将图 5.8（a）变换为图 5.8（b）、图 5.8（c）及图 5.8（d）的矩阵.

（a）　　　　　　（b）　　　　　　（c）　　　　　　（d）

图 5.8

第二节　消元法与矩阵的初等变换

解线性方程组的消元法，在西方文献中通常叫作高斯消元法，是以被称为"数学王子"的德国数学家卡尔·费里德里希·高斯（Carl Friedrich Gauss，1777—1855）的名字命名的. 但这种解线性方程组的方法最早出现于《九章算术》，该书中的"方程术"实质上就是解线性方程组的高斯消元法.

有了矩阵的概念以后，高斯消元法可以简化为用矩阵的初等变换解线性方程组.

一、高斯消元法

一般地，含有 n 个未知量 x_1，x_2，$\cdots$，x_n，由 m 个一次方程组成的方程组可写为

$$\begin{cases} a_{11}x_1 + a_{12}x_2 + \cdots + a_{1n}x_n = b_1, \\ a_{21}x_1 + a_{22}x_2 + \cdots + a_{2n}x_n = b_2, \\ \cdots\cdots \\ a_{m1}x_1 + a_{m2}x_2 + \cdots + a_{mn}x_n = b_m. \end{cases}$$

如果方程组的常数项 b_1，b_2，$\cdots$，b_m 中至少有一个不为零，则称方程组为 n 元非齐次线性方程组，否则称为 n 元齐次线性方程组. 满足方程组的一组数：$x_1 = k_1$，$x_2 = k_2$，$\cdots$，$x_n = k_n$ 称为方程组的一个解.

在初等数学中，已经学习了解二元和三元线性方程组，利用的是加减消元法和代入消元法. 本节所讲的线性方程组的消元法，就是将中学所用的方法进行一般化和规范化. 下面用几个例子来说明解线性方程组的消元法.

例 5.10　解线性方程组

$$\begin{cases} 2x_1 + 7x_2 + 3x_3 = 18, \\ x_1 + 3x_2 + 2x_3 = 6, \\ -x_1 \qquad\quad -3x_3 = 8. \end{cases}$$

解　将方程组中的第一个方程与第二个方程交换位置，得到方程组

$$\begin{cases} x_1 + 3x_2 + 2x_3 = 6, \\ 2x_1 + 7x_2 + 3x_3 = 18, \\ -x_1 \qquad\quad -3x_3 = 8. \end{cases}$$

首先消去方程组中第二个和第三个方程中含 x_1 的项，为此，将第一个方程乘 -2 加到第二个方程上，第一个方程乘 1 加到第三个方程上，得

$$\begin{cases} x_1 + 3x_2 + 2x_3 = 6, \\ x_2 - x_3 = 6, \\ 3x_2 - x_3 = 14. \end{cases}$$

再消去方程组中第三个方程中含 x_2 的项，为此，将第二个方程乘 -3 加到第三个方程上，得

$$\begin{cases} x_1 + 3x_2 + 2x_3 = 6, \\ x_2 - x_3 = 6, \\ 2x_3 = -4. \end{cases}$$

由第三个方程得

$$x_3 = -2,$$

将其代入第二个方程，得

$$x_2 = 4.$$

把 $x_3 = -2$，$x_2 = 4$ 代入第一个方程，得

$$x_1 = -2.$$

故上述方程组有唯一解 $(-2, 4, -2)$.

例 5.11　解线性方程组

$$\begin{cases} 2x_1 - x_2 + 3x_3 = 4, \\ 4x_1 - 2x_2 + 5x_3 = 5, \\ 4x_1 - 2x_2 + 8x_3 = 14, \\ -2x_1 + x_2 - 4x_3 = -7. \end{cases}$$

解　将第一个方程乘 -2 加到第二个和第三个方程上，第一个方程加到第四个方程上，得方程组

$$\begin{cases} 2x_1 - x_2 + 3x_3 = 4, \\ \qquad\quad - x_3 = -3, \\ \qquad\qquad 2x_3 = 6, \\ \qquad\quad - x_3 = -3. \end{cases}$$

再将第二个方程乘 2 加到第三个方程上，第二个方程乘 -1 加到第四个方程上，得

$$\begin{cases} 2x_1 - x_2 + 3x_3 = 4, \\ \qquad\quad - x_3 = -3, \\ \qquad\qquad 0 = 0, \\ \qquad\qquad 0 = 0. \end{cases}$$

第二个方程再乘 -1，得

$$\begin{cases} 2x_1 - x_2 + 3x_3 = 4, \\ \qquad\qquad x_3 = 3, \\ \qquad\qquad 0 = 0, \\ \qquad\qquad 0 = 0. \end{cases}$$

将其改写为

$$\begin{cases} 2x_1 + 3x_3 = 4 + x_2, \\ \qquad\quad x_3 = 3, \end{cases}$$

最后得

$$\begin{cases} x_1 = \dfrac{1}{2}(-5 + x_2), \\ x_3 = 3. \end{cases}$$

这就是方程组的一般解，其中 x_2 可以取任意值，称 x_2 为自由未知量. 因为 x_2 可以取任意值，所以方程组有无穷多解.

例 5.12　解线性方程组

$$\begin{cases} 2x_1 - x_2 + 3x_3 + x_4 = 4, \\ 4x_1 + 2x_2 + 5x_3 + 2x_4 = 9, \\ 2x_1 + 3x_2 + 2x_3 + x_4 = 3. \end{cases}$$

解　将第一个方程乘 -2 和 -1 分别加到第二个和第三个方程上，得方程组

$$\begin{cases} 2x_1 - x_2 + 3x_3 + x_4 = 4, \\ \quad\quad 4x_2 - x_3 \quad\quad = 1, \\ \quad\quad 4x_2 - x_3 \quad\quad = -1. \end{cases}$$

再将第二个方程乘 -1 加到第三个方程上，得

$$\begin{cases} 2x_1 - x_2 + 3x_3 + x_4 = 4, \\ \quad\quad 4x_2 - x_3 \quad\quad = 1, \\ \quad\quad\quad\quad\quad\quad 0 = -2. \end{cases}$$

由方程组的第三个方程可知，方程组无解.

从上面三个例题的解题过程可以看出，用消元法解线性方程组实际上就是反复地对方程组进行以下三种变换：

（1）互换两个方程的位置；

（2）用一个非零的数乘某个方程；

（3）把一个方程的倍数加到另一个方程上.

这三种变换称为方程组的初等变换.

可以证明，方程组的初等变换总是把方程组变成同解方程组.

二、矩阵的初等变换

n 元线性方程组

$$\begin{cases} a_{11}x_1 + a_{12}x_2 + \cdots + a_{1n}x_n = b_1, \\ a_{21}x_1 + a_{22}x_2 + \cdots + a_{2n}x_n = b_2, \\ \cdots\cdots \\ a_{m1}x_1 + a_{m2}x_2 + \cdots + a_{mn}x_n = b_m, \end{cases}$$

可用矩阵表示为 $\boldsymbol{AX} = \boldsymbol{b}$，其中

$$\boldsymbol{A} = \begin{pmatrix} a_{11} & a_{12} & \cdots & a_{1n} \\ a_{21} & a_{22} & \cdots & a_{2n} \\ \vdots & \vdots & & \vdots \\ a_{m1} & a_{m2} & \cdots & a_{mn} \end{pmatrix}, \quad \boldsymbol{X} = \begin{pmatrix} x_1 \\ x_2 \\ \vdots \\ x_n \end{pmatrix}, \quad \boldsymbol{b} = \begin{pmatrix} b_1 \\ b_2 \\ \vdots \\ b_m \end{pmatrix}.$$

矩阵 $\boldsymbol{A}$ 为方程组的系数矩阵. 方程组的系数及常数项组成的矩阵

$$(\boldsymbol{A}, \boldsymbol{b}) = \begin{pmatrix} a_{11} & a_{12} & \cdots & a_{1n} & \vdots & b_1 \\ a_{21} & a_{22} & \cdots & a_{2n} & \vdots & b_2 \\ \vdots & \vdots & & \vdots & \vdots & \vdots \\ a_{m1} & a_{m2} & \cdots & a_{mn} & \vdots & b_m \end{pmatrix},$$

称为方程组的增广矩阵，可记为 $\overline{A}$，即 $\overline{A}=(A，b)$.

在用消元法解线性方程组的过程中，实际上只对方程组的系数和常数项进行了运算，未知量并未参与运算. 因此可以简化运算的表达形式，整个消元过程都可在增广矩阵上进行，并将对方程组的三种初等变换"移植"到增广矩阵上，从而得到矩阵的三种初等变换.

定义 1 以下三种变换称为矩阵的初等行变换：

(1) 互换矩阵中两行的位置；

(2) 用一个非零的数乘矩阵的某一行的每个元素；

(3) 将矩阵某一行各元素的常数倍加到另一行的对应元素上.

上面的变换如果是对矩阵的列进行，则称为矩阵的初等列变换. 矩阵的初等行变换和矩阵的初等列变换统称为矩阵的初等变换.

现在对前面的例 5.10 用矩阵的初等变换来求解.

例 5.10 的方程组

$$\begin{cases} 2x_1 + 7x_2 + 3x_3 = 18, \\ x_1 + 3x_2 + 2x_3 = 6, \\ -x_1 \qquad\quad - 3x_3 = 8. \end{cases}$$

对方程组的增广矩阵施以行初等变换：

$$\overline{A} = \begin{bmatrix} 2 & 7 & 3 & \vdots & 18 \\ 1 & 3 & 2 & \vdots & 6 \\ -1 & 0 & -3 & \vdots & 8 \end{bmatrix} \xrightarrow[\text{与第2行}]{\text{交换第1行}} \begin{bmatrix} 1 & 3 & 2 & \vdots & 6 \\ 2 & 7 & 3 & \vdots & 18 \\ -1 & 0 & -3 & \vdots & 8 \end{bmatrix}$$

$$\xrightarrow[\text{分别加到第2,3行}]{\text{第1行乘以}(-2),1} \begin{bmatrix} 1 & 3 & 2 & \vdots & 6 \\ 0 & 1 & -1 & \vdots & 6 \\ 0 & 3 & -1 & \vdots & 14 \end{bmatrix} \xrightarrow[\text{加到第3行}]{\text{第2行乘以}(-3)} \begin{bmatrix} 1 & 3 & 2 & \vdots & 6 \\ 0 & 1 & -1 & \vdots & 6 \\ 0 & 0 & 2 & \vdots & -4 \end{bmatrix} = B.$$

最后的矩阵 B 为阶梯形矩阵，它对应的方程组与消元法消元到最后的方程组相同，即

$$\begin{cases} x_1 + 3x_2 + 2x_3 = 6, \\ x_2 - x_3 = 6, \\ 2x_3 = -4. \end{cases}$$

方程组的解为

$$\begin{cases} x_1 = -2, \\ x_2 = 4, \\ x_3 = -2. \end{cases}$$

从求解过程可以看出，用矩阵的初等变换求解方程组比消元法表达形式更简单.

对阶梯形矩阵 B 再施加以初等变换，可变成一种形状更简单的矩阵.

$$B = \begin{pmatrix} 1 & 3 & 2 & \vdots & 6 \\ 0 & 1 & -1 & \vdots & 6 \\ 0 & 0 & 2 & \vdots & -4 \end{pmatrix} \xrightarrow{\text{第3行除以2}} \begin{pmatrix} 1 & 3 & 2 & \vdots & 6 \\ 0 & 1 & -1 & \vdots & 6 \\ 0 & 0 & 1 & \vdots & -2 \end{pmatrix}$$

$$\xrightarrow[\text{分别加到第2,1行}]{\text{第3行乘以1,}(-2)} \begin{pmatrix} 1 & 3 & 0 & \vdots & 10 \\ 0 & 1 & 0 & \vdots & 4 \\ 0 & 0 & 1 & \vdots & -2 \end{pmatrix} \xrightarrow[\text{加到第1行}]{\text{第2行乘以}(-3)} \begin{pmatrix} 1 & 0 & 0 & \vdots & -2 \\ 0 & 1 & 0 & \vdots & 4 \\ 0 & 0 & 1 & \vdots & -2 \end{pmatrix} = C.$$

矩阵 C 对应的方程组就是方程组的解

$$\begin{cases} x_1 = -2, \\ x_2 = 4, \\ x_3 = -2. \end{cases}$$

由于方程组的初等变换总是把方程组变为同解方程组，而方程组增广矩阵的初等变换实质上是把方程组的初等变换移植到矩阵上，因此，方程组增广矩阵的初等变换也总是把增广矩阵在初等变换前和变换后所对应的方程组变成同解方程组.

定义 2　若一个矩阵中每个非零行（即至少有一个非零元素的行）的第一个非零元素的左、下方元素全为零，且零行全部位于非零行的下方，则称该矩阵为阶梯形矩阵. 若阶梯形矩阵的每个非零行的第一个非零元素都是 1 且它所在列中的其余元素全为零，则称这种矩阵为最简阶梯形矩阵.

例如，$\begin{pmatrix} 1 & 0 & 2 \\ 0 & 1 & 3 \\ 0 & 0 & 0 \end{pmatrix}$，$\begin{pmatrix} 0 & 2 & 1 & 3 \\ 0 & 0 & 2 & 4 \\ 0 & 0 & 0 & 1 \end{pmatrix}$，$\begin{pmatrix} 2 & 3 & 1 & 4 & 0 \\ 0 & 0 & 3 & 0 & 5 \\ 0 & 0 & 0 & 0 & 0 \\ 0 & 0 & 0 & 0 & 0 \end{pmatrix}$ 均为阶梯形矩阵，其中第一

个矩阵为最简阶梯形矩阵，另外两个矩阵不是最简阶梯形矩阵.

任意一个矩阵总能经过一系列初等行变换变成最简阶梯形矩阵.

例 5.13　利用初等变换将三对角矩阵（即矩阵的非零元素仅位于主对角线以及主对角线两侧的相邻对角线上，其余位置的元素均为零）

$$\begin{pmatrix} 4 & 3 & 0 & 0 \\ 1 & 4 & 2 & 0 \\ 0 & 2 & 4 & 1 \\ 0 & 0 & 3 & 4 \end{pmatrix}$$

化为最简阶梯形矩阵.

解　对三对角矩阵施以行初等变换：

$$\begin{pmatrix} 4 & 3 & 0 & 0 \\ 1 & 4 & 2 & 0 \\ 0 & 2 & 4 & 1 \\ 0 & 0 & 3 & 4 \end{pmatrix} \xrightarrow[\text{与第2行}]{\text{交换第1行}} \begin{pmatrix} 1 & 4 & 2 & 0 \\ 4 & 3 & 0 & 0 \\ 0 & 2 & 4 & 1 \\ 0 & 0 & 3 & 4 \end{pmatrix} \xrightarrow[\text{加到第2行}]{\text{第1行乘以(-4)}} \begin{pmatrix} 1 & 4 & 2 & 0 \\ 0 & -13 & -8 & 0 \\ 0 & 2 & 4 & 1 \\ 0 & 0 & 3 & 4 \end{pmatrix}$$

$$\xrightarrow[\text{分别加到第1,2行}]{\text{第3行乘以(-2),7}} \begin{pmatrix} 1 & 0 & -6 & -2 \\ 0 & 1 & 20 & 7 \\ 0 & 2 & 4 & 1 \\ 0 & 0 & 3 & 4 \end{pmatrix} \xrightarrow[\text{加到第3行}]{\text{第2行乘以(-2)}} \begin{pmatrix} 1 & 0 & -6 & -2 \\ 0 & 1 & 20 & 7 \\ 0 & 0 & -36 & -13 \\ 0 & 0 & 3 & 4 \end{pmatrix}$$

$$\xrightarrow[\text{第3行加到第2行}]{\begin{subarray}{c}\text{第4行乘以12}\\\text{加到第3行}\end{subarray}} \begin{pmatrix} 1 & 0 & -6 & -2 \\ 0 & 1 & -16 & -6 \\ 0 & 0 & 0 & 35 \\ 0 & 0 & 3 & 4 \end{pmatrix} \xrightarrow[\text{与第4行交换}]{\text{第3行乘以}\frac{1}{35}} \begin{pmatrix} 1 & 0 & -6 & -2 \\ 0 & 1 & -16 & -6 \\ 0 & 0 & 3 & 4 \\ 0 & 0 & 0 & 1 \end{pmatrix}$$

$$\xrightarrow[\text{第3行乘以}\frac{1}{3}]{\begin{subarray}{c}\text{第4行乘以2,6,(-4) 分别}\\\text{加到第1,2,3行}\end{subarray}} \begin{pmatrix} 1 & 0 & -6 & 0 \\ 0 & 1 & -16 & 0 \\ 0 & 0 & 1 & 0 \\ 0 & 0 & 0 & 1 \end{pmatrix} \xrightarrow[\text{加到第1,2行}]{\text{第3行乘以6,16分别}} \begin{pmatrix} 1 & 0 & 0 & 0 \\ 0 & 1 & 0 & 0 \\ 0 & 0 & 1 & 0 \\ 0 & 0 & 0 & 1 \end{pmatrix}.$$

最后一个矩阵即为最简阶梯形矩阵, 也是一个单位矩阵.

三对角矩阵在工程学和计算机科学等领域都有广泛应用. 例如, 在计算机视觉领域, 经常需要进行图像去噪、边缘检测等处理, 这时就可以使用三对角矩阵来优化算法; 在物理方面, 传输线上的电压和电流分布也可以用三对角矩阵来描述.

下面举几个用矩阵的初等变换解线性方程组的例子.

例 5.14　解方程组

$$\begin{cases} 2x_1 + x_2 + 3x_3 = -1, \\ -3x_1 - 2x_2 - 4x_3 = 3, \\ x_1 + x_2 \qquad = -1. \end{cases}$$

解　对方程组的增广矩阵施以行初等变换：

$$\overline{\boldsymbol{A}} = \begin{pmatrix} 2 & 1 & 3 & \vdots & -1 \\ -3 & -2 & -4 & \vdots & 3 \\ 1 & 1 & 0 & \vdots & -1 \end{pmatrix} \xrightarrow[\text{与第3行}]{\text{交换第1行}} \begin{pmatrix} 1 & 1 & 0 & \vdots & -1 \\ -3 & -2 & -4 & \vdots & 3 \\ 2 & 1 & 3 & \vdots & -1 \end{pmatrix}$$

$$\xrightarrow[\text{分别加到第2,3行}]{\text{第1行乘以3,(-2)}} \begin{pmatrix} 1 & 1 & 0 & \vdots & -1 \\ 0 & 1 & -4 & \vdots & 0 \\ 0 & -1 & 3 & \vdots & 1 \end{pmatrix} \xrightarrow[\text{加到第3行}]{\text{第2行}} \begin{pmatrix} 1 & 1 & 0 & \vdots & -1 \\ 0 & 1 & -4 & \vdots & 0 \\ 0 & 0 & -1 & \vdots & 1 \end{pmatrix}$$

$$\xrightarrow[\text{乘以}(-1)]{\text{第3行}} \begin{pmatrix} 1 & 1 & 0 & -1 \\ 0 & 1 & -4 & 0 \\ 0 & 0 & 1 & -1 \end{pmatrix} \xrightarrow[\text{加到第2行}]{\text{第3行乘以4}} \begin{pmatrix} 1 & 1 & 0 & -1 \\ 0 & 1 & 0 & -4 \\ 0 & 0 & 1 & -1 \end{pmatrix}$$

$$\xrightarrow[\text{加到第1行}]{\text{第2行乘以}(-1)} \begin{pmatrix} 1 & 0 & 0 & 3 \\ 0 & 1 & 0 & -4 \\ 0 & 0 & 1 & -1 \end{pmatrix}.$$

最后一个矩阵对应的方程组就是方程组的解

$$\begin{cases} x_1 = 3, \\ x_2 = -4, \\ x_3 = -1. \end{cases}$$

例 5.15　解方程组

$$\begin{cases} x_1 - 3x_2 + 2x_3 = -2, \\ 2x_1 - 8x_2 + 5x_3 = -3, \\ -2x_1 + 6x_2 - 4x_3 = 7, \\ -3x_1 + 9x_2 - 6x_3 = 6. \end{cases}$$

解　对方程组的增广矩阵施以初等行变换：

$$\overline{A} = \begin{pmatrix} 1 & -3 & 2 & -2 \\ 2 & -8 & 5 & -3 \\ -2 & 6 & -4 & 7 \\ -3 & 9 & -6 & 6 \end{pmatrix} \xrightarrow[\text{分别加到第2,3,4行}]{\text{第1行乘以}(-2),2,3} \begin{pmatrix} 1 & -3 & 2 & -2 \\ 0 & -2 & 1 & 1 \\ 0 & 0 & 0 & 3 \\ 0 & 0 & 0 & 0 \end{pmatrix},$$

与后一个矩阵对应的方程组为

$$\begin{cases} x_1 - 3x_2 + 2x_3 = -2, \\ -2x_2 + x_3 = 1, \\ 0 = 3. \end{cases}$$

由方程组中的第三个方程知方程组无解.

例 5.16　解方程组

$$\begin{cases} x_1 + 3x_2 + 2x_3 + x_4 = 2, \\ 2x_1 + 7x_2 + 3x_3 + 4x_4 = 9, \\ 2x_1 + 6x_2 + 4x_3 + 3x_4 = 6. \end{cases}$$

解　对方程组的增广矩阵施以初等行变换：

$$\overline{A} = \begin{pmatrix} 1 & 3 & 2 & 1 & 2 \\ 2 & 7 & 3 & 4 & 9 \\ 2 & 6 & 4 & 3 & 6 \end{pmatrix} \xrightarrow[\text{分别加到第2,3行}]{\text{第1行乘以}(-2)} \begin{pmatrix} 1 & 3 & 2 & 1 & 2 \\ 0 & 1 & -1 & 2 & 5 \\ 0 & 0 & 0 & 1 & 2 \end{pmatrix},$$

后一个矩阵对应的方程组为

$$\begin{cases} x_1 + 3x_2 + 2x_3 + x_4 = 2, \\ \qquad x_2 - x_3 + 2x_4 = 5, \\ \qquad\qquad\qquad x_4 = 2. \end{cases}$$

方程组的解为

$$\begin{cases} x_1 = -3 - 5x_3, \\ x_2 = 1 + x_3, \\ x_4 = 2. \end{cases}$$

其中 x_3 为自由未知量. 方程组有无穷多解.

对于一般的 n 元线性方程组

$$\begin{cases} a_{11}x_1 + a_{12}x_2 + \cdots + a_{1n}x_n = b_1, \\ a_{21}x_1 + a_{22}x_2 + \cdots + a_{2n}x_n = b_2, \\ \cdots\cdots \\ a_{m1}x_1 + a_{m2}x_2 + \cdots + a_{mn}x_n = b_m, \end{cases}$$

矩阵形式为 $\boldsymbol{AX} = \boldsymbol{b}$,增广矩阵为 $\overline{\boldsymbol{A}} = (\boldsymbol{A}, \boldsymbol{b})$. 对增广矩阵 $\overline{\boldsymbol{A}}$ 进行初等变换,化为最简阶梯形矩阵. 为了便于讨论,不妨假设增广矩阵 $\overline{\boldsymbol{A}}$ 已化为如下最简阶梯形矩阵:

$$\overline{\boldsymbol{A}} = (\boldsymbol{A}, \boldsymbol{b}) \rightarrow \begin{pmatrix} 1 & 0 & \cdots & 0 & c_{1,r+1} & \cdots & c_{1n} & d_1 \\ 0 & 1 & \ddots & \vdots & c_{2,r+1} & \cdots & c_{2n} & d_2 \\ \vdots & \ddots & \ddots & 0 & \vdots & & \vdots & \vdots \\ 0 & \cdots & 0 & 1 & c_{r,r+1} & \cdots & c_{rn} & d_r \\ 0 & 0 & \cdots & 0 & 0 & \cdots & 0 & d_{r+1} \\ 0 & 0 & \cdots & 0 & 0 & \cdots & 0 & 0 \\ \vdots & \vdots & & \vdots & \vdots & & \vdots & \vdots \\ 0 & 0 & \cdots & 0 & 0 & \cdots & 0 & 0 \end{pmatrix} = \boldsymbol{C}, \tag{5.1}$$

这个矩阵对应的方程组与 $\boldsymbol{AX} = \boldsymbol{b}$ 是同解方程组.

显然,方程组是否有解取决于 $0 = d_{r+1}$ 是否为恒等式. 下面进行讨论:

（1）如果 $d_{r+1} \neq 0$,则方程组无解.

（2）如果 $d_{r+1} = 0$,则方程组有解.

① 当 $r = n$ 时,因矩阵 $\boldsymbol{C}$ 的总列数是 $n+1$,所以矩阵 $\boldsymbol{C}$ 的形式如下:

$$\boldsymbol{C} = \begin{pmatrix} 1 & 0 & \cdots & 0 & d_1 \\ 0 & 1 & \ddots & \vdots & d_2 \\ \vdots & \ddots & \ddots & 0 & \vdots \\ 0 & \cdots & 0 & 1 & d_r \\ 0 & 0 & \cdots & 0 & 0 \\ \vdots & \vdots & & \vdots & \vdots \\ 0 & 0 & \cdots & 0 & 0 \end{pmatrix}.$$

矩阵 **C** 对应的方程组为

$$\begin{cases} x_1 = d_1, \\ x_2 = d_2, \\ \cdots\cdots \\ x_n = d_n, \end{cases}$$

即方程组的解. 此时，方程组有唯一解.

②当 $r < n$ 时，矩阵 **C** 对应的方程组为

$$\begin{cases} x_1 + c_{1,r+1} x_{r+1} + \cdots + c_{1n} x_n = d_1, \\ x_2 + c_{2,r+1} x_{r+1} + \cdots + c_{2n} x_n = d_2, \\ \cdots\cdots \\ x_r + c_{r,r+1} x_{r+1} + \cdots + c_{rn} x_n = d_r, \end{cases}$$

该方程组可化为以下形式：

$$\begin{cases} x_1 = d_1 - c_{1,r+1} x_{r+1} - \cdots - c_{1n} x_n, \\ x_2 = d_2 - c_{2,r+1} x_{r+1} - \cdots - c_{2n} x_n, \\ \cdots\cdots \\ x_r = d_r - c_{r,r+1} x_{r+1} - \cdots - c_{rn} x_n. \end{cases}$$

由此可见，任给 $x_{r+1}, x_{r+2}, \cdots, x_n$ 一组值，就可以唯一地确定出 $x_1, x_2, \cdots, x_r$ 的值. 此时，线性方程组有无穷多解，称 $x_{r+1}, x_{r+2}, \cdots, x_n$ 为自由未知量. 易见自由未知量的个数为 $n-r$.

将上述结果总结为如下定理：

定理 1　设 $\boldsymbol{AX} = \boldsymbol{b}$ 为 n 元非齐次线性方程组，对它的增广矩阵施以初等行变换，可将其化为最简阶梯形矩阵 (5.1). 若 $d_{r+1} \neq 0$，则方程组无解；若 $d_{r+1} = 0$，则方程组有解，且当 $r = n$ 时方程组有唯一解，当 $r < n$ 时方程组有无穷多解.

n 元齐次线性方程组 $\boldsymbol{AX} = \boldsymbol{0}$ 是 n 元非齐次线性方程组 $\boldsymbol{AX} = \boldsymbol{b}$ 的常数项都为零的特殊情况. 很显然，齐次方程组必有一组零解

$$x_1 = x_2 = \cdots = x_n = 0.$$

式 (5.1) 中，若 $r = n$，则方程组有唯一的零解；若 $r < n$，则方程组有无穷多解. 齐次方程组的求解方法与非齐次线性方程组相同.

三、《九章算术》消元法与矩阵的初等变换

《九章算术》"方程"章给出的求解线性方程组的消元法要比欧洲早 1 600 年. "方程"章的第一题是求解一个由三个未知数、三个方程构成的线性方程组. 文中方程组由以下文字给出：

今有

上禾①三秉②，中禾二秉，下禾一秉，实③三十九斗；

上禾二秉，中禾三秉，下禾一秉，实三十四斗；

上禾一秉，中禾二秉，下禾三秉，实二十六斗。

问：上、中、下禾实一秉各几何？

①禾：黍米；②秉：捆；③实：打下来的粮食.

设上、中、下禾各一秉打出的粮食分别为 x，y，z 斗，则问题就相当于解一个三元一次方程组：

$$\begin{cases} 3x + 2y + z = 39, \\ 2x + 3y + z = 34, \\ x + 2y + 3z = 26. \end{cases}$$

方程组的增广矩阵为

$$\overline{A} = \begin{pmatrix} 3 & 2 & 1 & \vdots & 39 \\ 2 & 3 & 1 & \vdots & 34 \\ 1 & 2 & 3 & \vdots & 26 \end{pmatrix}.$$

《九章算术》没有表示未知数的符号，而是用算筹将 x，y，z 的系数和常数项排列成一个矩形数阵，如图 5.9 所示，注意这里已将筹算数码换成了阿拉伯数字，并且采取的是自右至左纵向排列. 中国古代数学的"方程"相当于现今的增广矩阵."方"指数据左右并排，其形方正."程"指考察相关数据构成的比率关系."方程术"的关键算法称为"遍乘直除"，相当于现今的对增广矩阵施以初等变换.

"遍乘直除"的演算程序与对应的增广矩阵的初等变换如下：

(1) "置上禾三秉，中禾二秉，下禾一秉，实三十九斗，于右方。中、左禾列如右方"，见图 5.9.

(2) "以右行上禾遍乘中行"：以右行上禾（x）的系数 3，遍乘中行各数，见图 5.10.

(3) "而以直除"：由中行连续减去右行各对应数的若干倍数，直到中行头位数为 0，见图 5.11. "直除"即连续相减，"直除法"即相减消元法，为我国解方程组最早的方法.

左行	中行	右行
1	2	3
2	3	2
3	1	1
26	34	39

图 5.9

左行	中行	右行
1	6	3
2	9	2
3	3	1
26	102	39

图 5.10

左行	中行	右行
1	0	3
2	5	2
3	1	1
26	24	39

图 5.11

对应的增广矩阵的初等变换为

$$\overline{A} = \begin{pmatrix} 3 & 2 & 1 & \vdots & 39 \\ 2 & 3 & 1 & \vdots & 34 \\ 1 & 2 & 3 & \vdots & 26 \end{pmatrix} \xrightarrow[\text{乘以}3]{\text{第}2\text{行}} \begin{pmatrix} 3 & 2 & 1 & \vdots & 39 \\ 6 & 9 & 3 & \vdots & 102 \\ 1 & 2 & 3 & \vdots & 26 \end{pmatrix} \xrightarrow[\text{第}1\text{行}2\text{次}]{\text{第}2\text{行减}} \begin{pmatrix} 3 & 2 & 1 & \vdots & 39 \\ 0 & 5 & 1 & \vdots & 24 \\ 1 & 2 & 3 & \vdots & 26 \end{pmatrix}.$$

(4)"又乘其次，亦以直除"：中行头位消去后，以右行上禾（x）的系数 3，遍乘左行各数，见图 5.12. 连续减去右行各对应数，消去左行头位，见图 5.13.

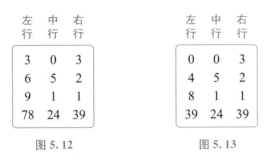

左行	中行	右行
3	0	3
6	5	2
9	1	1
78	24	39

图 5.12

左行	中行	右行
0	0	3
4	5	2
8	1	1
39	24	39

图 5.13

对应的增广矩阵的初等变换为

$$\begin{pmatrix} 3 & 2 & 1 & \vdots & 39 \\ 0 & 5 & 1 & \vdots & 24 \\ 1 & 2 & 3 & \vdots & 26 \end{pmatrix} \xrightarrow{\text{第}3\text{行乘以}3} \begin{pmatrix} 3 & 2 & 1 & \vdots & 39 \\ 0 & 5 & 1 & \vdots & 24 \\ 3 & 6 & 9 & \vdots & 78 \end{pmatrix} \xrightarrow{\text{第}3\text{行减第}1\text{行}} \begin{pmatrix} 3 & 2 & 1 & \vdots & 39 \\ 0 & 5 & 1 & \vdots & 24 \\ 0 & 4 & 8 & \vdots & 39 \end{pmatrix}.$$

(5)"然以中行中禾不尽者遍乘左行，而以直除……实即下禾之实"：当消去中行、左行头位后，再以中行中禾（y）的系数 5 遍乘左行各数，见图 5.14. 连续减去中行各对应数，消除左行中位，以求"下禾之实"，见图 5.15.

左行	中行	右行
0	0	3
20	5	2
40	1	1
195	24	39

图 5.14

左行	中行	右行
0	0	3
0	5	2
36	1	1
99	24	39

图 5.15

对应的增广矩阵的初等变换为

$$\begin{pmatrix} 3 & 2 & 1 & \vdots & 39 \\ 0 & 5 & 1 & \vdots & 24 \\ 0 & 4 & 8 & \vdots & 39 \end{pmatrix} \xrightarrow{\text{第}3\text{行乘以}5} \begin{pmatrix} 3 & 2 & 1 & \vdots & 39 \\ 0 & 5 & 1 & \vdots & 24 \\ 0 & 20 & 40 & \vdots & 195 \end{pmatrix} \xrightarrow{\text{第}3\text{行减第}2\text{行}4\text{次}} \begin{pmatrix} 3 & 2 & 1 & \vdots & 39 \\ 0 & 5 & 1 & \vdots & 24 \\ 0 & 0 & 36 & \vdots & 99 \end{pmatrix}.$$

"实即下禾之实"意为：99 为下禾 36 秉之实，即得

$$\text{下禾}(z)：z = \frac{99}{36} = \frac{11}{4} = 2\frac{3}{4}（\text{斗}）.$$

为求上禾（x）和中禾（y），重复"遍乘直除"程序，可求得

$$中禾(y)：y = 4\frac{1}{4}（斗）；\quad 上禾(x)：x = 9\frac{1}{4}（斗）.$$

习题 5.2

1. 用消元法解下列线性方程组：

(1) $\begin{cases} 2x_1 + x_2 - x_3 = 3, \\ x_1 + x_2 + x_3 = -2, \\ 2x_1 + 4x_2 + 6x_3 = 2; \end{cases}$
(2) $\begin{cases} 3x_1 - x_2 + 5x_3 - x_4 = 6, \\ x_1 - 2x_2 + 3x_3 + 2x_4 = 2, \\ 2x_1 + x_2 + 2x_3 - 3x_4 = 8; \end{cases}$

(3) $\begin{cases} x_1 + 2x_2 + 5x_3 = 5, \\ 2x_1 + 5x_2 + 9x_3 = 3, \\ x_1 + 2x_2 + 5x_3 = 5, \\ x_1 + 3x_2 + 4x_3 = -2; \end{cases}$
(4) $\begin{cases} 2x_1 - 2x_2 - 3x_3 = 0, \\ -x_1 + x_2 - x_3 = 0, \\ 3x_1 - 2x_2 - x_3 = 0, \\ 3x_1 - x_2 + 5x_3 = 0. \end{cases}$

2. 将下列矩阵化为最简阶梯形矩阵：

(1) $\begin{bmatrix} 1 & 1 & 2 \\ 3 & -2 & 1 \\ -2 & 3 & -1 \end{bmatrix}$；
(2) $\begin{bmatrix} 0 & 0 & 0 & 1 \\ 1 & 0 & 0 & 0 \\ 0 & 1 & 0 & 0 \\ 0 & 0 & 1 & 0 \end{bmatrix}$；

(3) $\begin{bmatrix} 0 & 1 & 0 & 0 \\ 0 & 0 & 1 & 0 \\ 0 & 0 & 0 & 1 \\ 1 & -1 & 0 & 0 \end{bmatrix}$；
(4) $\begin{bmatrix} 0 & 1 & 0 & 0 \\ 2 & 0 & 1 & 0 \\ 0 & 1 & 0 & 2 \\ 0 & 0 & 1 & 0 \end{bmatrix}$；

(5) $\begin{bmatrix} 1 & 1 & 2 & 3 \\ -1 & 1 & 1 & 2 \\ 2 & -1 & 1 & 1 \\ -3 & 2 & -1 & 1 \end{bmatrix}$；
(6) $\begin{bmatrix} 1 & 0 & 2 & -1 \\ 0 & -2 & 4 & 0 \\ 3 & 1 & 2 & -1 \\ 2 & -1 & 5 & 1 \end{bmatrix}$.

3. 用矩阵的初等变换求解下列方程组：

(1) $\begin{cases} 2x_1 + 3x_3 = 2, \\ x_1 - x_2 + 2x_3 = 1, \\ 2x_1 - 3x_2 + x_3 = 3; \end{cases}$
(2) $\begin{cases} x_1 + x_2 + 2x_3 - 2x_4 = 0, \\ x_1 - 2x_2 + 4x_3 - x_4 = 0, \\ 3x_1 - x_2 + 3x_3 - x_4 = 0; \end{cases}$

(3) $\begin{cases} x_1 + 3x_2 - x_3 - x_4 = 2, \\ x_1 - 2x_2 + 3x_3 - x_4 = 1, \\ 3x_1 - x_2 + 5x_3 - 3x_4 = 2; \end{cases}$
(4) $\begin{cases} 2x_1 + 5x_2 + 9x_3 = 3, \\ x_1 + 2x_2 + 5x_3 = 5, \\ x_1 + 3x_2 + 4x_3 = -2, \\ - x_2 + x_3 = 7; \end{cases}$

$$(5) \begin{cases} x_1 + x_2 + 2x_3 + 3x_4 = 1, \\ -x_1 + x_2 + x_3 + 2x_4 = -1, \\ 2x_1 - x_2 + x_3 + x_4 = 0, \\ -3x_1 + 2x_2 - x_3 + x_4 = 1; \end{cases} \qquad (6) \begin{cases} 4x_1 + 3x_2 \qquad = 1, \\ x_1 + 4x_2 + 2x_3 = 0, \\ 2x_2 + 4x_3 + x_4 = 0, \\ 3x_3 + 4x_4 = 1. \end{cases}$$

4. 用矩阵的初等变换求解《九章算术》"方程"章的第十二题:

今有武马[1]一匹,中马二匹,下马三匹,皆载四十石[2]至阪[3],皆不能上.武马借中马一匹,中马借下马一匹,下马借武马一匹,乃皆上.

问:武、中、下马一匹各力引[4]几何?

[1]武马:勇武有力的马;[2]石:粮食的重量单位;[3]阪(bǎn):山坡;[4]力引:拉力,牵引力.

第三节 行列式简介

行列式(determinant)的概念源于解线性方程组. 1683 年,日本数学家关孝和(**Seki Takakazu,1642—1708**)在《解伏题之法》一书中提出了行列式的概念与算法. 十年后,德国数学家莱布尼茨在解方程组时将系数分离出来用以表示未知量,也提出了行列式的概念. 在很长一段时间里,行列式只是作为解线性方程组的工具使用. 大约半个世纪后,法国数学家范德蒙德(**A. Vandermonde,1735—1796**)将行列式理论与线性方程组求解相分离,成为独立的数学对象,并系统化了行列式理论. 因此,范德蒙德被认为是行列式理论的奠基人. 1815 年,法国数学家奥古斯丁·路易斯·柯西(**Augustin Louis Cauchy,1789—1857**)在关于行列式的研究论文中把莱布尼茨、范德蒙德及其他人使用的解方程组的算式命名为"行列式". 这几乎是现代的行列式定义. 柯西还给出了行列式的一些运算法则及定理.

一、行列式的定义

先考察二元线性方程组

$$\begin{cases} a_{11}x_1 + a_{12}x_2 = b_1, & \text{①} \\ a_{21}x_1 + a_{22}x_2 = b_2. & \text{②} \end{cases}$$

用消元法解此方程组. ①×a_{22} — ②×a_{12} 便可消去 x_2,得

$$(a_{11}a_{22} - a_{12}a_{21})x_1 = b_1a_{22} - a_{12}b_2.$$

②×a_{11} — ①×a_{21} 可消去 x_1,得

$$(a_{11}a_{22} - a_{12}a_{21})x_2 = a_{11}b_2 - b_1 a_{21}.$$

当 $a_{11}a_{22} - a_{12}a_{21} \neq 0$ 时，方程组有唯一解：

$$x_1 = \frac{b_1 a_{22} - a_{12} b_2}{a_{11}a_{22} - a_{12}a_{21}}, \qquad x_2 = \frac{a_{11}b_2 - b_1 a_{21}}{a_{11}a_{22} - a_{12}a_{21}}. \tag{5.2}$$

方程组解的分母都是方程组的系数矩阵

$$\mathbf{A} = \begin{pmatrix} a_{11} & a_{12} \\ a_{21} & a_{22} \end{pmatrix}$$

的元素所确定的数

$$a_{11}a_{22} - a_{12}a_{21}.$$

若用符号

$$\begin{vmatrix} a_{11} & a_{12} \\ a_{21} & a_{22} \end{vmatrix}$$

表示 $a_{11}a_{22} - a_{12}a_{21}$，即令

$$\begin{vmatrix} a_{11} & a_{12} \\ a_{21} & a_{22} \end{vmatrix} = a_{11}a_{22} - a_{12}a_{21},$$

再把式（5.2）中的两个分子也类似地表示，则上述方程组的解可表示为

$$x_1 = \frac{\begin{vmatrix} b_1 & a_{12} \\ b_2 & a_{22} \end{vmatrix}}{\begin{vmatrix} a_{11} & a_{12} \\ a_{21} & a_{22} \end{vmatrix}}, \qquad x_2 = \frac{\begin{vmatrix} a_{11} & b_1 \\ a_{21} & b_2 \end{vmatrix}}{\begin{vmatrix} a_{11} & a_{12} \\ a_{21} & a_{22} \end{vmatrix}}. \tag{5.3}$$

这种表示不仅方便，而且易于记忆. 为此引入二阶行列式的概念. 称符号

$$\begin{vmatrix} a_{11} & a_{12} \\ a_{21} & a_{22} \end{vmatrix}$$

为二阶行列式，用它表示一个数 $a_{11}a_{22} - a_{12}a_{21}$，即

$$\begin{vmatrix} a_{11} & a_{12} \\ a_{21} & a_{22} \end{vmatrix} = a_{11}a_{22} - a_{12}a_{21},$$

其中，横排称为行，纵排称为列，行列式中的数 a_{ij}（$i = 1, 2; j = 1, 2$）称为行列式的元素.

二阶行列式是 4 个数按一定规律运算所得的代数和. 这个运算规律可理解为按"对角线法则"展开计算二阶行列式的值，如图 5.16 所示，实线称为主对角线，虚线称为次对角线. 二阶行列式的值便是主对角线上的两元素之积

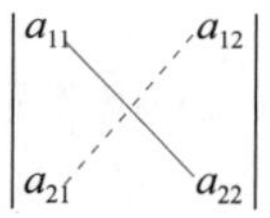

图 5.16

减去次对角线上两元素之积所得的差.

记

$$D = \begin{vmatrix} a_{11} & a_{12} \\ a_{21} & a_{22} \end{vmatrix}, \quad D_1 = \begin{vmatrix} b_1 & a_{12} \\ b_2 & a_{22} \end{vmatrix}, \quad D_2 = \begin{vmatrix} a_{11} & b_1 \\ a_{21} & b_2 \end{vmatrix},$$

其中，D_1 是用常数项 b_1，b_2 替换 D 中第 1 列的元素 a_{11}，a_{21} 所得的二阶行列式；D_2 是用常数项 b_1，b_2 替换 D 中第 2 列的元素 a_{12}，a_{22} 所得的二阶行列式.

当 $D \neq 0$ 时，二元线性方程组的唯一解可表示为

$$x_1 = \frac{D_1}{D}, \quad x_2 = \frac{D_2}{D}, \tag{5.4}$$

其中分母 D 是由方程组的系数按它们在方程中的位置排列构成的行列式，称为方程组的系数行列式.

例 5.17　求解二元线性方程组

$$\begin{cases} 2x_1 + x_2 = 4, \\ 3x_1 - x_2 = 1. \end{cases}$$

解　由于

$$D = \begin{vmatrix} 2 & 1 \\ 3 & -1 \end{vmatrix} = 2 \times (-1) - 1 \times 3 = -5,$$

$$D_1 = \begin{vmatrix} 4 & 1 \\ 1 & -1 \end{vmatrix} = 4 \times (-1) - 1 \times 1 = -5,$$

$$D_2 = \begin{vmatrix} 2 & 4 \\ 3 & 1 \end{vmatrix} = 2 \times 1 - 4 \times 3 = -10,$$

且 $D \neq 0$，因此由式（5.4）可得方程组的唯一解

$$x_1 = \frac{D_1}{D} = \frac{-5}{-5} = 1, \quad x_2 = \frac{D_2}{D} = \frac{-10}{-5} = 2.$$

类似地，三阶行列式可以定义为

$$D = \begin{vmatrix} a_{11} & a_{12} & a_{13} \\ a_{21} & a_{22} & a_{23} \\ a_{31} & a_{32} & a_{33} \end{vmatrix} = a_{11}a_{22}a_{33} + a_{12}a_{23}a_{31} + a_{13}a_{21}a_{32} - a_{13}a_{22}a_{31} - a_{12}a_{21}a_{33} - a_{11}a_{23}a_{32}.$$

三阶行列式右端的代数式称为三阶行列式的展开式，共 6 项，每一项均为不同行不同列的 3 个元素之积再加上正负号. 其展开式可按图 5.17 来记忆，称为按对角线法则展开，其中 3 条实线上的 3 个元素之积所成的项取正号，3 条虚线上的 3 个元素之积所成的项取负号.

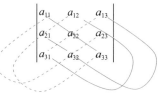

图 5.17

容易验证，三阶行列式可以写成如下展开式形式：

$$
\begin{vmatrix}
a_{11} & a_{12} & a_{13} \\
a_{21} & a_{22} & a_{23} \\
a_{31} & a_{32} & a_{33}
\end{vmatrix}
$$

$$
= a_{11}(a_{22}a_{33} - a_{23}a_{32}) - a_{12}(a_{21}a_{33} - a_{23}a_{31}) + a_{13}(a_{21}a_{32} - a_{22}a_{31})
$$

$$
= a_{11}\begin{vmatrix} a_{22} & a_{23} \\ a_{32} & a_{33} \end{vmatrix} - a_{12}\begin{vmatrix} a_{21} & a_{23} \\ a_{31} & a_{33} \end{vmatrix} + a_{13}\begin{vmatrix} a_{21} & a_{22} \\ a_{31} & a_{32} \end{vmatrix}
$$

$$
= a_{11} \cdot (-1)^{1+1}\begin{vmatrix} a_{22} & a_{23} \\ a_{32} & a_{33} \end{vmatrix} + a_{12} \cdot (-1)^{1+2}\begin{vmatrix} a_{21} & a_{23} \\ a_{31} & a_{33} \end{vmatrix} + a_{13} \cdot (-1)^{1+3}\begin{vmatrix} a_{21} & a_{22} \\ a_{31} & a_{32} \end{vmatrix}
$$

$$
= a_{11}A_{11} + a_{12}A_{12} + a_{13}A_{13}, \tag{5.5}
$$

其中

$$
A_{11} = (-1)^{1+1}\begin{vmatrix} a_{22} & a_{23} \\ a_{32} & a_{33} \end{vmatrix}, \quad A_{12} = (-1)^{1+2}\begin{vmatrix} a_{21} & a_{23} \\ a_{31} & a_{33} \end{vmatrix}, \quad A_{13} = (-1)^{1+3}\begin{vmatrix} a_{21} & a_{22} \\ a_{31} & a_{32} \end{vmatrix}
$$

分别称为元素 a_{11}，a_{12}，a_{13} 的代数余子式.

不难看出，A_{11} 中的 $\begin{vmatrix} a_{22} & a_{23} \\ a_{32} & a_{33} \end{vmatrix}$ 是原三阶行列式中划掉 a_{11} 所在的行和列后剩下的元素按原来顺序组成的二阶行列式，称为 a_{11} 的余子式，再赋以符号 $(-1)^{1+1}$ 即为 a_{11} 的代数余子式 A_{11}. 同样可得到 A_{12}，A_{13}.

这说明，三阶行列式等于它的第一行元素与其代数余子式的乘积之和，也称其为三阶行列式按第一行的展开式.

对于一阶行列式，定义 $|a_{11}| = a_{11}$. 二阶行列式的展开式 $\begin{vmatrix} a_{11} & a_{12} \\ a_{21} & a_{22} \end{vmatrix} = a_{11}a_{22} - a_{12}a_{21}$ 可以表示为

$$
\begin{vmatrix} a_{11} & a_{12} \\ a_{21} & a_{22} \end{vmatrix} = a_{11}A_{11} + a_{12}A_{12}. \tag{5.6}
$$

也就是说，一个二阶行列式等于它的第一行元素与其代数余子式的乘积之和.

由式（5.5）和式（5.6）可以看出，三阶和二阶行列式的定义方法是统一的，都是用低阶行列式定义高一阶的行列式. 类似地，可以用这种递归的方法来定义一般的 n 阶行列式.

定义1 由 $n \times n$ 个数 a_{ij}（$i=1, 2, \cdots, n$；$j=1, 2, \cdots, n$）组成的符号

$$
\begin{vmatrix}
a_{11} & a_{12} & \cdots & a_{1n} \\
a_{21} & a_{22} & \cdots & a_{2n} \\
\vdots & \vdots & & \vdots \\
a_{n1} & a_{n2} & \cdots & a_{nn}
\end{vmatrix},
$$

称为 n 阶行列式，记为 D，它表示一个数：当 $n=1$ 时，$D=|a_{11}|=a_{11}$；当 $n>1$ 时，

$$D=a_{11}A_{11}+a_{12}A_{12}+\cdots+a_{1n}A_{1n}=\sum_{j=1}^{n}a_{1j}A_{1j}, \qquad (5.7)$$

其中 $A_{1j}=(-1)^{1+j}M_{1j}$.

$$M_{1j}=\begin{vmatrix} a_{21} & \cdots & a_{2,j-1} & a_{2,j+1} & \cdots & a_{2n} \\ a_{31} & \cdots & a_{3,j-1} & a_{3,j+1} & \cdots & a_{3n} \\ \vdots & & \vdots & \vdots & & \vdots \\ a_{n1} & \cdots & a_{n,j-1} & a_{n,j+1} & \cdots & a_{nn} \end{vmatrix}$$

是一个由 D 划去 a_{1j} 所在的第 1 行和第 j 列，剩下的元素按原来的排列方法构成的 $n-1$ 阶行列式. 称 M_{1j} 为元素 a_{1j} 的**余子式**，称 A_{1j} 为元素 a_{1j} 的**代数余子式**.

式（5.7）表明，n 阶行列式等于它的第一行元素与其代数余子式的乘积之和. 通常，把上述定义简称为**按行列式的第一行展开**.

这种定义方法称为归纳定义，适用于所有行列式. 对角线法则只适用于二阶与三阶行列式.

例 5.18　计算行列式

$$D=\begin{vmatrix} 3 & 0 & 1 \\ 2 & 1 & 3 \\ -2 & 3 & 1 \end{vmatrix}.$$

解法 1　用对角线法则.

$D=3\times1\times1+0\times3\times(-2)+2\times3\times1-1\times1\times(-2)-0\times2\times1-3\times3\times3$
$=3+0+6+2-0-27=-16.$

解法 2　按第一行展开，根据式（5.7），得

$$D=a_{11}A_{11}+a_{12}A_{12}+a_{13}A_{13},$$

由于 $a_{12}=0$，故

$$D=a_{11}A_{11}+a_{13}A_{13}=3\times(-1)^{1+1}\begin{vmatrix} 1 & 3 \\ 3 & 1 \end{vmatrix}+1\times(-1)^{1+3}\begin{vmatrix} 2 & 1 \\ -2 & 3 \end{vmatrix}$$

$$=3\times(-8)+8=-16.$$

例 5.19　计算行列式

$$D=\begin{vmatrix} 0 & -1 & 0 & 2 \\ 1 & -1 & 0 & 2 \\ -1 & 2 & -1 & 0 \\ 2 & 1 & 1 & 0 \end{vmatrix}.$$

解　按第一行展开，根据式（5.7），得

$$D = a_{11}A_{11} + a_{12}A_{12} + a_{13}A_{13} + a_{14}A_{14},$$

由于 $a_{11} = a_{13} = 0$，故

$$D = a_{12}A_{12} + a_{14}A_{14} = -1 \times (-1)^{1+2} \begin{vmatrix} 1 & 0 & 2 \\ -1 & -1 & 0 \\ 2 & 1 & 0 \end{vmatrix} + 2 \times (-1)^{1+4} \begin{vmatrix} 1 & -1 & 0 \\ -1 & 2 & -1 \\ 2 & 1 & 1 \end{vmatrix}$$

$$= 2 - 8 = -6.$$

二、行列式的性质

为了便于行列式的计算，下面给出行列式的几个性质，并利用二阶或三阶行列式给予说明和验证.

记

$$D = \begin{vmatrix} a_{11} & a_{12} & \cdots & a_{1n} \\ a_{21} & a_{22} & \cdots & a_{2n} \\ \vdots & \vdots & & \vdots \\ a_{n1} & a_{n2} & \cdots & a_{nn} \end{vmatrix}, \qquad D^{\mathrm{T}} = \begin{vmatrix} a_{11} & a_{21} & \cdots & a_{n1} \\ a_{12} & a_{22} & \cdots & a_{n2} \\ \vdots & \vdots & & \vdots \\ a_{1n} & a_{2n} & \cdots & a_{nn} \end{vmatrix}.$$

行列式 D^{T} 是行列式 D 的行与列按原来的顺序互换后得到的行列式，行列式 D^{T} 称为行列式 D 的转置行列式.

性质 1　行列式与它的转置行列式相等，即 $D = D^{\mathrm{T}}$.

例如，若 $D = \begin{vmatrix} a & b \\ c & d \end{vmatrix} = ad - bc$，则 $D^{\mathrm{T}} = \begin{vmatrix} a & c \\ b & d \end{vmatrix} = ad - bc$，可见 $D = D^{\mathrm{T}}$.

此性质表明，行列式中行与列具有同等的地位，因此凡是对行成立的性质，对列也同样成立，反之亦然. 下面讨论的行列式的性质都是对行来说的，对列也有同样的性质，不再赘述.

性质 2　行列式的两行互换，行列式的值变号，即

$$\begin{vmatrix} a_{11} & a_{12} & \cdots & a_{1n} \\ \vdots & \vdots & & \vdots \\ a_{i1} & a_{i2} & \cdots & a_{in} \\ \vdots & \vdots & & \vdots \\ a_{j1} & a_{j2} & \cdots & a_{jn} \\ \vdots & \vdots & & \vdots \\ a_{n1} & a_{n2} & \cdots & a_{nn} \end{vmatrix} = - \begin{vmatrix} a_{11} & a_{12} & \cdots & a_{1n} \\ \vdots & \vdots & & \vdots \\ a_{j1} & a_{j2} & \cdots & a_{jn} \\ \vdots & \vdots & & \vdots \\ a_{i1} & a_{i2} & \cdots & a_{in} \\ \vdots & \vdots & & \vdots \\ a_{n1} & a_{n2} & \cdots & a_{nn} \end{vmatrix}.$$

例如，$D=\begin{vmatrix} a & b \\ c & d \end{vmatrix}=ad-bc$，而 $\begin{vmatrix} c & d \\ a & b \end{vmatrix}=bc-ad=-D$.

推论 若行列式中有两行元素对应相等，则此行列式等于零.

例如，$D=\begin{vmatrix} a_1 & a_2 & a_3 \\ b_1 & b_2 & b_3 \\ a_1 & a_2 & a_3 \end{vmatrix} \xrightarrow{\text{交换第1行与第3行}} -\begin{vmatrix} a_1 & a_2 & a_3 \\ b_1 & b_2 & b_3 \\ a_1 & a_2 & a_3 \end{vmatrix}=-D$，故 $D=0$.

性质 3 行列式某一行乘数 k，等于用数 k 乘该行列式，即

$$\begin{vmatrix} a_{11} & a_{12} & \cdots & a_{1n} \\ \vdots & \vdots & & \vdots \\ ka_{i1} & ka_{i2} & \cdots & ka_{in} \\ \vdots & \vdots & & \vdots \\ a_{n1} & a_{n2} & \cdots & a_{nn} \end{vmatrix}=k\begin{vmatrix} a_{11} & a_{12} & \cdots & a_{1n} \\ \vdots & \vdots & & \vdots \\ a_{i1} & a_{i2} & \cdots & a_{in} \\ \vdots & \vdots & & \vdots \\ a_{n1} & a_{n2} & \cdots & a_{nn} \end{vmatrix}.$$

例如，$\begin{vmatrix} a & b \\ kc & kd \end{vmatrix}=kad-kbc$，$k\begin{vmatrix} a & b \\ c & d \end{vmatrix}=k(ad-bc)=kad-kbc$，即

$$\begin{vmatrix} a & b \\ kc & kd \end{vmatrix}=k\begin{vmatrix} a & b \\ c & d \end{vmatrix}.$$

推论 1 若行列式中有一行元素全为零，则行列式等于零.

推论 2 若行列式中有两行元素对应成比例，则行列式等于零.

性质 4 把行列式的某一行所有元素都乘一个数 k 后，加到另一行对应的元素上，其行列式的值不变，即

$$\begin{vmatrix} a_{11} & a_{12} & \cdots & a_{1n} \\ \vdots & \vdots & & \vdots \\ a_{i1} & a_{i2} & \cdots & a_{in} \\ \vdots & \vdots & & \vdots \\ a_{j1} & a_{j2} & \cdots & a_{jn} \\ \vdots & \vdots & & \vdots \\ a_{n1} & a_{n2} & \cdots & a_{nn} \end{vmatrix}=\begin{vmatrix} a_{11} & a_{12} & \cdots & a_{1n} \\ \vdots & \vdots & & \vdots \\ a_{i1} & a_{i2} & \cdots & a_{in} \\ \vdots & \vdots & & \vdots \\ a_{j1}+ka_{i1} & a_{j2}+ka_{i2} & \cdots & a_{jn}+ka_{in} \\ \vdots & \vdots & & \vdots \\ a_{n1} & a_{n2} & \cdots & a_{nn} \end{vmatrix}.$$

例如，$D=\begin{vmatrix} 1 & -1 \\ 2 & 4 \end{vmatrix}=4-(-2)=6$，而将此行列式第一行乘（$-2$）加到第二行上，得

$$D_1=\begin{vmatrix} 1 & -1 \\ 0 & 6 \end{vmatrix}=6,$$

即

$$D=D_1.$$

进行行列式计算时，常用此性质将行列式某些位置的元素化为零，从而简化计算.

性质5 行列式等于它的任一行的各元素与其代数余子式的乘积之和，即

$$D=\begin{vmatrix} a_{11} & a_{12} & \cdots & a_{1n} \\ a_{21} & a_{22} & \cdots & a_{2n} \\ \vdots & \vdots & & \vdots \\ a_{n1} & a_{n2} & \cdots & a_{nn} \end{vmatrix}=a_{i1}A_{i1}+a_{i2}A_{i2}+\cdots+a_{in}A_{in}=\sum_{j=1}^{n}a_{ij}A_{ij}\quad(i=1,2,\cdots,n).$$

其中 $A_{ij}=(-1)^{i+j}M_{ij}$. M_{ij} 是一个由 D 划去 a_{ij} 所在的第 i 行和第 j 列后，剩下的元素按原来的排列方法构成的 $n-1$ 阶行列式. 称 M_{ij} 为元素 a_{ij} 的余子式，称 A_{ij} 为元素 a_{ij} 代数余子式.

性质5表明，行列式不仅（由定义）可按第一行展开，也可以按任一行展开.
由于行列式对行成立的性质，对列也同样成立，故行列式也可以按任意一列展开，即

$$D=a_{1j}A_{1j}+a_{2j}A_{2j}+\cdots+a_{nj}A_{nj}=\sum_{i=1}^{n}a_{ij}A_{ij}\ (j=1,2,\cdots,n).$$

例 5.20 计算行列式

$$\begin{vmatrix} 1 & 0 & 1 \\ 0 & -1 & 2 \\ -2 & -1 & 1 \end{vmatrix}.$$

解法 1 将行列式按第一行展开.

$$\begin{vmatrix} 1 & 0 & 1 \\ 0 & -1 & 2 \\ -2 & -1 & 1 \end{vmatrix}=1\times(-1)^{1+1}\begin{vmatrix} -1 & 2 \\ -1 & 1 \end{vmatrix}+1\times(-1)^{1+3}\begin{vmatrix} 0 & -1 \\ -2 & -1 \end{vmatrix}$$

$$=(-1+2)+(0-2)=-1.$$

解法 2 用性质4和性质5计算.

$$\begin{vmatrix} 1 & 0 & 1 \\ 0 & -1 & 2 \\ -2 & -1 & 1 \end{vmatrix} \xrightarrow{\text{第1行乘2加到第3行}} \begin{vmatrix} 1 & 0 & 1 \\ 0 & -1 & 2 \\ 0 & -1 & 3 \end{vmatrix} \xrightarrow{\text{按第1列展开}} 1\times(-1)^{1+1}\begin{vmatrix} -1 & 2 \\ -1 & 3 \end{vmatrix}$$

$$=-3+2=-1.$$

三、四阶行列式的计算

利用行列式的性质，可以减少计算量，简化行列式的计算. 下面通过一些四阶行列式的例子，说明行列式的性质在计算行列式时的使用情况.

例 5.21 计算行列式

$$D = \begin{vmatrix} 1 & 7 & 0 & -1 \\ 2 & 8 & 1 & 2 \\ 0 & 3 & 0 & 0 \\ -1 & 5 & 2 & 1 \end{vmatrix}.$$

解 根据性质 5，将 D 按第三行展开.

$$D = 0 \cdot A_{31} + 3 \cdot A_{32} + 0 \cdot A_{33} + 0 \cdot A_{34}$$

$$= 3\times(-1)^{3+2}\begin{vmatrix} 1 & 0 & -1 \\ 2 & 1 & 2 \\ -1 & 2 & 1 \end{vmatrix}$$

$$= -3\times\left[(-1)^{1+1}\begin{vmatrix} 1 & 2 \\ 2 & 1 \end{vmatrix} - 1\times(-1)^{1+3}\begin{vmatrix} 2 & 1 \\ -1 & 2 \end{vmatrix}\right]$$

$$= -3\times(-3-5) = 24.$$

从例 5.21 可以看出，如果一个行列式的某一行（或列）有很多个零，那么按这一行（或列）展开，可以使这个行列式转化为少数几个或一个低一阶的行列式，从而简化行列式的计算.

如果在一个行列式中没有零元素很多的行（或列），那么可以先利用行列式的各种性质，使某一行（或列）变成只有一个非零元素，再按这一行（或列）展开. 这样继续下去，就可以把一个较高阶行列式的计算变成一个或几个二阶行列式的计算. 这是计算行列式行之有效的办法.

例 5.22 计算行列式

$$D = \begin{vmatrix} 3 & -2 & -4 & -2 \\ -4 & 7 & 8 & 3 \\ -2 & 3 & 4 & 1 \\ 3 & -3 & -5 & -1 \end{vmatrix}.$$

解 为了尽量避免分数运算，应当选择 1 或 -1 所在的行（或列）进行变换，因此，这里选择第 3 行.

$$D \xlongequal[\text{分别加到第 } 1,2,4 \text{ 行}]{\text{第 } 3 \text{ 行乘 } 2,(-3),1} \begin{vmatrix} -1 & 4 & 4 & 0 \\ 2 & -2 & -4 & 0 \\ -2 & 3 & 4 & 1 \\ 1 & 0 & -1 & 0 \end{vmatrix} = (-1)^{3+4} \begin{vmatrix} -1 & 4 & 4 \\ 2 & -2 & -4 \\ 1 & 0 & -1 \end{vmatrix}$$

$$\xlongequal{\text{第 } 1 \text{ 列加到第 } 3 \text{ 列}} - \begin{vmatrix} -1 & 4 & 3 \\ 2 & -2 & -2 \\ 1 & 0 & 0 \end{vmatrix} = -1 \cdot (-1)^{3+1} \begin{vmatrix} 4 & 3 \\ -2 & -2 \end{vmatrix}$$

$$= -(-8+6) = 2.$$

例 5.23 计算上三角行列式

$$D = \begin{vmatrix} a_{11} & a_{12} & a_{13} & a_{14} \\ 0 & a_{22} & a_{23} & a_{24} \\ 0 & 0 & a_{33} & a_{34} \\ 0 & 0 & 0 & a_{44} \end{vmatrix} \quad (\text{其中 } a_{ii} \neq 0, \ i = 1, \ 2, \ 3, \ 4).$$

解 按第一列展开，有

$$D = a_{11} (-1)^{1+1} \begin{vmatrix} a_{22} & a_{23} & a_{24} \\ 0 & a_{33} & a_{34} \\ 0 & 0 & a_{44} \end{vmatrix} = a_{11} (-1)^{1+1} a_{22} \begin{vmatrix} a_{33} & a_{34} \\ 0 & a_{44} \end{vmatrix} = a_{11} a_{22} a_{33} a_{44}.$$

类似可得下三角行列式

$$D = \begin{vmatrix} a_{11} & 0 & 0 & 0 \\ a_{21} & a_{22} & 0 & 0 \\ a_{31} & a_{32} & a_{33} & 0 \\ a_{41} & a_{42} & a_{43} & a_{44} \end{vmatrix} = a_{11} a_{22} a_{33} a_{44}.$$

例 5.24 计算行列式

$$D = \begin{vmatrix} 3 & 1 & 1 & 1 \\ 1 & 3 & 1 & 1 \\ 1 & 1 & 3 & 1 \\ 1 & 1 & 1 & 3 \end{vmatrix}.$$

解 由于该行列式每列都有一个 3 和三个 1，故将各行都加到第一行上，得

$$D \xlongequal{\text{第 } 2,3,4 \text{ 行都加到第 } 1 \text{ 行}} \begin{vmatrix} 6 & 6 & 6 & 6 \\ 1 & 3 & 1 & 1 \\ 1 & 1 & 3 & 1 \\ 1 & 1 & 1 & 3 \end{vmatrix} \xlongequal{\text{提出第 } 1 \text{ 行公因子 } 6} 6 \times \begin{vmatrix} 1 & 1 & 1 & 1 \\ 1 & 3 & 1 & 1 \\ 1 & 1 & 3 & 1 \\ 1 & 1 & 1 & 3 \end{vmatrix}$$

$$\underline{\text{第 1 行乘以}(-1)\text{ 分别加到第 }2,3,4\text{ 行}} 6 \times \begin{vmatrix} 1 & 1 & 1 & 1 \\ 0 & 2 & 0 & 0 \\ 0 & 0 & 2 & 0 \\ 0 & 0 & 0 & 2 \end{vmatrix} = 6 \times (1 \times 2 \times 2 \times 2) = 48.$$

（由例 5.23 上三角行列式的计算结果得.）

四、克莱姆法则

克莱姆法则是瑞士数学家加布里尔·克莱姆（Gabriel Cramer，1704—1752）1750 年在他的《代数曲线分析引论》一书中提出的，是由线性方程组的系数行列式来确定线性方程组解的表达式的法则.

前面利用二阶行列式给出了二元线性方程组的解，即对于二元线性方程组

$$\begin{cases} a_{11}x_1 + a_{12}x_2 = b_1, \\ a_{21}x_1 + a_{22}x_2 = b_2, \end{cases}$$

若记

$$D = \begin{vmatrix} a_{11} & a_{12} \\ a_{21} & a_{22} \end{vmatrix}, \quad D_1 = \begin{vmatrix} b_1 & a_{12} \\ b_2 & a_{22} \end{vmatrix}, \quad D_2 = \begin{vmatrix} a_{11} & b_1 \\ a_{21} & b_2 \end{vmatrix},$$

则在系数行列式 $D \neq 0$ 的条件下，二元线性方程组有唯一解：

$$x_1 = \frac{D_1}{D}, \quad x_2 = \frac{D_2}{D}.$$

类似地，利用 n 阶行列式可以求解含有 n 个未知数 $x_1, x_2, \cdots, x_n$，由 n 个方程组成的线性方程组. 这便是克莱姆法则.

定理 1（克莱姆法则）　如果 n 元线性方程组

$$\begin{cases} a_{11}x_1 + a_{12}x_2 + \cdots + a_{1n}x_n = b_1, \\ a_{21}x_1 + a_{22}x_2 + \cdots + a_{2n}x_n = b_2, \\ \cdots\cdots \\ a_{n1}x_1 + a_{n2}x_2 + \cdots + a_{nn}x_n = b_n \end{cases}$$

的系数行列式

$$D = \begin{vmatrix} a_{11} & a_{12} & \cdots & a_{1n} \\ a_{21} & a_{22} & \cdots & a_{2n} \\ \vdots & \vdots & & \vdots \\ a_{n1} & a_{n2} & \cdots & a_{nn} \end{vmatrix} \neq 0,$$

则方程组有唯一解：

$$x_j = \frac{D_j}{D} \quad (j=1,\ 2,\ \cdots,\ n),$$

其中 D_j 是把系数行列式 D 中第 j 列的元素 a_{1j}，a_{2j}，$\cdots$，a_{nj} 换成方程组等式右端的常数项 b_1，b_2，$\cdots$，b_n 所得的行列式，即

$$D_j = \begin{vmatrix} a_{11} & \cdots & a_{1,j-1} & b_1 & a_{1,j+1} & \cdots & a_{1n} \\ a_{21} & \cdots & a_{2,j-1} & b_2 & a_{2,j+1} & \cdots & a_{2n} \\ \vdots & & \vdots & \vdots & \vdots & & \vdots \\ a_{n1} & \cdots & a_{n,j-1} & b_n & a_{n,j+1} & \cdots & a_{nn} \end{vmatrix}.$$

例 5.25   解线性方程组

$$\begin{cases} 2x_1 - x_2 - x_3 - 2x_4 = 3, \\ x_1 - x_2 \qquad - 2x_4 = 1, \\ \qquad 2x_2 - x_3 + 2x_4 = -1, \\ x_1 - 2x_2 + x_3 - 6x_4 = 0. \end{cases}$$

解   因为系数行列式

$$D = \begin{vmatrix} 2 & -1 & -1 & -2 \\ 1 & -1 & 0 & -2 \\ 0 & 2 & -1 & 2 \\ 1 & -2 & 1 & -6 \end{vmatrix} \xrightarrow{\text{第2行乘以}(-2),(-1)\text{分别加到第1,4行}} \begin{vmatrix} 0 & 1 & -1 & 2 \\ 1 & -1 & 0 & -2 \\ 0 & 2 & -1 & 2 \\ 0 & -1 & 1 & -4 \end{vmatrix}$$

$$= 1 \times (-1)^{2+1} \times \begin{vmatrix} 1 & -1 & 2 \\ 2 & -1 & 2 \\ -1 & 1 & -4 \end{vmatrix} \xrightarrow{\text{第1行乘以}(-1)\text{加到第2行}} - \begin{vmatrix} 1 & -1 & 2 \\ 1 & 0 & 0 \\ -1 & 1 & -4 \end{vmatrix}$$

$$= 1 \times \begin{vmatrix} -1 & 2 \\ 1 & -4 \end{vmatrix} = 4 - 2 = 2 \neq 0.$$

由克莱姆法则知，该方程组有唯一解. 计算得

$$D_1 = \begin{vmatrix} 3 & -1 & -1 & -2 \\ 1 & -1 & 0 & -2 \\ -1 & 2 & -1 & 2 \\ 0 & -2 & 1 & -6 \end{vmatrix} = 10, \quad D_2 = \begin{vmatrix} 2 & 3 & -1 & -2 \\ 1 & 1 & 0 & -2 \\ 0 & -1 & -1 & 2 \\ 1 & 0 & 1 & -6 \end{vmatrix} = -4,$$

$$D_3 = \begin{vmatrix} 2 & -1 & 3 & -2 \\ 1 & -1 & 1 & -2 \\ 0 & 2 & -1 & 2 \\ 1 & -2 & 0 & -6 \end{vmatrix} = -6, \quad D_4 = \begin{vmatrix} 2 & -1 & -1 & 3 \\ 1 & -1 & 0 & 1 \\ 0 & 2 & -1 & -1 \\ 1 & -2 & 1 & 0 \end{vmatrix} = 0.$$

由克莱姆法则得方程组的唯一解为

$$x_1 = \frac{D_1}{D} = \frac{10}{2} = 5, \quad x_2 = \frac{D_2}{D} = \frac{-4}{2} = -2,$$

$$x_3 = \frac{D_3}{D} = \frac{-6}{2} = -3, \quad x_4 = \frac{D_4}{D} = \frac{0}{2} = 0.$$

已知 n 元齐次线性方程组

$$\begin{cases} a_{11}x_1 + a_{12}x_2 + \cdots + a_{1n}x_n = 0, \\ a_{21}x_1 + a_{22}x_2 + \cdots + a_{2n}x_n = 0, \\ \cdots\cdots \\ a_{m1}x_1 + a_{m2}x_2 + \cdots + a_{mn}x_n = 0 \end{cases} \tag{5.8}$$

一定有零解

$$x_1 = x_2 = \cdots = x_n = 0.$$

当 $D \neq 0$ 时，由克莱姆法则知，方程组（5.8）有唯一解，这个唯一解就是零解. 因此有下面的定理.

定理 2　若齐次线性方程组（5.8）的系数行列式 $D \neq 0$，则它只有零解.

定理 2 也可叙述为：

定理 3　若齐次线性方程组（5.8）有非零解，则它的系数行列式 $D = 0$.

例 5.26　判定例 5.25 的方程组所对应的齐次线性方程组

$$\begin{cases} 2x_1 - x_2 - x_3 - 2x_4 = 0, \\ x_1 - x_2 \qquad - 2x_4 = 0, \\ \qquad 2x_2 - x_3 + 2x_4 = 0, \\ x_1 - 2x_2 + x_3 - 6x_4 = 0 \end{cases}$$

是否有非零解.

解　因为

$$D = \begin{vmatrix} 2 & -1 & -1 & -2 \\ 1 & -1 & 0 & -2 \\ 0 & 2 & -1 & 2 \\ 1 & -2 & 1 & -6 \end{vmatrix} = 2 \neq 0,$$

所以方程组没有非零解，只有零解

$$x_1 = x_2 = x_3 = x_4 = 0.$$

例 5.27　λ 取何值时，方程组

$$\begin{cases} \lambda x_1 - x_2 + x_3 = 0, \\ x_1 + \lambda x_2 - x_3 = 0, \\ x_1 - x_2 + \lambda x_3 = 0 \end{cases}$$

有非零解？

解　由定理 3 知，要使方程组有非零解，则方程组的系数行列式

$$D = \begin{vmatrix} \lambda & -1 & 1 \\ 1 & \lambda & -1 \\ 1 & -1 & \lambda \end{vmatrix} = 0.$$

从而

$$D = \begin{vmatrix} \lambda & 0 & 1 \\ 1 & \lambda-1 & -1 \\ 1 & \lambda-1 & \lambda \end{vmatrix} = \begin{vmatrix} 0 & 0 & 1 \\ 1+\lambda & \lambda-1 & -1 \\ 1-\lambda^2 & \lambda-1 & \lambda \end{vmatrix}$$
$$= (\lambda^2-1) - (\lambda-1)(1-\lambda^2) = \lambda(\lambda^2-1) = 0.$$

故

$$\lambda = 0 \quad 或 \quad \lambda = \pm 1,$$

即当 $\lambda = 0$ 或 $\lambda = \pm 1$ 时，方程组有非零解.

　　克莱姆法则有很重要的理论价值，当方程组的系数行列式不为零时，方程组的解可由系数和常数项组成的行列式表示出来，这在分析论证问题时很方便. 但是，克莱姆法则只适用于方程个数与未知数个数相等，且系数行列式不等于零的线性方程组. 在方程组中方程个数与未知数个数不相等，以及方程个数与未知数个数相等但系数行列式却等于零这两种情况下，克莱姆法则失效，需要用高斯消元法或矩阵的初等变换来讨论线性方程组的解.

习题 5.3

1. 利用对角线法则计算下列行列式：

(1) $\begin{vmatrix} a & a-b \\ a+b & a \end{vmatrix}$；

(2) $\begin{vmatrix} 2 & 0 & 1 \\ -3 & 1 & 2 \\ 1 & -2 & 1 \end{vmatrix}$.

2. 写出行列式 $\begin{vmatrix} 1 & 3 & 2 \\ 1 & 4 & 3 \\ 0 & 3 & 4 \end{vmatrix}$ 的第一行各元素的余子式及第三列各元素的代数余子式.

3. 利用行列式的性质计算下列行列式：

(1) $\begin{vmatrix} 0 & 0 & 0 & 1 \\ 1 & 0 & 0 & 0 \\ 0 & 1 & 0 & 0 \\ 0 & 0 & 1 & 0 \end{vmatrix}$；

(2) $\begin{vmatrix} 1 & 2 & 3 & 4 \\ 2 & 3 & 4 & 1 \\ 3 & 4 & 1 & 2 \\ 4 & 1 & 2 & 3 \end{vmatrix}$；

(3) $\begin{vmatrix} 0 & 1 & 0 & 0 \\ 0 & 0 & 1 & 0 \\ 0 & 0 & 0 & 1 \\ 1 & -1 & 0 & 0 \end{vmatrix}$;

(4) $\begin{vmatrix} 0 & 1 & 0 & 0 \\ 2 & 0 & 1 & 0 \\ 0 & 1 & 0 & 2 \\ 0 & 0 & 1 & 0 \end{vmatrix}$;

(5) $\begin{vmatrix} 4 & 3 & 0 & 0 \\ 1 & 4 & 2 & 0 \\ 0 & 2 & 4 & 1 \\ 0 & 0 & 3 & 4 \end{vmatrix}$;

(6) $\begin{vmatrix} 1 & 1 & 2 & 3 \\ -1 & 1 & 1 & 2 \\ 2 & -1 & 1 & 1 \\ -3 & 2 & -1 & 1 \end{vmatrix}$;

(7) $\begin{vmatrix} 1 & 1 & 1 & 1 \\ 1 & -1 & 1 & 1 \\ 1 & 1 & -1 & 1 \\ 1 & 1 & 1 & -1 \end{vmatrix}$;

(8) $\begin{vmatrix} a & 0 & 0 & b \\ 0 & a & b & 0 \\ 0 & b & a & 0 \\ b & 0 & 0 & a \end{vmatrix}$ $(a \neq 0)$.

4. 按第 2 行展开下列行列式，并计算其值：

(1) $\begin{vmatrix} 2 & 0 & 2 \\ 1 & 4 & 3 \\ -1 & 3 & 4 \end{vmatrix}$;

(2) $\begin{vmatrix} 1 & -1 & 1 & 0 \\ 1 & 0 & 2 & 1 \\ -1 & -1 & 1 & 2 \\ 0 & 1 & 3 & 1 \end{vmatrix}$.

5. 用克莱姆法则解下列线性方程组：

(1) $\begin{cases} 2x_1 - 3x_2 = 1, \\ 3x_1 - x_2 = 6; \end{cases}$

(2) $\begin{cases} x_1 + 2x_2 + x_3 = 3, \\ -2x_1 + x_2 - x_3 = -3, \\ x_1 - 4x_2 + 2x_3 = -5; \end{cases}$

(3) $\begin{cases} x_1 + x_2 + x_3 = -2, \\ 2x_1 - 5x_2 - 3x_3 = 3, \\ 3x_1 + 2x_3 = -3; \end{cases}$

(4) $\begin{cases} 2x_1 + 3x_2 - x_3 = 2, \\ x_1 + x_2 + x_3 + x_4 = 0, \\ 2x_1 - 2x_2 + 3x_3 = -1, \\ x_1 - x_2 + 2x_3 + x_4 = 1. \end{cases}$

6. 判断下列方程组是否有非零解：

(1) $\begin{cases} 2x_1 - 4x_2 = 0, \\ x_1 - 2x_2 = 0; \end{cases}$

(2) $\begin{cases} 2x_1 - x_2 + x_3 = 0, \\ x_1 + x_2 + 2x_3 = 0, \\ 3x_1 + x_2 - 2x_3 = 0. \end{cases}$

7. λ 取何值时，下列方程组有非零解？

(1) $\begin{cases} \lambda x_1 + x_2 + x_3 = 0, \\ x_1 + \lambda x_2 + x_3 = 0, \\ x_1 + x_2 + \lambda x_3 = 0; \end{cases}$

(2) $\begin{cases} \lambda x_1 + x_2 - x_3 = 0, \\ x_1 + \lambda x_2 - x_3 = 0, \\ -3x_1 - x_2 + x_3 = 0. \end{cases}$

8. a 取何值时，方程组

$$\begin{cases} ax_1 + \ x_2 + \ x_3 = 1, \\ x_1 + ax_2 + \ x_3 = a, \\ x_1 + \ x_2 + ax_3 = a^2 \end{cases}$$

有唯一解？

知识导图

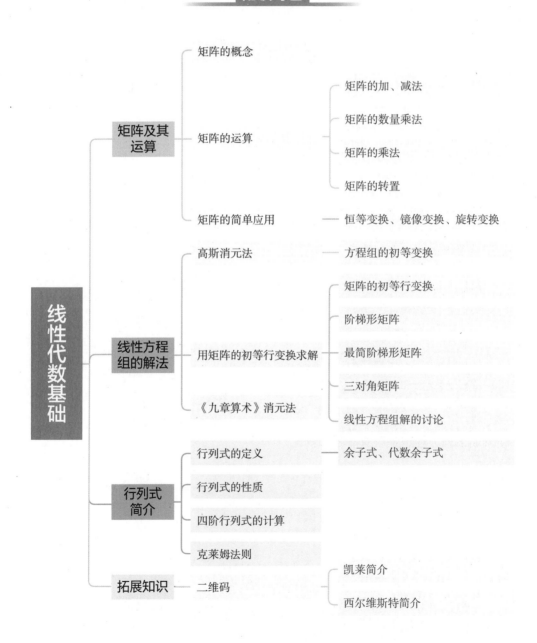

习题参考答案

习题 1.1

1. (1) $(-\infty, -2) \bigcup (-2, 1) \bigcup (1, +\infty)$;　　　(2) $[-2, -1]$;

　(3) $\{x \mid x \neq k\pi, k$ 为整数$\}$;　　　(4) $[0, \sqrt{2})$.

2. (1) 不相同;　(2) 不相同;　(3) 相同;　(4) 相同.

3. $f(t) = 5t + \dfrac{2}{t^2}, f(t^2+1) = 5t^2 + 5 + \dfrac{2}{(t^2+1)^2}$.

4. (1) 非奇非偶函数;　(2) 偶函数;　(3) 奇函数;　(4) 奇函数;

　(5) 偶函数;　(6) 偶函数.

5. (1) $\dfrac{\pi}{6}$;　(2) $-\dfrac{\pi}{3}$;　(3) $\dfrac{\pi}{6}$;　(4) $-\dfrac{\pi}{4}$;　(5) $\dfrac{\pi}{2}$;　(6) $\dfrac{\pi}{2}$.

6. (1) $y = e^u$, $u = \arcsin v$, $v = 3x$;　　　(2) $y = a \cdot \sin u$, $u = bx + c$;

　(3) $y = \arccos u$, $u = \tan v$, $v = x^2$;　　　(4) $y = \lg u$, $u = \dfrac{e^x}{2x^2}$;

　(5) $y = \cos u$, $u = \sqrt{v}$, $v = \dfrac{1+x}{1-x}$;　　　(6) $y = \dfrac{a}{u}$, $u = 2\ln x + 2^x$.

习题 1.2

1. (1) 不存在;　(2) 1;　(3) 0;　(4) 0.

2. $\lim\limits_{x \to 0} f(x)$ 不存在,　$\lim\limits_{x \to 1} f(x) = 2$.

3. $\lim\limits_{x \to 0} f(x) = 0$,　$\lim\limits_{x \to -1} f(x) = 1$.

4. $a = -2$ 时,　$\lim\limits_{x \to 2} f(x)$ 存在,　且 $\lim\limits_{x \to 2} f(x) = 0$.

5. $\lim\limits_{x \to 0} f(x)$ 不存在,　$\lim\limits_{x \to \infty} f(x)$ 不存在.

6. (1) 等价;　(2) 高阶;　(3) 等价;　(4) 等价;　(5) 低阶;

　(6) 同阶.

7. (1) $\dfrac{2}{3}$;　(2) 0;　(3) -1;　(4) $\dfrac{3}{2}$;　(5) ∞;　(6) $-\dfrac{1}{2}$;

　(7) 1;　(8) 0;　(9) $\dfrac{1}{2\sqrt{x}}$;　(10) $\ln 2$.

8. $\lim\limits_{x \to 0} f(x) = 0$.

习题 1.3

1. 1.

2. (1) a；　(2) $\dfrac{3}{2}$；　(3) 2；　(4) $\dfrac{1}{2}$；　(5) 1；　(6) e^{-1}；

(7) $\mathrm{e}^{-\frac{1}{2}}$；　(8) e^{-3}；　(9) $\dfrac{2}{3}$；　(10) e.

3. $20\mathrm{e}^{0.28}$.

4. 14 年.

习题 1.4

1. (1) 不连续；　(2) 连续；　(3) 连续；　(4) 不连续.

2. (1) $x=1$ 是间断点；连续区间是 $(0，1) \bigcup (1，+\infty)$；

(2) $x=2$，$x=3$ 是间断点；连续区间是 $(-\infty，2) \bigcup (2，3) \bigcup (3，+\infty)$；

(3) $x=0$ 是间断点；连续区间是 $(-\infty，0) \bigcup (0，+\infty)$；

(4) $x=0$ 是间断点；连续区间是 $(-\infty，0) \bigcup (0，+\infty)$.

3. (1) 5；　(2) $\dfrac{\pi}{2}$；　(3) $\cos 1$；　(4) 1；　(5) $\ln 2$；　(6) 0.

4. $a=2$.

5. $a=2$，$b=\mathrm{e}$.

6. 先设函数 $f(x)=x^3-4x^2+1$，再利用零点定理证明.

习题 2.1

1. $4x$.

2. (1) $2A$；　(2) A；　(3) $2A$；　(4) $2A$；　(5) A.

3. 1.

4. $f'_-(0)=-1$，$f'_+(0)=1$，在 $x=0$ 处不可导.

5. 在 $x=0$ 处连续，可导.

6. 在 $x=1$ 处不连续，不可导.

7. 在 $x=0$ 处连续，不可导.

8. 切线方程为 $y=-\dfrac{x}{2}+\dfrac{\pi}{12}+\dfrac{\sqrt{3}}{2}$，法线方程为 $y=2x-\dfrac{\pi}{3}+\dfrac{\sqrt{3}}{2}$.

9. 切线方程为 $y=-4x+4$，法线方程为 $y=\dfrac{x}{4}+\dfrac{15}{8}$.

习题 2.2

1. 略.

2. (1) $y'=e^x(\sin x\cos x+\cos 2x)$; (2) $y'=\sec x(\tan^2 x+\sec^2 x)$;

(3) $y'=-\dfrac{1+\cos x+\sin x}{(\cos x+1)^2}$; (4) $y'=-\csc x(\cot^2 x+\csc^2 x)$;

(5) $y'=\dfrac{1}{\ln(\ln x)}\cdot\dfrac{1}{\ln x}\cdot\dfrac{1}{x}$; (6) $y'=\dfrac{\cos\sqrt{4^x+x^2}\cdot(4^x\ln 2+x)}{\sqrt{4^x+x^2}}$;

(7) $y'=\dfrac{4}{(e^x+e^{-x})^2}$; (8) $y'=\dfrac{1}{\sqrt{a^2+x^2}}$;

(9) $y'=\dfrac{1}{2\sqrt{x}\sqrt{1-x}}$; (10) $y'=\begin{cases}\dfrac{-2}{1+x^2}, & |x|<1,\\[2mm]\dfrac{2}{1+x^2}, & |x|>1;\end{cases}$

(11) $y'=-\dfrac{1}{1+x^2}$; (12) $y'=\dfrac{1}{2\sqrt{x}(1+x)}e^{\arctan\sqrt{x}}$;

(13) $y'=(1+x)^{\sin x}\left[\cos x\cdot\ln(1+x)+\dfrac{\sin x}{1+x}\right]$;

(14) $y'=(\ln x)^x\left[\ln(\ln x)+\dfrac{1}{\ln x}\right]$; (15) $y'=\sqrt{\dfrac{1-x}{1+x}}\cdot\dfrac{1-x-x^2}{1-x^2}$;

(16) $y'=\dfrac{1}{2}\sqrt{\dfrac{(x+1)^2(x-3)}{(2x+1)^3}}\left(\dfrac{2}{x+1}+\dfrac{1}{x-3}-\dfrac{6}{2x+1}\right)$.

3. (1) $y'=-\dfrac{y}{x(y+1)}$; (2) $y'=\dfrac{-1-2x\sin 2(x^2+y)}{\sin 2(x^2+y)}$;

(3) $y'=\dfrac{2x+ye^{xy}}{1-xe^{xy}}$; (4) $y'=\dfrac{1+\cos x}{1+\cos y}$.

4. (1) $y''=e^{3x}(9x^2+12x+2)$; (2) $y''=x(1-x^2)^{-\frac{3}{2}}$;

(3) $y''=\dfrac{-4}{(1-2x)^2}$; (4) $y''=\dfrac{1}{2}\sec^2\dfrac{x}{2}\cdot\tan\dfrac{x}{2}$.

5. (1) $y^{(n)}=2^n e^{2x+1}$; (2) $y^{(n)}=(\ln a)^n a^x$;

(3) $y^{(n)}=\dfrac{(-1)^{n-1}n!}{(x+1)^{n+1}}$; (4) $(\cos x)^{(n)}=\cos\left(x+\dfrac{n\pi}{2}\right)$.

习题 2.3

1. $\Delta x=0.1$ 时，$\Delta y=1.261$，$dy=1.2$，$\Delta y-dy=0.061$.
$\Delta x=0.01$ 时，$\Delta y=0.120\,601$，$dy=0.12$，$\Delta y-dy=0.000\,601$.

2. (1) $-\dfrac{x}{|x|\sqrt{1-x^2}}\mathrm{d}x$； (2) $-\mathrm{e}^{-x}[\tan(3-x)+\sec^2(3-x)]\mathrm{d}x$；

(3) $\left[-\dfrac{\sin x}{1-x^2}+\dfrac{2x\cos x}{(1-x^2)^2}\right]\mathrm{d}x$； (4) $\dfrac{\mathrm{e}^x}{1+\mathrm{e}^{2x}}\mathrm{d}x$；

(5) $(2\mathrm{e}^{2x}-\csc x\cot x)\mathrm{d}x$； (6) $\dfrac{x}{x^2+2}\mathrm{d}x$.

3. (1) $3x+C$； (2) $-\dfrac{1}{x}+C$； (3) $\sqrt{x}+C$；

(4) $\tan x+C$； (5) $\arctan(\mathrm{e}^x)+C$； (6) $\ln(\cos x^2)+C$.

4. (1) $1.01\mathrm{e}$； (2) $\dfrac{1}{2}-\dfrac{\sqrt{3}}{360}\pi$.

5. $2\pi(\mathrm{cm}^2)$.

习题 2.4

1. 略.

2. (1) $\xi=\sqrt{\dfrac{4}{\pi}-1}$； (2) $\xi=\mathrm{e}-1$.

3. 略.

4. (1) $-\dfrac{3}{2}$； (2) 1； (3) 0； (4) -2； (5) 0； (6) 1；

(7) $\dfrac{1}{2}$； (8) $\dfrac{1}{2}$； (9) e^2； (10) 1.

5. 极限是 1，不能用洛必达法则.

6. (1) 在 $(-\infty,1)$ 和 $(2,+\infty)$ 内单调递增，在 $(1,2)$ 内是单调递减，极大值 $y(1)=1$，极小值 $y(2)=\dfrac{1}{2}$.

(2) 在 $(-\infty,-1)$ 和 $(0,1)$ 内单调递增，在 $(-1,0)$ 和 $(1,+\infty)$ 内单调递减，极大值 $y(-1)=1$，$y(1)=1$，极小值 $y(0)=0$.

7. (1) 最小值 $y(0)=0$，最大值 $y(2)=28$.

(2) 最小值 $y(0)=0$，最大值 $y(-1)=\mathrm{e}$.

8. 铁桶底面半径和高都为 $\sqrt[3]{\dfrac{V}{\pi}}$ 时，用料最省.

习题 3.1

1. 略.

2. $f'(x)=4\mathrm{e}^{2x}$； $\displaystyle\int f(x)\mathrm{d}x=\mathrm{e}^{2x}+C$.

3. (1) $\dfrac{2}{7}x^{\frac{7}{2}}-\dfrac{1}{3}x^3+C$； (2) $\dfrac{(2\mathrm{e})^x}{\ln(2\mathrm{e})}-\cos x+C$；

(3) $\dfrac{1}{3}x^3+x^2+4x+C$;　　　　　　　(4) $3x-\dfrac{2}{\ln 3-\ln 2}\left(\dfrac{3}{2}\right)^x+C$;

(5) $-\dfrac{1}{x}-\arctan x+C$;　　　　　　　(6) $2x+3\arctan x+C$;

(7) $\dfrac{1}{2}(x-\sin x)+C$;　　　　　　　(8) $\sin x-\cos x+C$;

(9) $\arcsin x+C$;　　　　　　　　　　(10) $\tan x-x+C$.

4. (1) $\dfrac{1}{8}(2x+3)^4+C$;　　　　　　　(2) $-\dfrac{1}{2}\ln|1-2x|+C$;

(3) $-2\mathrm{e}^{-2x}+C$;　　　　　　　　　(4) $\ln|x^2-4x+6|+C$;

(5) $\dfrac{1}{2}(\arcsin x)^2+C$;　　　　　　(6) $\ln|\ln x|+C$;

(7) $-2\sqrt{2-x^2}+C$;　　　　　　　　(8) $\dfrac{1}{4}\ln\left|\dfrac{x+2}{x-2}\right|+C$;

(9) $\dfrac{1}{2}x-\dfrac{1}{4}\sin 2x+C$;　　　　　(10) $\dfrac{1}{3}\sin^3 x+C$;

(11) $\dfrac{2}{3}(x-5)^{\frac{3}{2}}+10(x-5)^{\frac{1}{2}}+C$;　　(12) $\dfrac{2}{5}(x+3)^{\frac{5}{2}}-2(x+3)^{\frac{3}{2}}+C$;

(13) $2\sqrt{x}-4\sqrt[4]{x}+4\ln\left|\sqrt[4]{x}+1\right|+C$;　　(14) $(\arctan\sqrt{x})^2+C$;

(15) $\dfrac{9}{2}\arcsin\dfrac{x}{3}+\dfrac{x}{2}\sqrt{9-x^2}+C$;　　(16) $2\ln\left|x+\sqrt{x^2+4}\right|+C$.

5. (1) $-x\cos x+\sin x+C$;　　　　　　　(2) $-\dfrac{1}{2}x\mathrm{e}^{-2x}-\dfrac{1}{4}\mathrm{e}^{-2x}+C$;

(3) $x\arcsin x+\sqrt{1-x^2}+C$;

(4) $(x^3-1)\ln(x-1)-\dfrac{1}{3}x^3-\dfrac{1}{2}x^2-x+C$;

(5) $\dfrac{1}{2}\mathrm{e}^x(\cos x+\sin x)+C$;　　　　(6) $x^2\sin x+2x\cos x-2\sin x+C$;

(7) $x\tan x+\ln|\cos x|+C$;　　　　　　(8) $x\ln^2 x-2x\ln x+2x+C$.

习题 3.2

1. (1) 正;　　(2) 正;　　(3) 负;　　(4) 负.

2. (1) $\displaystyle\int_0^1 x\,\mathrm{d}x\geqslant\int_0^1 x^2\,\mathrm{d}x$;　　　　　　　(2) $\displaystyle\int_1^2 x\,\mathrm{d}x\leqslant\int_1^2 x^2\,\mathrm{d}x$;

(3) $\displaystyle\int_1^2 \ln x\,\mathrm{d}x\geqslant\int_1^2 \ln^2 x\,\mathrm{d}x$;　　　　(4) $\displaystyle\int_3^4 \ln x\,\mathrm{d}x\leqslant\int_3^4 \ln^2 x\,\mathrm{d}x$.

3. (1) $x\sqrt{2+x^2}$;　　(2) $-\mathrm{e}^{-x^2}$;　　(3) $2\ln(4x^2+1)$;　　(4) $-x\sin x$.

4. (1) $\dfrac{1}{3}$;　　　　(2) $\dfrac{1}{4}$;　　(3) $1-\dfrac{\pi}{4}$;　　(4) $-\dfrac{1}{6}\ln 2$;　　(5) $\ln 2$;

(6) $2-2\ln\dfrac{3}{2}$;　(7) $-\dfrac{1}{6}$;　(8) π;　(9) 1;　(10) 2.

5. $\displaystyle\int_0^2 f(x)\mathrm{d}x=\dfrac{1}{3}-\mathrm{e}^{-2}+\mathrm{e}^{-1}$;　$\displaystyle\int_2^3 f(x)\mathrm{d}x=\mathrm{e}^{-2}-\mathrm{e}^{-3}$.

习题 3.3

1. (1) $\dfrac{8}{3}$;　(2) 1;　(3) $\dfrac{32}{3}$;　(4) $\dfrac{7}{6}$;

(5) $\dfrac{3}{2}-\ln 2$;　(6) $\dfrac{9}{2}$;　(7) $\mathrm{e}+\dfrac{1}{\mathrm{e}}-2$;　(8) $\dfrac{\pi}{2}-1$.

2. (1) $\dfrac{32\pi}{5}$;　(2) $\dfrac{2\pi}{15}$;　(3) $\dfrac{\pi r^2 h}{3}$;　(4) $160\pi^2$;

(5) $\dfrac{15\pi}{2}$;　(6) $\dfrac{64}{5}\pi$.

习题 4.1

1. (1) 是，一阶;　(2) 不是;　(3) 是，一阶;　(4) 是，一阶;

(5) 是，二阶;　(6) 是，二阶.

2. (1) 是方程的解，是通解;(2) 不是方程的解;(3) 是方程的解，是特解;

(4) 当 $C=0$ 时是方程的解，是特解，当 $C\neq 0$ 时不是方程的解.

3. 方程的特解为 $y=x\mathrm{e}^{2x}$.

4. 微分方程为 $\dfrac{\mathrm{d}y}{\mathrm{d}x}=x^2$，或 $\mathrm{d}y=x^2\mathrm{d}x$.

习题 4.2

1. (1) $y=\tan\left(\dfrac{x^2}{2}+C\right)$;　　(2) $\ln y=C\mathrm{e}^{\tan x}$;

(3) $\sin y=C\sin x$;　　(4) $y^2=1-\left(\dfrac{x^2}{4}+C\right)^2$;

(5) $(\mathrm{e}^y-1)(\mathrm{e}^x+1)=C$;　　(6) $y=x\mathrm{e}^{1+Cx}$.

2. (1) $y=(x+C)\mathrm{e}^{\cos x}$;　　(2) $y=\mathrm{e}^{-x}(x+C)$;

(3) $y=\cos x(x+C)$;　　(4) $y=-\dfrac{1}{5}x^3+Cx^{\frac{1}{2}}$;

(5) $y=\dfrac{2x}{1+2Cx^2}$.

3. (1) $y^2+1=2x^2$;　　(2) $\mathrm{e}^y=\dfrac{1}{2}\mathrm{e}^{2x}+\dfrac{1}{2}$;

(3) $y=\dfrac{\pi-1-\cos x}{x}$；

(4) $y=\dfrac{1}{2}x^3\left(1-\dfrac{1}{\mathrm{e}}\mathrm{e}^{x-2}\right)$.

习题 4.3

1. (1) $y=-\dfrac{1}{3}x^3-x^2-2x+C_1\mathrm{e}^x+C_2$；

(2) $y=C_1\arcsin x+C_2$；

(3) $y=-x-\dfrac{1}{2}\sin 2x+C_1\sin x+C_2$；

(4) $y=(C_3x+C_4)^{\frac{2}{3}}$.

2. (1) $y=\left(\dfrac{\pi}{2}-x\right)\cos x+\sin x$；

(2) $y=\dfrac{1}{1-x}$；

(3) $\mathrm{e}^{-2y}=1-x$；

(4) $y=\sqrt[3]{3x+1}+1$.

3. (1) $y=C_1\mathrm{e}^{-2x}+C_2\mathrm{e}^{-3x}$；

(2) $y=(C_1+C_2x)\mathrm{e}^{3x}$；

(3) $y=(C_1\cos x+C_2\sin x)\mathrm{e}^x$；

(4) $y=C_1+C_2\mathrm{e}^{-2x}$；

(5) $y=C_1\cos 5x+C_2\sin 5x$；

(6) $y=(C_1+C_2x)\mathrm{e}^{\frac{x}{2}}$.

4. (1) $y=\mathrm{e}^{2x}$；

(2) $y=\dfrac{1}{2}\mathrm{e}^{-x}\sin 2x$.

习题 4.4

1. $p(x)=\left(p_0-\dfrac{b+1}{a}\right)\mathrm{e}^{-ax}-x+\dfrac{b+1}{a}$.

2. $p(t)=12+6\mathrm{e}^{-2t}$.

3. $Y(t)=Y_0\mathrm{e}^{rt}$，$D(t)=\dfrac{\alpha Y_0}{\gamma}\mathrm{e}^{rt}+\beta t+D_0-\dfrac{\alpha Y_0}{\gamma}$.

4. $T=80\mathrm{e}^{-\frac{\ln 2}{20}t}+20$，还需要 40（分钟）.

习题 5.1

1. (1) $\boldsymbol{A}-\boldsymbol{B}=\begin{pmatrix}3 & -4 & 1\\1 & 2 & 3\end{pmatrix}$,　$2\boldsymbol{A}+3\boldsymbol{B}=\begin{pmatrix}-4 & -3 & 17\\7 & 24 & -19\end{pmatrix}$；

(2) $\boldsymbol{X}=-\dfrac{1}{2}(\boldsymbol{A}-\boldsymbol{B})=\begin{pmatrix}-\dfrac{3}{2} & 2 & -\dfrac{1}{2}\\-\dfrac{1}{2} & -1 & -\dfrac{3}{2}\end{pmatrix}$.

2. (1) $\begin{pmatrix}2\\5\\10\\3\end{pmatrix}$；　(2) $(5\ \ 9\ \ 9\ \ 5)$；　(3) $\begin{pmatrix}-1\\1\\-1\\1\end{pmatrix}$；　(4) $\begin{pmatrix}-2 & -8\\-2 & -6\\-2 & -4\\-2 & -2\end{pmatrix}$；

（5）无意义，因为两个矩阵不满足相乘的条件；　　（6）$\begin{pmatrix} 3 & -2 & 1 & 2 \\ 2 & -3 & 1 & 1 \\ 1 & 1 & -1 & 1 \\ 1 & -4 & 2 & -1 \end{pmatrix}$.

3. $\boldsymbol{A}^{\mathrm{T}} = \begin{pmatrix} 1 & 2 & -1 \\ 2 & 3 & 0 \\ -1 & 2 & 2 \end{pmatrix}$, $\quad \boldsymbol{B}^{\mathrm{T}} = \begin{pmatrix} 0 & 2 & -1 \\ 1 & -1 & -1 \\ 2 & 0 & 3 \end{pmatrix}$, $\quad \boldsymbol{A}^{\mathrm{T}} + \boldsymbol{B}^{\mathrm{T}} = \begin{pmatrix} 1 & 4 & -2 \\ 3 & 2 & -1 \\ 1 & 2 & 5 \end{pmatrix}$,

$\boldsymbol{A}^{\mathrm{T}} \boldsymbol{B}^{\mathrm{T}} = \begin{pmatrix} 0 & 0 & -6 \\ 3 & 1 & -5 \\ 6 & -4 & 5 \end{pmatrix}$, $\quad \boldsymbol{B}^{\mathrm{T}} \boldsymbol{A}^{\mathrm{T}} = \begin{pmatrix} 5 & 4 & -2 \\ 0 & -3 & -3 \\ -1 & 10 & 4 \end{pmatrix}$.

4. 三名学生的总成绩为 $\begin{pmatrix} 527 \\ 505 \\ 494 \end{pmatrix}$，平均成绩为 $\begin{pmatrix} 87.8 \\ 84.2 \\ 82.3 \end{pmatrix}$.

5. 三个图的变换矩阵分别为：$\begin{pmatrix} 0.5 & 0 \\ 0 & 1 \end{pmatrix}$, $\begin{pmatrix} 1 & 0 \\ 0 & -1 \end{pmatrix}$, $\begin{pmatrix} 0 & 1 \\ -1 & 0 \end{pmatrix}$.

习题 5.2

1. （1）$x_1 = -15$, $x_2 = 23$, $x_3 = -10$；　　　　（2）方程组无解；

（3）$\begin{cases} x_1 = 19 - 7x_3, \\ x_2 = -7 + x_3, \end{cases}$　其中 x_3 为自由未知量；（4）$x_1 = 0$, $x_2 = 0$, $x_3 = 0$.

2. （1）$\begin{pmatrix} 1 & 0 & 0 \\ 0 & 1 & 0 \\ 0 & 0 & 1 \end{pmatrix}$；　　　　（2）$\begin{pmatrix} 1 & 0 & 0 & 0 \\ 0 & 1 & 0 & 0 \\ 0 & 0 & 1 & 0 \\ 0 & 0 & 0 & 1 \end{pmatrix}$；　　　　（3）$\begin{pmatrix} 1 & 0 & 0 & 0 \\ 0 & 1 & 0 & 0 \\ 0 & 0 & 1 & 0 \\ 0 & 0 & 0 & 1 \end{pmatrix}$；

（4）$\begin{pmatrix} 1 & 0 & 0 & 0 \\ 0 & 1 & 0 & 0 \\ 0 & 0 & 1 & 0 \\ 0 & 0 & 0 & 1 \end{pmatrix}$；　　　　（5）$\begin{pmatrix} 1 & 0 & 0 & 0 \\ 0 & 1 & 0 & 0 \\ 0 & 0 & 1 & 0 \\ 0 & 0 & 0 & 1 \end{pmatrix}$；　　　　（6）$\begin{pmatrix} 1 & 0 & 0 & 0 \\ 0 & 1 & 0 & 0 \\ 0 & 0 & 1 & 0 \\ 0 & 0 & 0 & 1 \end{pmatrix}$.

3. （1）$x_1 = \dfrac{10}{7}$, $x_2 = -\dfrac{1}{7}$, $x_3 = -\dfrac{2}{7}$；

（2）$x_1 = -\dfrac{1}{17} x_4$, $x_2 = \dfrac{13}{17} x_4$, $x_3 = \dfrac{11}{17} x_4$，其中 x_4 是自由未知量；

（3）方程组无解；

（4）$\begin{cases} x_1 = 19 - 7x_3, \\ x_2 = -7 + x_3, \end{cases}$　其中 x_3 是自由未知量；

（5）$x_1 = \dfrac{9}{5}$, $x_2 = 2$, $x_3 = -2$, $x_4 = \dfrac{2}{5}$；

(6) $x_1 = \dfrac{2}{7}$，$x_2 = -\dfrac{1}{21}$，$x_3 = -\dfrac{1}{21}$，$x_4 = \dfrac{2}{7}$.

4. 每匹马能拉的粮食的重量范围（单位：石）为

武马 $22\dfrac{6}{7} \leqslant x < 40$；　　　　中马 $17\dfrac{1}{7} \leqslant y < 20$；　　　　下马 $5\dfrac{5}{7} \leqslant z < 13\dfrac{1}{3}$.

习题 5.3

1. (1) b^2；　　　　　　　　(2) 15.

2. 第一行各元素的余子式：

$$M_{11} = \begin{vmatrix} 4 & 3 \\ 3 & 4 \end{vmatrix} = 7, \qquad M_{12} = \begin{vmatrix} 1 & 3 \\ 0 & 4 \end{vmatrix} = 4, \qquad M_{13} = \begin{vmatrix} 1 & 4 \\ 0 & 3 \end{vmatrix} = 3.$$

第三列各元素的代数余子式：

$$A_{13} = (-1)^{1+3}\begin{vmatrix} 1 & 4 \\ 0 & 3 \end{vmatrix} = 3, \quad A_{23} = (-1)^{2+3}\begin{vmatrix} 1 & 3 \\ 0 & 3 \end{vmatrix} = -3, \quad A_{33} = (-1)^{3+3}\begin{vmatrix} 1 & 3 \\ 1 & 4 \end{vmatrix} = 1.$$

3. (1) -1；　　(2) 160；　　(3) -1；　　(4) 4；

　　(5) 105；　　(6) 5；　　(7) -8；　　(8) $(a^2 - b^2)^2$.

4. (1) 28；　　　　　　　　(2) -8.

5. (1) $x_1 = \dfrac{17}{7}$，$x_2 = \dfrac{9}{7}$；　　　　(2) $x_1 = 3$，$x_2 = 1$，$x_3 = -2$；

　　(3) $x_1 = -1$，$x_2 = -1$，$x_3 = 0$；　　(4) $x_1 = \dfrac{8}{3}$，$x_2 = -\dfrac{7}{3}$，$x_3 = -\dfrac{11}{3}$，$x_4 = \dfrac{10}{3}$.

6. (1) 方程组有非零解；　　　　(2) 方程组无非零解.

7. (1) 当 $\lambda = -2$ 或 $\lambda = 1$ 时，方程组有非零解；

　　(2) 当 $\lambda = 1$ 或 $\lambda = 3$ 时，方程组有非零解.

8. 当 $a \neq -2$ 且 $a \neq 1$ 时，方程组有唯一解.

主要参考文献

［1］James S. Calculus Early Transcendentals ［M］. 8th edition. Boston：Cengage Learning，2014.

［2］Larson R，Edwards B H. Calculus of a Single Variable ［M］. 9th edition. California：Brooks Cole，2006.

［3］Stephen H F，Arnold J I，Lawrence E S. Linear Algebra ［M］. 4th edition. New Jersey：Pearson Education Inc，2003.

［4］Stillwell J. Mathematics and Its History ［M］. 3rd edition. New York：Springer，2010.

［5］Jacqueline S. Mathematics Emerging ［M］. New York：Oxford University Press，2008.

［6］Victor J K. 数学史通论 ［M］. 2 版. 李文林，邹建成，胥鸣伟，等，译. 北京：高等教育出版社，2018 .

［7］Carl B B. 数学史 ［M］. 秦传安，译. 北京：中央编译出版社，2018.

［8］埃里克·坦普尔·贝尔. 数学大师：从芝诺到庞加莱 ［M］. 徐源，译. 上海：上海科技教育出版社，2018.

［9］李文林. 数学史概论 ［M］. 3 版. 北京：高等教育出版社，2018.

［10］张苍. 九章算术 ［M］. 重庆：重庆出版社，2018.

［11］张奠宙，王善平. 数学文化教程 ［M］. 北京：高等教育出版社，2013.

［12］汤涛，刘建亚. 数学文化：第一辑 ［M］. 广州：广东人民出版社，2022.

［13］周明儒. 文科高等数学基础教程 ［M］. 3 版. 北京：高等教育出版社，2019.

［14］姚孟臣. 大学文科高等数学 ［M］. 3 版. 北京：高等教育出版社，2019.

［15］刘建亚，吴臻，蒋晓芸，等. 微积分 1 ［M］. 3 版. 北京：高等教育出版社，2018.

［16］刘建亚，吴臻，秦静，等. 线性代数 ［M］. 3 版. 北京：高等教育出版社，2018.

［17］李继成，朱晓平. 高等数学 ［M］. 北京：高等教育出版社，2021.

［18］黄廷祝. 线性代数 ［M］. 北京：高等教育出版社，2021.

［19］同济大学数学系. 工程数学. 线性代数 ［M］. 6 版. 北京：高等教育出版社，2014.

［20］同济大学数学科学学院. 高等数学 ［M］. 8 版. 北京：高等教育出版社，2023.

［21］Jiang Z L，Zhou Y F，Jiang X Y，and Zheng Y P. Analytical potential formulae and fast algorithm for a horn torus-resistor network ［J］. Physical Review E，107，044123（2023）.

［22］Mark J D. Introduction to Linear Algebra ［M］. Florida：CRC Press，2022.

［23］张杰，吴惠彬，杨刚. 线性代数 ［M］. 2 版. 北京：高等教育出版社，2022.

图书在版编目（CIP）数据

大学文科数学/苗巧云，丁洁玉编著. -- 北京：
中国人民大学出版社，2024.8. --（普通高等学校应用
型教材）. -- ISBN 978-7-300-33188-1

Ⅰ. O13

中国国家版本馆 CIP 数据核字第 2024KG8627 号

普通高等学校应用型教材 • 数学

大学文科数学

苗巧云　　丁洁玉　编著

Daxue Wenke Shuxue

出版发行	中国人民大学出版社	
社　　址	北京中关村大街 31 号	**邮政编码**　100080
电　　话	010 - 62511242（总编室）	010 - 62511770（质管部）
	010 - 82501766（邮购部）	010 - 62514148（门市部）
	010 - 62515195（发行公司）	010 - 62515275（盗版举报）
网　　址	http://www.crup.com.cn	
经　　销	新华书店	
印　　刷	北京瑞禾彩色印刷有限公司	
开　　本	787 mm×1092 mm　1/16	**版　　次**　2024 年 8 月第 1 版
印　　张	12.75	**印　　次**　2024 年 8 月第 1 次印刷
字　　数	286 000	**定　　价**　42.00 元

中国人民大学出版社　理工出版分社

教师教学服务说明

　　中国人民大学出版社理工出版分社以出版经典、高品质的数学、统计学、心理学、物理学、化学、计算机、电子信息、人工智能、环境科学与工程、生物工程、智能制造等领域的各层次教材为宗旨。

　　为了更好地为一线教师服务，理工出版分社着力建设了一批数字化、立体化的网络教学资源。教师可以通过以下方式获得免费下载教学资源的权限：

★　在中国人民大学出版社网站 www.crup.com.cn 进行注册，注册后进入"会员中心"，在左侧点击"我的教师认证"，填写相关信息，提交后等待审核。我们将在一个工作日内为您开通相关资源的下载权限。

★　如您急需教学资源或需要其他帮助，请加入教师 QQ 群或在工作时间与我们联络。

中国人民大学出版社　理工出版分社

🔔 **教师 QQ 群：** 1063604091(数学2群)　183680136(数学1群)　664611337(新工科)
　　　教师群仅限教师加入，入群请备注(学校+姓名)

☎ **联系电话：** 010-62511967，62511076

✉ **电子邮箱：** lgcbfs@crup.com.cn

📍 **通讯地址：** 北京市海淀区中关村大街 31 号中国人民大学出版社 802 室（100080）

普通高等学校应用型教材·数学

微积分（第4版）上册（配学习指导与习题解答）　　　　　　　　张学奇 等
（普通高等教育"十一五"国家级规划教材）

微积分（第4版）下册（配学习指导与习题解答）　　　　　　　　张学奇 等
（普通高等教育"十一五"国家级规划教材）

线性代数（第4版）（配学习指导与习题解答）　　　　　　　　　张学奇 等
（"十二五"普通高等教育本科国家级规划教材）

微积分（第2版）上册（配习题全解与试题选编）　　　　　　　　刘　强　聂　力

微积分（第2版）下册（配习题全解与试题选编）　　　　　　　　刘　强　聂　力

线性代数（第2版）（配习题全解与试题选编）　　　　　　　　　刘　强　孙　阳 等

概率论与数理统计（第2版）（配习题全解与试题选编）　　　　　郭文英　刘　强 等

概率论教程　　　　　　　　　　　　　　　　　　　　　　　　　莫立坡　曹显兵

概率论与数理统计（第2版）（配学习指导与习题全解）　　　　　曹显兵　莫立坡 等

高等数学（第3版）　　　　　　　　　　　　　　　　　　　　　武京君　傅　爽

● 大学文科数学　　　　　　　　　　　　　　　　　　　　　　　苗巧云　丁洁玉

数学软件与数学实验（第2版）　　　　　　　　　　　　　　　　杨　杰

概率论与数理统计学习指南　　　　　　　　　　　　　　　　　　王晓杰　韩建新 等

明理书社

了解图书信息　　下载教学资源
www.crup.com.cn

ISBN 978-7-300-33188-1
9 787300 331881 >

策划编辑　周　晴
责任编辑　王美玲　周世婷
封面设计　张艳琨

定价：42.00元